Gewässer als Ökosysteme

Grundlagen des Gewässerschutzes

Robert Kummert
Eidgenössische Anstalt für Wasserversorgung
Abwasserreinigung und Gewässerschutz, EAWAG,
und Mittelschullehrer an der Kantonsschule
Büelrain, Winterthur

Werner Stumm
Professor an der Eidgenössischen Technischen
Hochschule Zürich und Direktor der EAWAG

Illustrationen gestaltet von Boris Novak

Verlag der Fachvereine Zürich
B. G. Teubner Stuttgart

CIP-Titelaufnahme der Deutschen Bibliothek

Kummert, Robert:
Gewässer als Ökosysteme: Grundlagen des Gewässerschutzes/
Robert Kummert; Werner Stumm. Ill. gestaltet von Boris Novak. –
2., überarb. Aufl. – Zürich: Verl. d. Fachvereine;
Stuttgart: Teubner, 1989

ISBN 978-3-519-03650-0 ISBN 978-3-322-96712-1 (eBook)
DOI 10.1007/978-3-322-96712-1

NE: Stumm, Werner

1. Auflage 1988
2., überarbeitete Auflage 1989

B. G. Teubner, Stuttgart
ISBN 978-3-519-03650-0

und Verlag der Fachvereine an den schweizerischen Hochschulen
und Techniken, Zürich

Der Verlag dankt dem Schweizerischen Bankverein
für die Unterstützung zur Verwirklichung seiner Verlagsziele

Vorwort zur zweiten, überarbeiteten Auflage

Die erste Auflage von "Gewässer als Ökosysteme", welche im Verlag der Fachvereine in Zürich erschienen ist, war innert weniger als einem Jahr vergriffen. Um auch Leser ausserhalb der Schweiz zu erreichen, wurde eine Neuauflage in Zusammenarbeit mit dem B.G. Teubner Verlag in Stuttgart ins Auge gefasst. Das nun vorliegende Buch hat ein kleineres, dafür handlicheres Format. Zudem wurden für die Neuauflage einige lokale Beispiele, welche für den europäischen Raum nicht repräsentativ sind, durch bessere ersetzt. Ganz neu geschrieben wurde Kapitel 13, welches in der ersten Auflage den Gewässerschutz in der Schweiz beschreibt.

Dübendorf/Zürich
Dezember 1988

Robert Kummert
Werner Stumm

Vorwort

Dieses Buch ist aus Vorlesungen hervorgegangen, die für Studenten der Abteilungen für Bau- und Kulturingenieure und des Nachdiplomstudiums in "Gewässerschutz und Wassertechnologie" ausgearbeitet wurden. Ausgewählte Kapitel sind auch im Unterricht an oberen Klassen des Gymnasiums verwendet worden. Dementsprechend haben sich die Autoren bemüht, das Lehrbuch so zu schreiben, dass es auch von Studenten ohne umfangreiche naturwissenschaftliche Vorbildung verstanden werden kann. Ferner richtet sich das Buch auch an reifere Mittelschüler, aber auch an Praktiker in Umwelt- und Gewässerschutz und ganz allgemein an interessierte Mitbürger und Mitbürgerinnen, die unsere Besorgnis um die Gefährdung unserer Gewässer und unserer Umwelt teilen.

Das Buch ist so organisiert, dass wir zuerst versuchen, ein Verständnis für die interdependenten biologischen, chemischen und physikalischen Prozesse in einem Gewässerökosystem zu wecken. Dies ist eine notwendige Voraussetzung, um die Beeinflussung der Gewässer durch Schadstoffzufuhr und durch verschiedene andere zivilisatorische Tätigkeiten beurteilen zu können und um die chemisch-ökologischen Ziele des Gewässerschutzes zu umschreiben. Die zu ergreifenden Massnahmen müssen sich nach diesen Zielen richten. Wie wir zeigen werden, können wir uns nicht nur auf kurative Massnahmen (Abwasserreinigung) beschränken, sondern müssen in vermehrtem Masse Ursachenbekämpfung betreiben. Dabei müssen die verschiedenen Eingriffe des Menschen in den Haushalt der Gewässer und in die Kreisläufe, die Wasser, Land und Luft koppeln, berücksichtigt werden.

Im Unterricht wurden die im Text vermittelten Unterlagen ergänzt durch die Exemplifizierung geeigneter Forschungsarbeiten, durch Anwendungsbeispiele aus der Praxis, durch Uebungen und wenn möglich durch Laborpraktika und Exkursionen. Das Buch soll den Lesern den Zugang zur Literatur der aquatischen Oekosysteme, der aquatischen Chemie, der Abwassertechnik und der damit verbundenen Forschung erleichtern. Empfehlenswerte Referenzen sind im Anhang aufgeführt. Wir haben - wie das in elementaren Lehrbüchern üblicherweise der Fall ist - unsere Literaturhinweise auf wesentliche und relativ leicht verständliche Arbeiten beschränkt. Dabei kommt vielleicht zu wenig zum Ausdruck, wie viele der hier wiedergegebenen Ideen durch andere Autoren und insbesondere auch von Mitarbeitern der EAWAG beeinflusst worden sind. Wir sind unseren Kollegen an der EAWAG und am Gymnasium, und nicht zuletzt unseren Studenten und Schülern, für Anregungen und tatkräftige Unterstützung zu grossem Dank verpflichtet.

Dübendorf/Zürich
August 1987

Robert Kummert
Werner Stumm

Inhaltsverzeichnis

Teil I: Natürliche Gewässer

Teil II: Beeinträchtigung natürlicher Gewässer

Anhang

Teil I
Natürliche Gewässer

1. Oekosysteme, Mensch und Modelle

1.1 Gewässer sind gefährdete Oekosysteme

Die historische Entwicklung bei der Bildung und Evolution der Erde geht auf eine Reihe zufällig erscheinender Ereignisse zurück, wobei das Vorkommen von Wasser eine aussergewöhnlich wichtige Rolle spielte. Andere Planeten, die zur gleichen Zeit wie die Erde gebildet wurden, haben das aus dem Inneren ausgegaste Wasser schon längst wieder verloren. Wasser ist aber eine der wesentlichen Voraussetzungen für die Entstehung von Leben. Unsere Erde ist durchzogen von einem Netz von Wasser, das als Transport- und Lösungsmittel und als chemisches Reagens in alle Kreisläufe der Gesteine und des Lebens eingreift. Wasser hat unserem Planeten und unserem Leben zu seiner Einzigartigkeit verholfen. Jedes Gewässer, jeder Teich, jeder Bach und jeder See ist ein kleiner Kosmos; das ganze Universum ist in ihm enthalten: das Wasser, gewissermassen ein Destillat der Gesteine, ist in Milliarden von Jahren durch alle Kreisläufe gegangen. Jedes Wassermolekül war schon früher mehrere Male Bestandteil des Meeres, der Wolken und lebender Organismen.

Der Kreislauf des Wassers ist gekoppelt mit den Kreisläufen aller lebensnotwendigen Elemente. Ein kleiner Teil der auf die Gewässer einwirkenden Sonnenenergie wird bei der Photosynthese von Algen und Pflanzen fixiert und in Form von organischem Material gespeichert. Dieses Material dient als Nahrung und ermöglicht die Lebensprozesse der Bakterien, Tiere und Menschen. Die Sonnenenergie organisiert und ordnet die Wechselwirkungen zwischen den mannigfaltigen Lebewesen im Wasser und der Umwelt zu einer Lebensgemeinschaft und zu einer Lebenseinheit. So wie jedes Lebewesen die Natur nutzt, nutzt der Mensch auch das Wasser. Zwar gäbe es mengenmässig genügend Wasser auf der Erdoberfläche, um alle Bedürfnisse der Menschen, Tiere und Pflanzen (inkl. Landwirtschaft) zu befriedigen. Aber es ist nicht gleichmässig auf der Erdoberfläche verteilt und zugänglich und es wird durch unsere Zivilisation immer mehr beeinträchtigt. Das Wasser als wichtigste Ressource, als Oekosystem Grundlage des Lebens, ist in Gefahr.

Die Beeinflussung der Oekologie eines Gewässers kann nicht nur direkt durch Abwasser und Verunreinigungssubstanzen, sondern auch indirekt durch zahlreiche menschliche Aktivitäten (Eingriffe in die terrestrische Umwelt und in die hydrogeochemischen Kreisläufe) hervorgerufen werden.

Der Mensch hat sich seit langem bemüht, seine Umwelt zu verbessern, und in mancher Hinsicht war er erfolgreich. Schon der Urmensch konnte nicht umhin, Ordnung in der Umwelt zu zerstören, um seine eigene Ordnung aufzubauen. Der biblischen Parole entsprechend hat er die Natur gezähmt, seine Dominanz über das Tierreich erarbeitet und behauptet, sich gegen die Gefahren der wilden Natur geschützt und seine Lebenserwartung erhöht. Heute leben wir in einem naturwissenschaftlich-technischen Zeitalter, das für viele einen wichtigen Teil der Hoffnungen erfüllt, z.B. Wohlfahrt, Schaffung von Freizeit und von gewissen Vorbedingungen für die Freiheit, Befreiung vom Zwang niederdrückender Arbeit; es hat aber auch neue Probleme gebracht. Der zivilisierte Mensch ist gezwungen, die Zerstörung seiner Umwelt zu vervielfachen, um die Struktur seiner kulturellen Zivilisation aufzubauen und zu erhalten. Dabei hat sich der Mensch in der Oekosphäre vom physiologisch unwichtigen Konsumenten zum geochemischen Manipulator entwikkelt, welcher die externen Energie- und Materieflüsse für seine Zivilisation und für die Ausweitung seiner Dominanz ausnützt.

Erst in den letzten Jahren hat der Mensch es mit Hilfe der Technik fertiggebracht, Prozesse einzuleiten, die zum Teil von ähnlichem, ja zum Teil von grösserem Ausmasse sind als die Prozesse der Natur. Früher hat der Mensch nur lokal in die Kreisläufe eingegriffen, die Land, Wasser und Atmosphäre koppeln. Heute machen sich die Konsequenzen des Energieverbrauchs über immer grössere Räume bemerkbar. So sind durch menschliche Einflüsse die Erosionsraten etwa verdreifacht worden, der Kohlendioxidgehalt der Atmosphäre hat sich progressiv erhöht, der Mensch fixiert annähernd gleichviel Stickstoff wie die Natur. Es sind globale "Experimente" eingeleitet worden, deren Abfolge wir nicht kennen und die in den Haushalt unserer Oekosysteme eingreifen.

1.2 Die Zivilisationsmaschine

Die Erde (Abbildung 1.1) kann als Wärmemaschine aufgefasst werden. Sie bezieht aus dem kontinuierlich einfallenden Sonnenlicht Energie, um Winde, Meeresströmungen, Kreisläufe des Wassers, der Gesteine, der Elemente und des Lebens anzutreiben. Die Sonnenenergie organisiert die Biosphäre. Diese ist in der Abbildung oben links durch ein Transmissionssystem dargestellt, welches die Kreisläufe der für das Leben notwendigen Elemente symbolisiert. Diese Kreisläufe sind rückgekoppelt und werden durch die Biomasse synchronisiert. In einem See kann die Zufuhr von Phosphat die Geschwindigkeit des Algenwachstums beschränken. Die Produktivität der Biomasse wird dann durch den geschwindigkeitsbestimmenden Schritt, den Phosphorkreislauf (in unserem Bild angedeutet durch das Drehen des P-Rades), beschränkt. Beschleunigen wir den Phosphorkreislauf durch progressive Ausbeute von phosphorhaltigen Mineralien und durch deren Eintrag in die Seen, wird der ganze Umsatz im Oekosystem erhöht, d.h. alle Räder drehen sich schneller. Eine Beschleunigung solcher Kreisläufe birgt wesentliche Gefahren z.B. für die Oekologie eines Sees und dessen Umgebung.

Die Oekosphäre wird von der vom Menschen betriebenen "Zivilisationsmaschine" überlagert. Mit Hilfe von Energie aus dem Innern des Systems (fossile und nukleare Energie) besteht die zivilisatorische und technologische Tätigkeit des Menschen darin, Rohstoffe aus der natürlichen Umwelt aufzunehmen, umzuformen oder umzuwandeln. Der grösste Teil der Güter wird

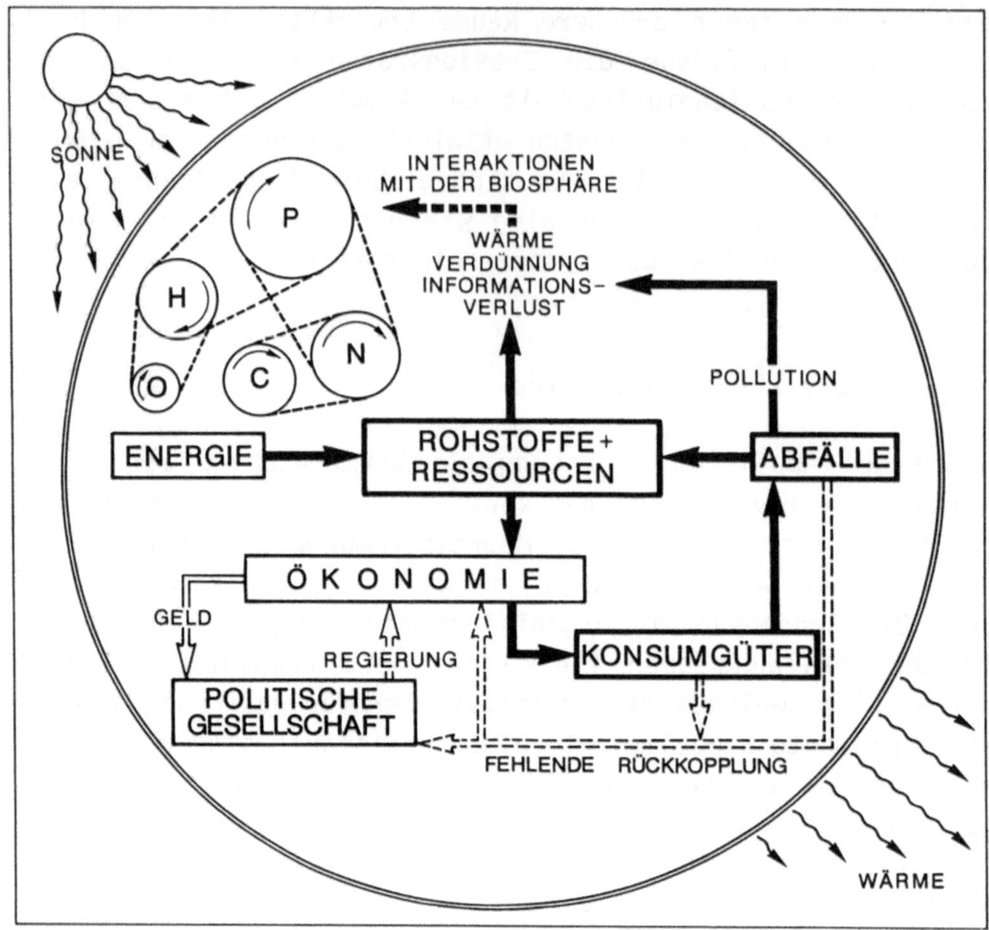

Abbildung 1.1

Die Zivilisationsmaschine ist der Oekosphäre überlagert.

Mit Hilfe von Energie aus dem Innern des Systems werden Rohstoffe aufgenommen, umgeformt und umgewandelt und im Laufe der Bearbeitung als Abfall der Natur zurückgegeben. Angetrieben wird die Zivilisationsmaschine durch den Zwang zum Kapitalumschlag. Die "Durchfluss-Oekonomie" drängt auf ein dauerndes Wachstum hin; sie basiert auf der Konzeption der freien Güter (Wasser, Luft, Land), unbeschränkter Energie- und Material-Ressourcen und der Unendlichkeit der Abfallsenken (Meere, Atmosphäre, Land). Mit der Steigerung des Kapitalertrages ist ein noch grösserer Kapitalumsatz mit Produktionserweiterung und daher auch entsprechender zusätzlicher Umweltbelastung verbunden.
Nach T.R. Blackburn.

im Laufe der Bearbeitung als Abfall der Natur wieder zurückgegeben. Die Zivilisation oder Kultur (inklusive die moderne Agri-"Kultur"), welche sich von der engen Gemeinschaft mit der Natur gelöst hat, folgt aber Gesetzmässigkeiten, die sich von denen der Organismengemeinschaften wesentlich unterscheiden: die Zivilisationsmaschine ist auf ungehinderte Zufuhr von Energie und Rohstoffen angewiesen. Sie wird angetrieben durch den Zwang zum Kapitalumschlag. Wir alle sind in dieses Antriebselement eingeschaltet. Die moderne Wirtschaft, eine "Durchfluss"-Oekonomie, drängt auf dauerndes Wachstum hin; sie basiert auf der Konzeption der freien Güter (Wasser, Luft, Land), der unbeschränkten Energie- und Materialressourcen und der Annahme von einer Unendlichkeit der Abfallsenken (Meer, Seen, Flüsse, Atmosphäre, Land). Der Zwang zum Kapitalumschlag, die Produktionserweiterung und die Steigerung des Kapitalertrages mit noch grösserem Kapitalumsatz führten zur autokatalytischen Beschleunigung des Ressourcenverbrauchs und der Umweltbelastung.

Und da stossen wir überall an Grenzen. Die Ressourcen sind beschränkt, die Oekosysteme sind nur bis zu einem gewissen Grad belastbar. Insbesondere die Probleme der Ueberbevölkerung, des ungebremsten Energiewachtums und die Nord-Süd-Problematik der sozialen Ungleichgewichte haben wir nicht im Griff. Hier müssen auf allen Ebenen grosse politisch-wirtschaftliche Entscheide gefällt werden, wenn wir weiterhin auf unserem Planeten existieren wollen. Dazu braucht es unendlich viel Aufklärung, Einsicht und schliesslich Mut zur Anpassung unseres soziologisch-ökonomischen Zivilisationssystems an die ökologischen Randbedingungen.

Mit diesem Buch möchten wir einen kleinen Ausschnitt aus dieser Problematik näher beleuchten. Es geht um die Zusammenhänge zwischen Gewässerökosystemen und deren Belastung durch zivilisatorische Einflüsse. Zuerst werden wir versuchen, die komplexen Wechselwirkungen in Gewässern zu beschreiben. Darauf untersuchen wir die Reaktionen dieser Oekosysteme auf zivilisatorische Beeinflussungen wie Energieeintrag, Störung der hydrogeochemischen Verhältnisse und Schadstoffzufuhr. Und zum Schluss wird die Frage diskutiert, wo, wie und mit welchem Erfolg unsere Gewässer geschützt, gerettet und restauriert (wieder in den ursprünglichen Zustand gebracht) werden können. Wir verwenden häufig Beispiele aus der Schweiz, weil wir diese am besten kennen und untersucht haben. Die Erkenntnisse lassen sich aber ohne weiteres auf den mitteleuropäischen Raum übertragen, in welchem die geographisch-wirtschaftlichen Verhältnisse vergleichbar sind.

1.3 Komplexe Wechselwirkungen

Die Natur ist so komplex, dass sich Ursache und Wirkungen von natürlichen Vorgängen nur mit Hilfe von Modellen beschreiben lassen. Ein Modell versucht, von der Vielschichtigkeit der Natur zu abstrahieren, um die wichtigsten Wechselwirkungen des komplexen natürlichen Beziehungsgefüges besser zu verstehen. Demnach muss ein Modell nicht der Realität entsprechen. Obschon es das natürliche System nur unvollständig erfasst, kann es aber nützlich sein, solange es innerhalb vorgezeichneter Randbedingungen gestattet, Abhängigkeiten zu erkennen und zu verallgemeinern. Der Vergleich zwischen Modell und Realität und die Interpretation einer allfälligen Diskrepanz führen zu verbesserten Modellen und helfen uns durch die damit verbundene Vereinfachung, die kausalen Zusammenhänge des natürlichen Systems besser zu verstehen.

Ein Modell gibt somit ein vereinfachtes Bild eines Ganzen, unter Weglassung vieler Parameter. Eine Gefahr bei solchen Vereinfachungen besteht darin, dass man etwa beginnt, monokausal zu denken, oder dass Schlussfolgerungen gezogen werden, die unter Berücksichtigung aller Variablen anders ausgesehen hätten. Aus diesem Grund muss jede Modellvorstellung in natürlichen Systemen verifiziert, d.h. mit Messungen und Experimenten verglichen werden.

An einem Beispiel wollen wir dies erläutern. In Abbildung 1.2 greifen wir ein Stück der realen Natur heraus und betrachten

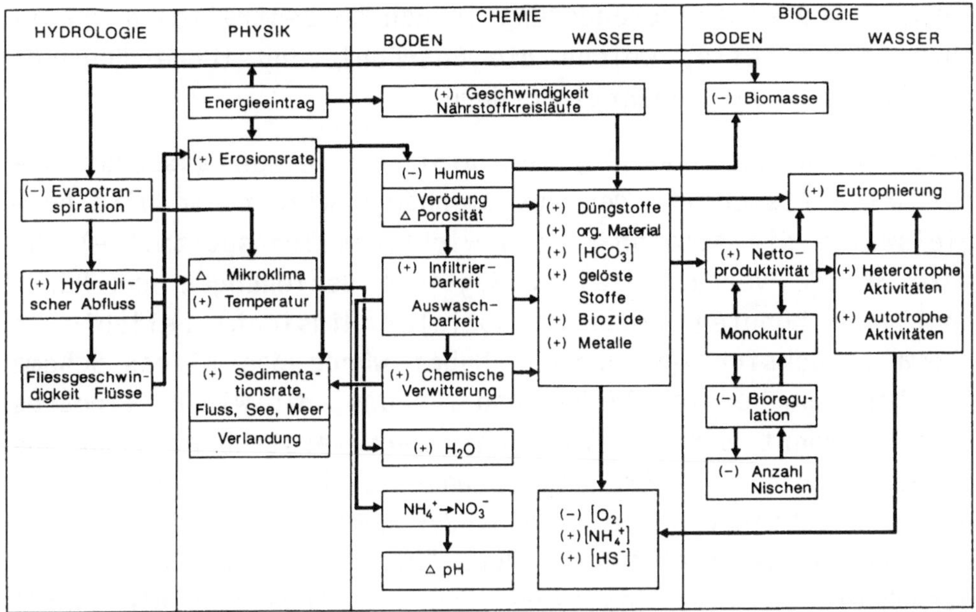

Abbildung 1.2

Fliessschema der Wechselwirkungen zwischen Land und Wasser als Beispiel eines vereinfachten Systems.
(+) bedeutet Zunahme
(-) bedeutet Abnahme
(Δ) bedeutet Zu- oder Abnahme

es als vereinfachtes System, für das wir mit Hilfe einiger ausgewählter physikalischer, chemischer und biologischer Attribute die Wechselwirkungen zwischen Land, Wasser und Hydrologie illustrieren wollen.

Wie liest man dieses Schema? Beginnen wir in der zweiten Spalte, oben beim "Energieeintrag". Durch Energiezufuhr, etwa durch Bearbeitung des Bodens mittels mechanischer Energie, wird Land urbar gemacht. Dabei verringert sich die Vegetationsdecke (Verkleinerung der Biomasse: "(-)Biomasse"), das Mikroklima wird verändert und die Evapotranspiration (Verdunstung) wird herabgesetzt; dadurch erhöht sich der Oberflächenabfluss des Regens, was wiederum höhere Erosionsraten, grössere Auswaschung von Bodenmaterial in die Gewässer und daselbst erhöhte Sedimentationsraten verursacht; die beschleunigte Nährstoffzufuhr führt zu vermehrter Düngung der

Gewässer und einer Veränderung in den Konzentrationen chemischer Bestandteile, welche die Eutrophierung (Ueberdüngung; gr. eutroph = gut genährt) fördern.

Dieses vernetzte Modellsystem gibt nur einen äusserst beschränkten Ausschnitt der Zusammenhänge wieder. So wird beispielsweise die Atmosphäre als wichtiges Transportmittel für viele Stoffe vernachlässigt. Mögliche Beziehungen und Rückkopplungen könnten (auch in sozialer Hinsicht) beliebig im Schema berücksichtigt werden. Dabei würde das Fliess-Schema aber immer unübersichtlicher und für uns, die wir an lineares Denken gewöhnt sind, bald nicht mehr verstehbar. Wenn aus diesem Beispiel die Erkenntnis wächst, dass Land und Wasser in vielschichtiger Weise miteinander gekoppelt sind und nicht nur monokausale Beziehungen (wie "Die alleinige Ursache der Eutrophierung eines Gewässers ist die Abwassereinleitung") zwischen den einzelnen Faktoren bestehen, hat das Modell im Moment seinen Zweck erfüllt. Es darf aber nicht versucht werden, aus diesem Schema quantitative Aussagen, etwa über die Belastbarkeit eines Gewässers, abzuleiten. Dazu müssen andere Kriterien und Modelle verwendet werden.

Wir werden viele Arten von qualitativen und quantitativen Modellen kennenlernen: Thermodynamische Gleichgewichte, Fliessgleichgewichte, bio-geochemische Kreisläufe, Seenbelastungsmodelle, Fliessdiagramme, und wir werden sehen, dass es für Stoffe Förderbänder, Senken und Reservoirs gibt. Wir haben für die Erklärungen der komplexen Wechselwirkungen immer die einfachsten Systeme und Modelle ausgewählt. Zwar im Bewusstsein, dass durch die Vereinfachungen vieles verloren geht, dass aber dafür das Wesentliche zum Ausdruck kommt.

2. Das Flaschenexperiment - oder "Wie funktioniert ein Oekosystem?"

Um die Auswirkungen von Verunreinigungen oder anderen Beeinträchtigungen auf unsere Gewässer beurteilen zu können, müssen wir uns vorerst gewisse Kenntnisse über das Verhalten von unberührten Seen, Flüssen oder Grundwasser aneignen.

Beginnen wir mit einem einfachen Gedankenexperiment: Wir füllen in eine Glasflasche Wasser, Sand und Steine und geben einige Tropfen Wasser aus einem Teich hinzu. Die Flasche stellen wir an einen sonnigen Ort. Nach einiger Zeit untersuchen wir den Inhalt der Flasche auf chemische, biologische und physikalische Veränderungen hin. Was werden wir beobachten?

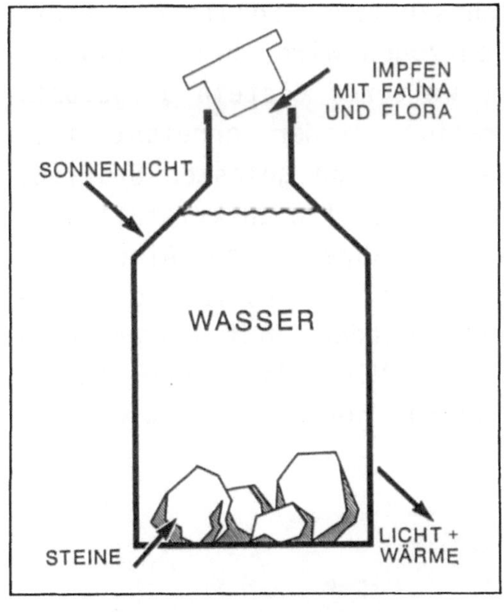

Abbildung 2.1

Flaschenexperiment

Die Flasche wird zu einem Aquarium, in welchem kleine Organismen leben können, ohne dass diese von uns gefüttert werden müssen.

Um das Beobachtete beschreiben zu können, müssen wir nun Modelle verwenden, also vereinfachte Annahmen treffen, damit wir den fundamentalen Mechanismen dieses Mikroökosystems auf die Spur kommen. Dazu eignen sich besonders zwei einfache Modelle, welche stationäre, zeitlich sich nicht verändernde Zustände beschreiben. Das eine ist das chemische bzw. thermodynamische Gleichgewichtsmodell, das andere das Fliessgleichgewichtsmodell (engl.: steady state model).

2.1 Das chemische Gleichgewicht

Die Gesteine - z.B. Kalksteine und Aluminiumsilikate - haben sich zu einem kleinen Teil aufgelöst, so dass Calcium-, Magnesium-, Natrium-, Hydrogencarbonat-, Sulfat- und Chlorid-Ionen, Kieselsäure und weitere anorganische Spurenstoffe wie Phosphate und Nitrate ins Wasser gelangt sind. Zwischen diesen gelösten Stoffen und den festen Phasen (Gesteine) bildet sich ein chemischer Gleichgewichtszustand: Sobald ein Stoff oder eine Ionenart der Lösung entzogen wird, beispielsweise durch Einbau in eine Alge, wird weiteres Gestein aufgelöst, bis die Gleichgewichtskonzentration wieder erreicht ist. Umgekehrt werden bei einem Ueberschuss an gelösten Stoffen, also einer Uebersättigung, wieder Feststoffe auskristallisieren. Uebersättigungen entstehen, wenn abgestorbene Algen oder Tiere durch Bakterien in einfache Stoffe zersetzt (oft verwendeter Ausdruck: mineralisiert) werden. Bei diesen Fällungsprozessen entstehen auch neue Mineralien oder Salze, falls deren thermodynamischer (chemischer) Gleichgewichtszustand stabiler ist (Abbildung 2.2).

Das thermodynamische (chemische) Gleichgewicht ist ein Ruhegleichgewicht. In einem geschlossenen System reagieren die Komponenten so lange miteinander, bis sie den thermodynamischen Gleichgewichtszustand erreicht haben. Dieser ist charakterisiert durch ein Minimum an freier Energie mit möglichst geringem Energieinhalt und höchstmöglicher Entropie (Erklärung siehe Kapitel 3).

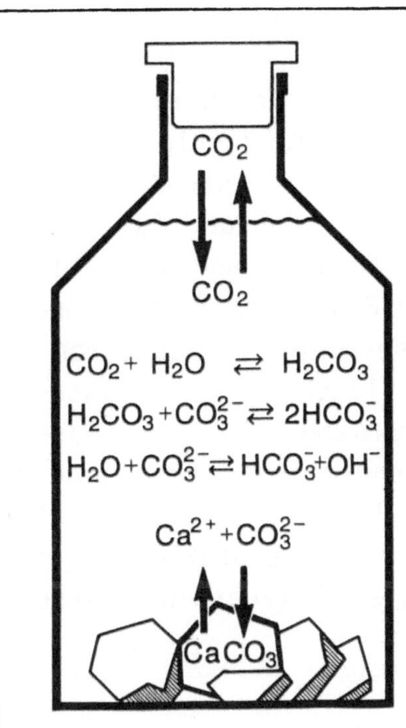

Abbildung 2.2

Chemisches Gleichgewichtsmodell zwischen Kalkstein, gelösten Carbonaten und Kohlendioxid. Es löst sich soviel Kalk auf, bis eine gesättigte Lösung vorliegt. Dabei reagieren die gelösten Carbonationen auch mit anderen Komponenten. Gelöstes Kohlendioxid steht im Gleichgewicht mit dem Kohlendioxid der Gasphase. Nach einer gewissen Zeit - wenn sich das thermodynamische Gleichgewicht eingestellt hat - besitzt jede Phase eine definierte, konstante Zusammensetzung.

Auch in natürlichen Gewässern werden die Konzentrationen der anorganischen gelösten Stoffe weitgehend durch solche heterogene chemische Reaktionen wie Auflösungs- und Fällungsreaktionen an der Grenzfläche Gestein/Wasser bestimmt. Obwohl wir es bei natürlichen Gewässern mit offenen Systemen zu tun haben, kann in vielen Fällen dieses einfache Modell in erster Annäherung für die Interpretation verwendet werden. Zusätzlich muss jedoch oft noch die Reaktionskinetik, also der zeitliche Ablauf der Reaktionen, berücksichtigt werden.

2.2 Die Lebensgemeinschaft

In der Flasche entwickeln sich die aus dem Teich eingebrachten Pflanzen und Tiere: Wir werden Algen, Zooplankton und andere Kleintiere sowie Bakterien und Pilze antreffen. Weil die Flasche nicht genügend gross ist, um Nahrung für Fische zu produzieren, werden nur Mikroorganismen und Kleintiere anzutreffen sein. (Im See braucht ein Fisch von hundert Gramm Gewicht etwa tausend Kubikmeter Wasser, um sich ernähren zu können. Würde man einen Fisch in die Flasche geben, müsste er täglich gefüttert werden.) Die Organismen in der Flasche bilden eine Lebensgemeinschaft (Biocönose); sie sind voneinander abhängig. Entsprechend ihrer Funktion im Oekosystem können wir diese Organismen in drei Gruppen einteilen: in die Produzenten, die Konsumenten und die Destruenten (Zersetzungsorganismen).

Produzenten

Zu dieser Gruppe gehören die grünen Pflanzen - in Gewässern vor allem die Algen - und einige photosynthetische und chemosynthetische Bakterien. Der Hauptteil dieser Organismen im See gehört dem Phytoplankton an, also den im Wasserkörper schwebenden Pflanzen. Da sich die Produzenten von anorganischen energiearmen Verbindungen ernähren, werden sie auch als sich selbsternährende (autotrophe) Organismen bezeichnet.

Konsumenten

Die Organismen, welche sich von Pflanzen ernähren, heissen Herbivoren, jene, welche sich von Tieren ernähren, Carnivoren. Die Konsumenten verbrauchen Sauerstoff.

Destruenten

Die Zersetzungsorganismen werden auch Saprophyten genannt. Dazu gehören Bakterien und Pilze, welche abgestorbene Organismen vollständig zersetzen. Die Destruenten gehören eigentlich auch zu den Konsumenten, doch werden sie oft als separate Organismengruppe behandelt. Es gibt auch Arten, die ohne Sauerstoff leben können (anaerobe Bakterien im Gegensatz zu aeroben Bakterien). Da die Konsumenten und die Destruenten sich von anderen Organismen ernähren, heissen sie auch heterotrophe Organismen.

2.3 Der organische Kreislauf

Während die Produzenten wachsen und sich vermehren und dabei aus Kohlendioxid, Wasser und anderen mineralischen Stoffen wie Nitraten und Phosphaten mittels Lichtenergie organische Verbindungen (Kohlenhydrate, Fette und Proteine) aufbauen, wird diese Biomasse von den Konsumenten als Nährstoff (für ihr Wachstum und ihre Mehrung) verwendet. Die Biomasse wird zusammen mit Sauerstoff veratmet, wobei die in der Nahrung und im Sauerstoff gespeicherte Energie den Konsumenten zum Lebensunterhalt dient.

Bei der Photosynthese der Produzenten wird Sauerstoff freigesetzt und sammelt sich in der Gasblase in unserer Flasche (Abbildung 2.3) an. Ein kleiner Teil, etwa zehn Milligramm Sauerstoff pro Liter, bleibt im Wasser gelöst. Der Gasaustausch zwischen Gasphase und dem Wasser kann analog der Auflösungs-Fällungsreaktionen an der Gestein-/Wasser-Grenzfläche mit dem thermodynamischen Gleichgewichtsmodell beschrieben werden. Bei der Atmung (Respiration) wird der gelöste Sauerstoff verbraucht. Dabei entstehen wieder Kohlendioxid und Wasser. Die Sauerstoff-, Kohlenstoff- und Wasserstoffatome nehmen somit an einem zeitlichen Kreislauf teil, indem sie vom Wasser und vom gelösten Kohlendioxid über die Pflanzen und Tiere wieder ins Wasser bzw. in die Gasblase gelangen. Die Destruenten zersetzen durch Atmung (aerobe und anaerobe Respiration) die abgestorbene Biomasse, wobei neben Kohlendioxid, Wasser und anderen einfachen Verbindungen auch die Düngestoffe (Nitrate, Phosphate usw.) wieder freigesetzt werden.

Die von den Produzenten gespeicherte Sonnenenergie wird also in Form von Nahrung an die Konsumenten weitergegeben. Die Produzenten, Konsumenten und Destruenten sind durch eine

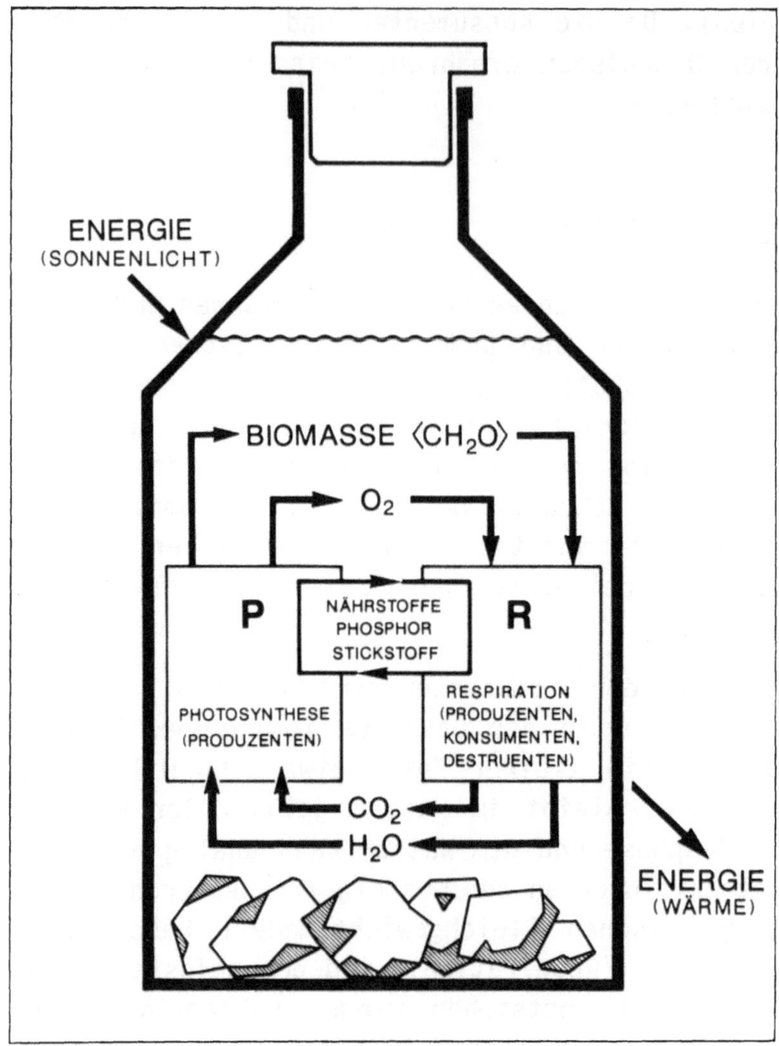

Abbildung 2.3

Dynamisches Gleichgewichtsmodell im Oekosystem. Die Photosynthese wird nur von Algen und grünen Pflanzen, die Respiration hingegen von allen drei trophischen Stufen ausgeführt.

sogenannte Nahrungskette miteinander verbunden. Die einzelnen Glieder dieser Kette heissen trophische Stufen (gr. trophē = Nahrung, Ernährung und "Stufen", weil anstatt Nahrungskette häufig der Ausdruck Nahrungspyramide verwendet wird). Fällt ein Glied in dieser Kette aus, beispielsweise durch Lichtentzug oder Vergiftung, können die anderen Glieder höchstens noch so lange leben, bis deren Nahrung aufgebraucht ist.

2.4 Das Fliessgleichgewicht

Wegen des dauernden Flusses von Energie durch unsere Flasche ist ihr Inhalt nicht in einem Ruhegleichgewicht (= thermodynamisches Gleichgewicht). Ein Teil des Lichtes wird von den grünen Pflanzen absorbiert und für die Photosynthese verwendet. Ein anderer Teil wird direkt in Wärme umgewandelt, und ein dritter Teil durchdringt die Flasche unverändert. Nach einer gewissen Zeit wird pro Zeiteinheit gleichviel Energie die Flasche wieder verlassen, wie aufgenommen wird. Der Hauptanteil der aufgenommenen Energie, welcher das Leben unterhält, wird in Form von Wärme abgeschieden.

Im Innern der Flasche stellt sich ein stationärer - oft als Fliessgleichgewicht (engl.: steady state) bezeichneter - Zustand ein: die Produktion und die Zersetzung organischer Substanz halten sich die Waage, d.h. pro Zeiteinheit wird gleichviel Biomasse gebildet wie auch wieder zersetzt (Abbildung 2.3). Dadurch erhält unser System nebst einem konstanten Gehalt an Biomasse auch einen konstanten Gehalt an Sauerstoff, der der gebildeten Menge organischen Materials entspricht, sowie eine konstante Kohlendioxid-Konzentration (welche mit den Kalkgesteinen verknüpft ist).

Ein solches Fliessgleichgewicht (auch dynamisches Gleichgewicht genannt), welches wie das Ruhegleichgewicht eine konstante, mit der Zeit sich nicht verändernde Zusammensetzung besitzt, kann sich nur in einem offenen System bzw. in einem System, welches mindestens Energieaustausch mit der Umgebung besitzt, ausbilden. Die Zeitunabhängigkeit wird durch eine Balance zwischen Zufuhr und Verbrauch bzw. Umwandlung und Wegfuhr von Energie (und/oder Masse) erreicht.

Stoppt man in unserem Experiment die Lichtzufuhr, so sterben zuerst die Produzenten, dann die Konsumenten ab. Der Sauerstoff wird für die Zersetzung verbraucht, und nach einer gewissen Zeit stellt sich ein Ruhegleichgewicht ein, welches theoretisch die gleiche Zusammensetzung besitzt, wie wenn nie Leben in der Flasche stattgefunden hätte. Da aber die chemischen Reaktionsgeschwindigkeiten manchmal sehr langsam sind, kann es ziemlich lange dauern, bis der alte thermodynamische Gleichgewichtszustand wieder erreicht ist.

An dieser Stelle sei erwähnt, dass unser Mikroökosystem in der Flasche nicht genügend artenreich ist, um längere Zeit zu überdauern. Es fehlen zudem Nischen, in denen Pflanzen und Tiere kleinere Katastrophen überleben können. Hingegen ist unsere Erde ein solches Oekosystem, welches praktisch nur durch das Sonnenlicht im Fliessgleichgewicht gehalten wird. Die Zusammensetzung der Atmosphäre ist seit Millionen von Jahren dieselbe. Trotzdem gibt es immer wieder kleinere oder lokale Veränderungen in der Biosphäre. Es haben sich zum Beispiel in den letzten sechshundert Millionen Jahren Kohlen- und Erdöllager gebildet, woraus man schliessen muss, dass ein prozentual äusserst kleiner, aber nicht ganz vernachlässigbarer Ueberschuss in der Produktion von organischer Substanz stattgefunden hat, dass also auf unserer Erde kein exaktes Fliessgleichgewicht herrscht.

2.5 Zusammenfassung

Wir sehen aus unserem Experiment:

- dass unser System Organismen am Leben erhalten kann, indem es aus dem kontinuierlich durchtretenden Sonnenlicht Energie aufnimmt und diese benützt, um das System zu organisieren; d.h. der Einsatz von Lichtenergie ist für die Erhaltung des Lebens notwendig;
- dass der Energiefluss durch das System Kreisläufe ermöglicht, Kreisläufe der Atome und Moleküle, des Wassers, der Gesteine (hydrogeochemische Kreisläufe), der Nährstoffe sowie auch Zyklen des Lebens, die auf verschiedenen trophischen Stufen ablaufen.

Somit können wir ein ökologisches System (Oekosystem) definieren als eine Einheit der Umwelt, in welcher durch Energiefluss eine biologische Gemeinschaft (Produzenten, Konsumenten, Destruenten) mit trophischer Struktur und Kreisläufen der lebensnotwendigen Substanzen aufrechterhalten wird.

Das ökologische System zeigt Eigenschaften und Verhaltensweisen, die nicht einfach additiv aus den einzelnen Bestandteilen zusammengesetzt sind. Alle Teile und Vorgänge innerhalb der Lebensgemeinschaft ordnen sich so, dass das System erhalten wird.

Man nennt diese durch negative Rückkopplung aufrechterhaltene Selbstordnung auch Homöostase. Die Einzelkomponenten des Systems sind voneinander abhängig, beispielsweise durch eine Verknüpfung über die Nahrungskreisläufe.

3. Ein wenig Thermodynamik

In den Naturwissenschaften bildet die Thermodynamik einen wichtigen Grundpfeiler, beschreibt sie doch die Gleichgewichtszustände eines Systems. Thermodynamische Konzepte nehmen deshalb auch in der Oekologie einen wichtigen Platz ein. Insbesondere zur Beantwortung der Frage, ob und in welcher Richtung ein System sich entwickeln kann und wie dessen stabiler Endzustand ist, brauchen wir Kenntnisse der Thermodynamik; deshalb möchten wir hier eine vereinfachte Einführung in die Anwendung der Thermodynamik auf ökologische Systeme geben.

Die Hauptsätze der Thermodynamik liefern somit Grundlagen zur Beurteilung von Umweltschutzmassnahmen. Es können damit Bilanzen über Rohstoffnutzung, Recycling und Energienutzung aufgestellt werden. Eine grundlegende Frage, auf welche die thermodynamischen Gesetze eine Antwort geben, wollen wir hier herausgreifen:

Kann man eine Verschmutzung der Umwelt mit technischen Mitteln erfolgreich bekämpfen, wenn bei der Erzeugung der notwendigen Energie ja auch wieder Schadstoffe entstehen und in die Umwelt gelangen?

3.1 Ein paar Begriffe

Für die thermodynamische Beschreibung eines Vorgangs müssen wir zuerst ein paar Begriffe definieren. Die Gesamtheit der betrachteten Materie, z.B. der Inhalt der Flasche von Kapitel 2, wollen wir als System bezeichnen. Die Materie ausserhalb dieses abgegrenzten Systems nennen wir die Umgebung. Kann Energie vom System an die Umgebung abgegeben werden oder umgekehrt, nennt man eine solche Anordnung ein geschlossenes System. Kann mit der Umgebung zudem noch ein Stoffaustausch stattfinden, wenn z.B. der Flaschendeckel geöffnet wird, spricht man von einem offenen System. Ein abgeschlossenes oder isoliertes System hingegen besitzt weder Stoff- noch Energieaustausch mit der Umgebung. Eine Thermosflasche symbolisiert ein abgeschlossenes System.

Abbildung 3.1

Definitionen von Systemen

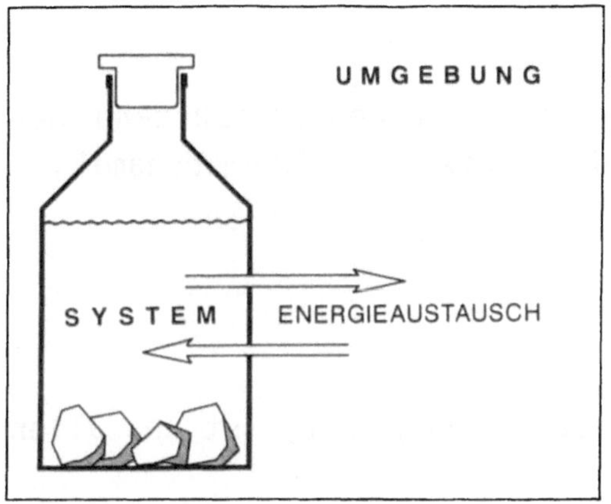

geschlossenes System

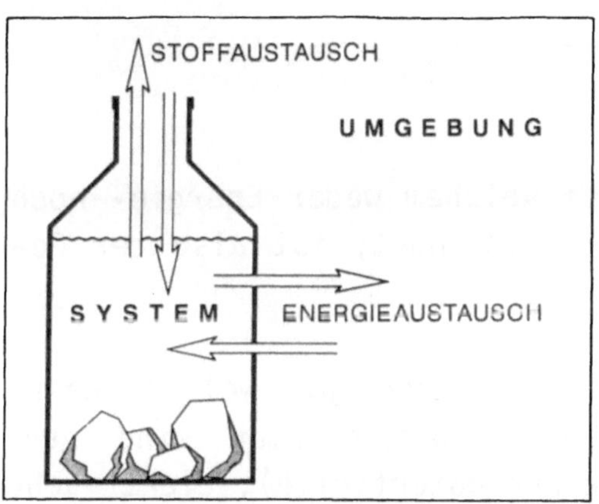

offenes System

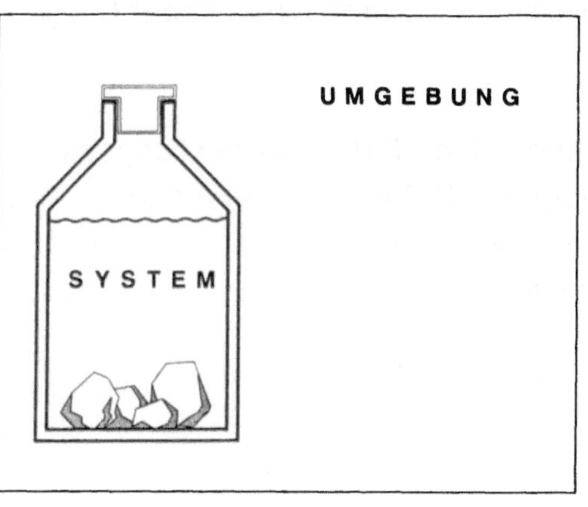

abgeschlossenes bzw. isoliertes System

Die Thermodynamik vergleicht nun den Energieinhalt des Systems mit demjenigen der Umgebung und kann einen Endzustand beschreiben, bei welchem System und Umgebung miteinander im Gleichgewicht sind. Dieser Gleichgewichtszustand ist erreicht, wenn man keine Veränderungen der Temperatur, des Druckes, der Masse oder der einzelnen Stoffkonzentrationen mehr feststellt.

Die Energiegesetze, welche diesen Gleichgewichtszustand bestimmen, sind die sogenannten Hauptsätze der Thermodynamik.

3.2 Erster Hauptsatz

Der erste Hauptsatz, der Energieerhaltungssatz, ist uns allen bekannt:

Energie kann weder erzeugt noch vernichtet werden.

In einem isolierten System, bei welchem weder Energie- noch Stoffaustausch mit der Umwelt stattfindet, ist also der Gesamtenergieinhalt konstant.

Die Energie tritt in verschiedenen Formen auf, welche ineinander umgewandelt werden können. Energieformen sind etwa mechanische Energie (kinetische und potentielle), elektrische Energie, Licht, chemisch gespeicherte Energie, Arbeit oder Wärme.

Nach dem ersten Hauptsatz (und dem Massenerhaltungssatz) können die Ressourcen auf unserer Welt nie ausgehen: mit genügend Energieaufwand könnten sämtliche Stoffe aus den Abfällen wieder zurückgewonnen werden.

3.3 Zweiter Hauptsatz: der Entropiesatz

Wir wissen aber auch, dass nicht jede Energieform von selbst in eine andere umgewandelt werden kann. Ein fahrendes Schiff wird zwar von selbst durch Reibung gebremst, wobei kinetische Energie vollständig in Reibungswärme umgewandelt wird. Umgekehrt kann das Schiff für seine Fortbewegung die Energie nicht einfach dem Wärmereservoir des Sees entnehmen (Perpetuum Mobile zweiter Art), ausser es besässe ein Reservoir mit

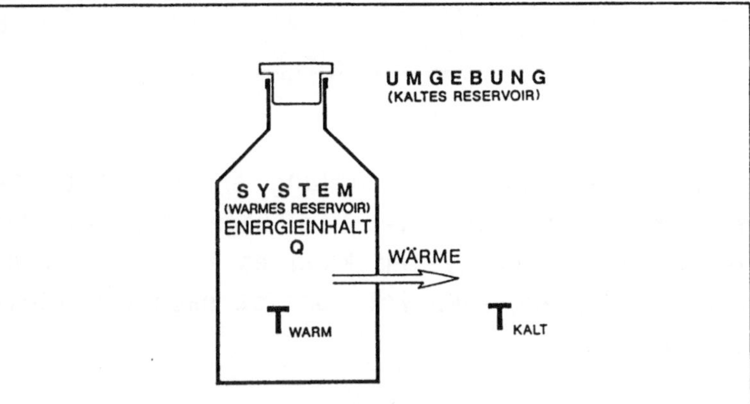

Wärmeenergie kann nur Arbeit liefern, wenn ein Reservoir tieferer Temperatur (T_{kalt}) zur Verfügung steht. Dabei fliesst solange Wärme vom warmen zum kalten Reservoir, bis beide Reservoirs bzw. Systeme gleiche Temperatur besitzen. Der maximal in Arbeit umwandelbare Exergieanteil E berechnet sich folgendermassen:

$$E = \eta \cdot Q \tag{3.1}$$

Q ist die Wärmeenergie des warmen Reservoirs und η der Wirkungsgrad. Dieser ist gleich:

$$\eta = \frac{T_{warm} - T_{kalt}}{T_{warm}} \tag{3.2}$$

Die Anergie A ist definitionsgemäss:

$$A = Q - E \tag{3.3}$$

oder

$$A = (1 - \eta)\, Q \tag{3.4}$$

Abbildung 3.2

Exergie- und Anergieanteil bei der Umwandlung von Wärme in Arbeit.

tieferer Temperatur als das Seewasser (Abbildung 3.2). Die Wärmeenergie ist eine Energieform, die nicht zu hundert Prozent in andere Energieformen verwandelt werden kann.

Dem Verlauf von Energieumwandlungen physikalischer oder chemischer Prozesse sind Grenzen gesetzt. Die Richtung, in welcher eine bestimmte Energieumwandlung von selbst abläuft, beschreibt der zweite Hauptsatz der Thermodynamik:

Bei jeder Energieumwandlung wird ein Teil der Energie in eine (theoretisch und praktisch) nicht mehr verwendbare Energieform umgewandelt.

Was sich also bei einer Energieumwandlung ändert, ist die weitere Verwendbarkeit der Energie. Im Gegensatz zu den Stoffkreisläufen in einem Oekosystem kann es keine Energiekreisläufe geben, ein "Energie-Recycling" ist nach dem zweiten Hauptsatz unmöglich.

Das Exergie- und Anergieprinzip

Die Energieformen können nach ihrem Arbeitsvermögen (mechanische Energie) klassiert werden. Neuerdings verwendet man für den Energieanteil, welcher vollständig in mechanische Energie umgewandelt werden kann, auch den Ausdruck Exergie. Mechanische Energie und elektrische Energie können theoretisch ohne Verlust ineinander umgewandelt werden. Ihr Exergieanteil ist somit definitionsgemäss gross (bis 100%). Beide werden deshalb auch als hochwertige ("edle") Energieformen bezeichnet.

Die Abwärme hingegen ist eine Energieform mit kleiner Exergie, falls das Temperaturgefälle zur Umgebung klein ist (vgl. Abbildungen 3.2 und 3.3). Jenen Energieanteil, welcher nicht in mechanische Arbeit überführt werden kann, bezeichnet man auch als Anergie.

Leider kann dieses leicht verständliche Exergie-/Anergie-Prinzip nur reine Energieumwandlungen beschreiben. Sobald aber noch chemische Reaktionen oder Verdünnungsprozesse zu

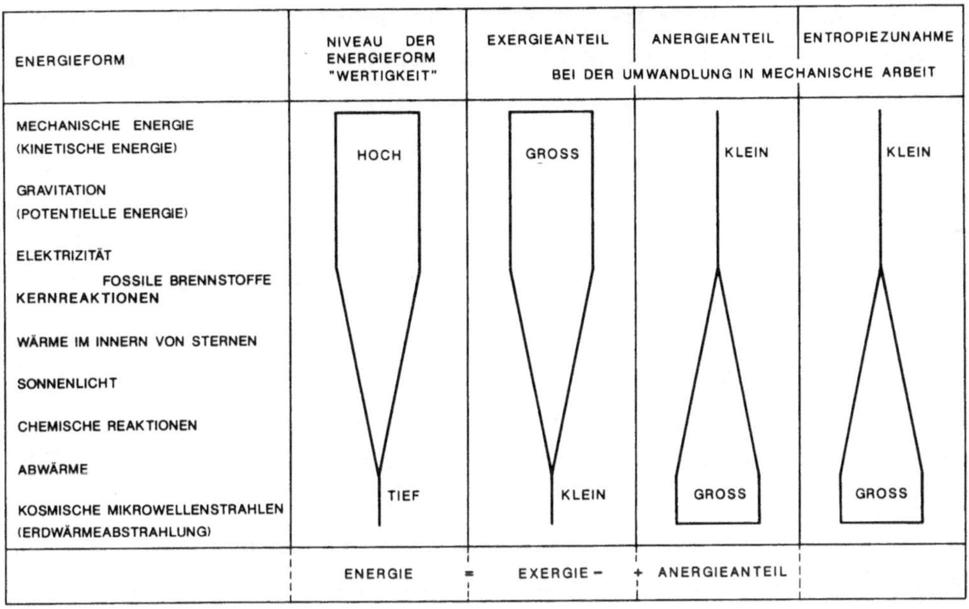

ENERGIEFORM	NIVEAU DER ENERGIEFORM "WERTIGKEIT"	EXERGIEANTEIL	ANERGIEANTEIL	ENTROPIEZUNAHME
		BEI DER UMWANDLUNG IN MECHANISCHE ARBEIT		
MECHANISCHE ENERGIE (KINETISCHE ENERGIE) GRAVITATION (POTENTIELLE ENERGIE) ELEKTRIZITÄT FOSSILE BRENNSTOFFE KERNREAKTIONEN WÄRME IM INNERN VON STERNEN SONNENLICHT CHEMISCHE REAKTIONEN ABWÄRME KOSMISCHE MIKROWELLENSTRAHLEN (ERDWÄRMEABSTRAHLUNG)	HOCH TIEF	GROSS KLEIN	KLEIN GROSS	KLEIN GROSS
	ENERGIE	= EXERGIE-	+ ANERGIEANTEIL	

Abbildung 3.3

Wertigkeit von Energieformen. Das Niveau einer Energieform wird bestimmt durch die maximal mögliche Arbeit, die sie leisten kann. Hochwertige Energieformen produzieren bei ihrer Umwandlung in mechanische Arbeit wenig, niederwertige hingegen viel Entropie.

---

den Energiebilanzen hinzukommen, muss die Entropie miteinbezogen werden.

Die Entropie

Als ein generelleres Mass für die bei Energieumwandlungen nicht nutzbare Energie wird in der klassischen Thermodynamik die Entropie S verwendet. Diese besitzt die Einheiten Joule pro Kelvin und ist somit keine Form der Energie. Wir verzichten hier auf eine mathematische Formulierung der Entropie, welche eine Funktion (Zustandsgrösse) von Temperatur und Druck ist, und behandeln nur den qualitativen Aspekt dieser wichtigen Grösse:

Bei Energieumwandlungen nimmt die Entropie immer zu.

Wenn die Ausgangsenergie in einer hochwertigen Form vorliegt, ist der entstehende Entropiebetrag klein, im umgekehrten Fall entsprechend gross. Mit anderen Worten:

Je tiefer die Qualität der Energieform ist, desto grösser ist der Entropiebetrag, welcher durch Umwandlung einer Energieeinheit entsteht.

Gibt es neben Energieumwandlungen auch Stoffveränderungen und Durchmischungseffekte, sind diese in der Definition der Entropie (im Gegensatz zur Anergie) ebenfalls enthalten. Für das Verständnis hilft uns die statistische Interpretation der Entropie, welche Ludwig Boltzmann fünfzig Jahre nach dem von Rudolf Clausius 1865 eingeführten Entropiebegriff gab:

Die Entropie eines Systems ist ein Mass für fehlende Information oder vereinfacht, ein Mass für die Unordnung.

Für Berechnungen wird die Entropie in verschiedene, addierbare Beiträge unterteilt. Die beiden wichtigsten sind der thermische und der konfigurationelle Beitrag. Als Faustregel kann man sich folgendes merken: der thermische Entropieanteil wird grösser, wenn die Temperatur des Systems erhöht wird, wenn also die Bewegung der kleinsten Teilchen (Moleküle, Ionen, Atome) zunimmt und der durchschnittliche Teilchenabstand vergrössert wird. Die Information über Aufenthaltsort und Bewegungsrichtung der einzelnen Teilchen nimmt bei Temperaturerhöhung ab, die Unordnung nimmt zu. Der konfigurationelle Entropieanteil, also die Entropie der Anordnung der Atome im Molekül, im Gitter oder im System nimmt zu, je stärker durchmischt ein Stoffsystem ist, je weniger exakt der

Abbildung 3.4

Einige Möglichkeiten der Entropiezunahme. Nach Tyler Miller, 1971.

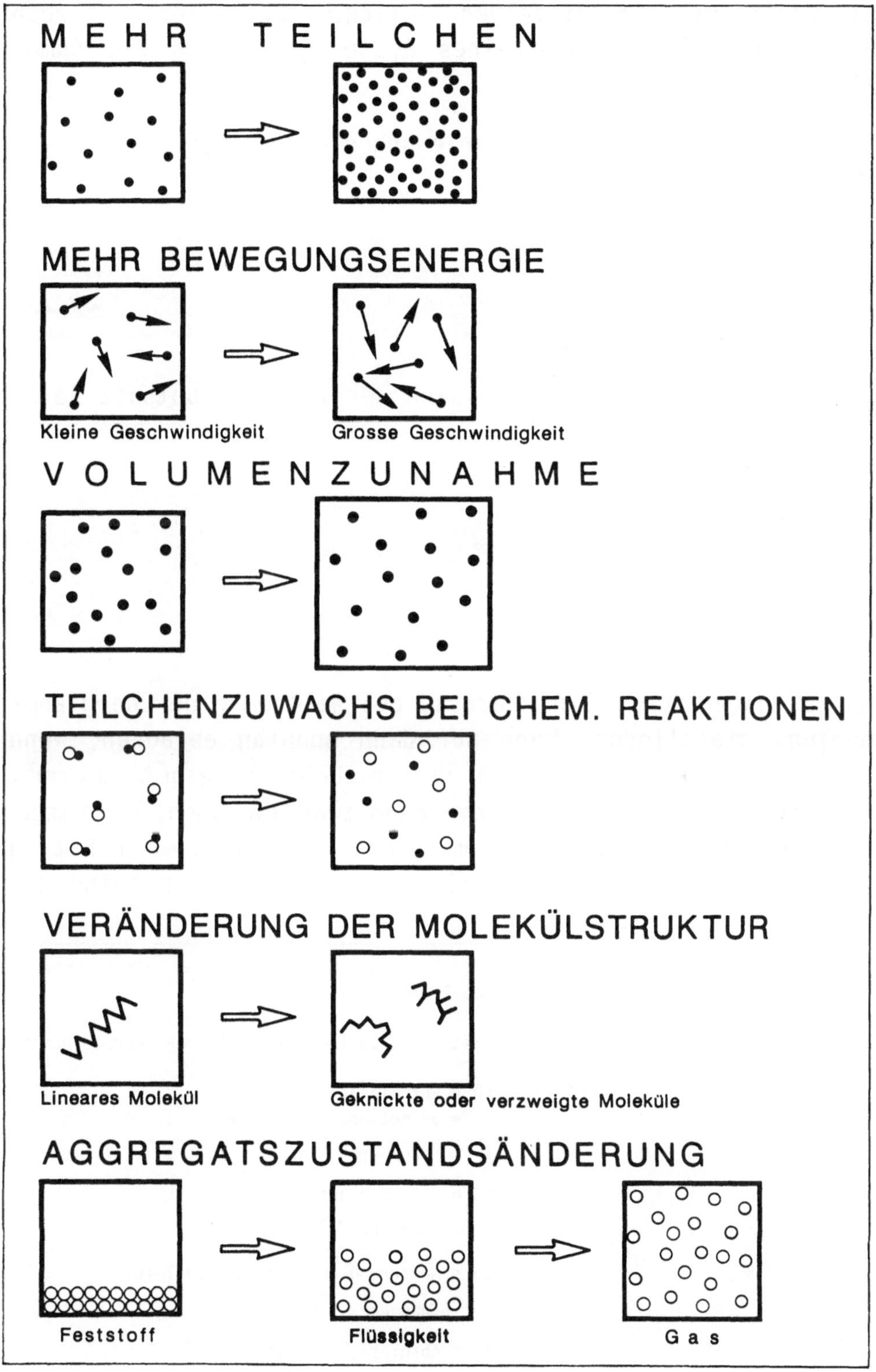

MEHR TEILCHEN

MEHR BEWEGUNGSENERGIE

Kleine Geschwindigkeit Grosse Geschwindigkeit

VOLUMENZUNAHME

TEILCHENZUWACHS BEI CHEM. REAKTIONEN

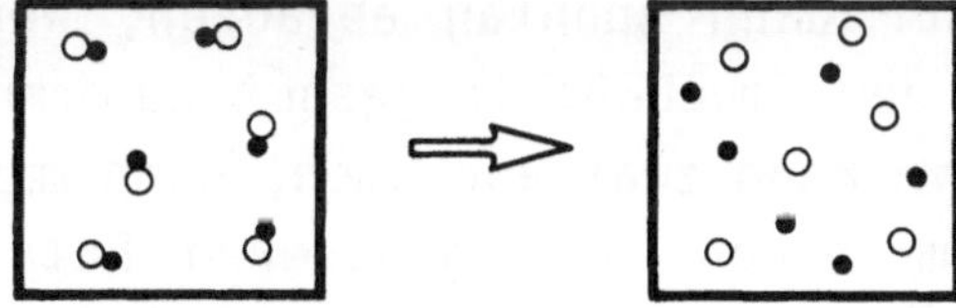

VERÄNDERUNG DER MOLEKÜLSTRUKTUR

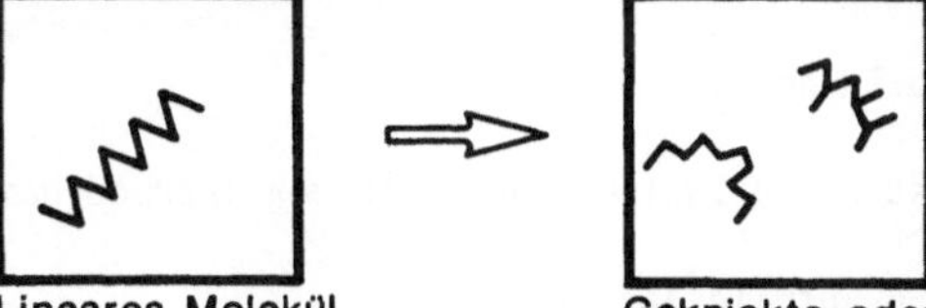

Lineares Molekül Geknickte oder verzweigte Moleküle

AGGREGATSZUSTANDSÄNDERUNG

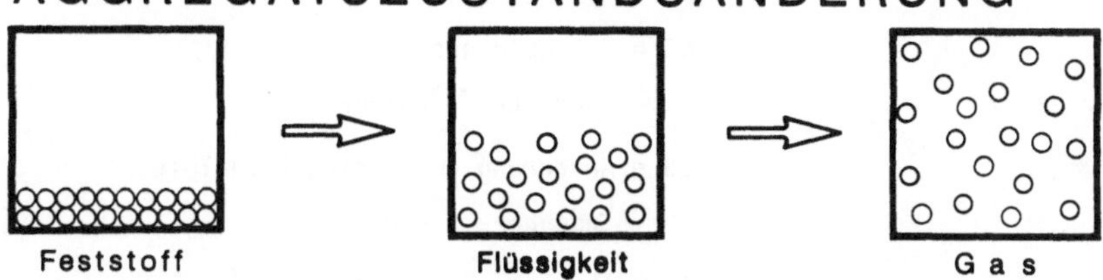

Feststoff Flüssigkeit Gas

Aufenthaltsort der einzelnen Teilchen beschrieben werden kann. Die Gesamtentropie eines Systems ist dann die Summe aller Entropieanteile.

Für einfache ökologische Ueberlegungen können wir uns folgende Regeln merken:

Bei Erwärmung und/oder bei Durchmischung bzw. Verdünnung einer Substanz vergrössert sich die Entropie des Systems.

Mit Hilfe der Entropie lässt sich der zweite Hauptsatz jetzt auch so formulieren:

Bei irreversiblen (d.h. von selbst ablaufenden) Vorgängen in einem isolierten System nimmt die Entropie immer zu.

Anders ausgedrückt: Ein Prozess, bei welchem eine Energieumwandlung stattfindet, kann nur dann spontan ablaufen, wenn die Entropie des Systems und der Umgebung insgesamt zunimmt. Die Entropie des Systems allein kann zwar abnehmen, dann muss die Entropie der Umgebung um einen umso grösseren Betrag zunehmen. Im Gleichgewichtszustand hat ein System seine ge-

---

Abbildung 3.5

Erster und zweiter Hauptsatz der Thermodynamik.

ΔH = Enthalpieänderung
= ausgetauschte Energie
= $H_{nachher} - H_{vorher}$

ΔS = Entropieänderung
= $S_{nachher} - S_{vorher}$

ΔG = Aenderung der freien Enthalpie
= $G_{nachher} - G_{vorher}$

T = Absolute Temperatur

1. Hauptsatz

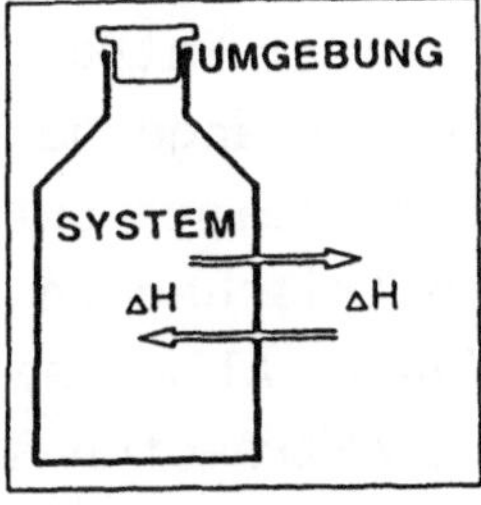

Bei chemischen oder physikalischen Veränderungen wird Energie weder geschaffen noch zerstört, sondern nur von einer Form in eine andere umgewandelt. Die Gesamtenergie des Systems und seiner Umgebung bleibt konstant. Bei konstantem Druck und konstanter Temperatur gilt:

$\Delta H_{total} = 0$ $\qquad$ $\Delta H_{total} = \Delta H_{System} + \Delta H_{Umgebung} = 0$

2. Hauptsatz

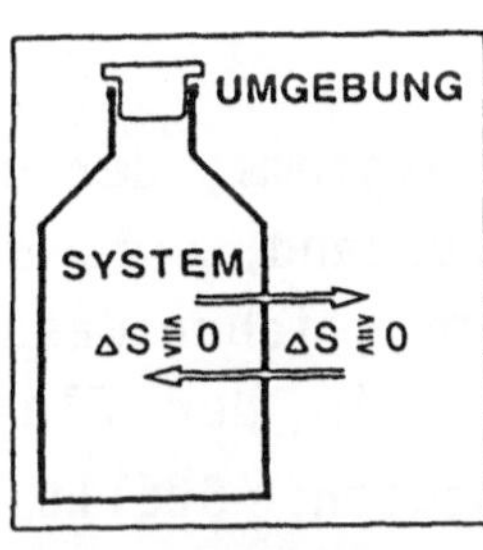

Jedes System und seine Umgebung verändern sich spontan so, dass die Gesamtentropie des Systems und der Umgebung zunimmt.

$\Delta S_{total} > 0$ $\qquad$ $\Delta S_{total} = \Delta S_{System} + \Delta S_{Umgebung} > 0$

Kombination der zwei Hauptsätze:
Chemische Reaktionen in einem System bei konstanter Temperatur und konstantem Druck laufen spontan nur in Richtung verminderter freier Enthalpie G ab ($\Delta G < 0$). Im System gilt:

Freie Enthalpie (Reaktionstendenz)	=	Tendenz zu minimaler Enthalpie	-	Tendenz zu maximaler Entropie
ΔG_{System}	=	ΔH_{System}	-	$T \cdot \Delta S_{System}$
Freie Enthalpie	=	maximale Arbeit, die das System leisten kann		

samte Fähigkeit verloren, durch Austausch mit der Umgebung Arbeit zu leisten. Es kann nicht wieder von selbst in den Anfangszustand zurückkehren, da dies mit einer Entropieabnahme verbunden wäre. Vorgänge, welche mit einer Entropiezunahme verbunden sind, werden als irreversible Vorgänge bezeichnet. Vorgänge, welche nur mit vernachlässigbar kleinen Entropiezunahmen verlaufen wie die Umwandlung elektrischer in mechanische Energie, heissen reversible Vorgänge. Alle realen Vorgänge sind irreversibel. So kann kein Elektromotor sämtliche elektrische Energie ohne Wärmeentropieverluste in Arbeit umwandeln.

3.4 Thermodynamisches Gleichgewicht

Der thermodynamische Endzustand eines Systems, der chemische oder thermodynamische Gleichgewichtszustand, ist nach dem Entropiesatz der Zustand mit der grösstmöglichen Gesamtentropie. Bezogen auf unser Mikroökosystem in der Flasche von Kapitel 2, würde dies folgendes bedeuten: Stellt man die Lichtzufuhr ab und lässt theoretisch auch keine Energie aus der Flasche entweichen, wird sich in der Flasche durch Energieumwandlung der Zustand mit der grössten Gesamtentropie einstellen. Lebewesen, welche durch ihre gespeicherte Energie und Information Inseln kleinerer Entropie sind, existieren nicht mehr. Die Temperatur und der Druck in der Flasche wird überall gleich gross, und der Inhalt wird aus einer grösstmöglichen Anzahl kleinster Teilchen (Moleküle, Ionen) bestehen, die vollständig durchmischt sind. Je nach Gesamtenergieinhalt werden jedoch noch Feststoffe und eine Gasphase vorhanden sein.

Der thermodynamische Gleichgewichtszustand ist somit ein Zustand ohne Leben, ein Zustand des Chaos, des Todes. Kann sich in einem System Leben erhalten, so wird ständig Energie (z.B. Licht oder chemisch gespeicherte Energie) umgewandelt und Entropie innerhalb der lebenden Organismen verringert auf Kosten der Umgebung, deren Entropie um einen umso grösseren

Betrag zunimmt. Ein Aspekt des Lebens aus der Sicht der Thermodynamik bedeutet fortlaufendes Abstandhalten vom Gleichgewichtszustand mit Hilfe von Energieumwandlungen. Dieser Abstand kann nur in einem offenen oder geschlossenen System, nicht aber in einem isolierten System beibehalten werden.

3.5 "Thermodynamik des Lebens"

Gibt es nun eine physikalische Theorie, welche die Ermöglichung eines Zustandes von niedriger Entropie in einem Lebewesen oder in einem Oekosystem erklärt, wo hochgeordnete Systeme aufrechterhalten werden? Die Antwort auf diese Frage versucht die Theorie der offenen Systeme, auch Thermodynamik der irreversiblen Prozesse genannt, zu geben. In dieser Theorie spielt im Gegensatz zur klassischen Thermodynamik die Zeit eine zentrale Rolle.

Für den Spezialfall eines Fliessgleichgewichtes, wie wir ihn in unserer Flasche beobachten, bleibt die Entropie des Systems zeitlich konstant, da die Entropieproduktion in der Flasche gleich gross ist wie der Entropiefluss aus der Flasche (Wärmeabgabe). Wenn sich das System in der Nähe des thermodynamischen Gleichgewichtes befindet, gilt nach einem Theorem der Thermodynamik irreversibler Prozesse, dass auch die Entropieproduktion minimal ist. Bei einer Störung, z.B. Aenderung der Sonneneinstrahlung, wird sich sofort wieder ein stationärer Zustand einstellen, die Entropie wird sich praktisch nicht verändern. Ist das System hingegen weit vom Gleichgewichtszustand entfernt, ist die Entropieproduktion grösser, und es können Instabilitäten auftreten.

Durch den Einfluss der Technik und der Zivilisation können sich Oekosysteme so weit vom Gleichgewicht entfernen, dass sie auf kleine Störungen auf unvoraussagbare Weise reagieren.

Je weiter sich ein System vom Gleichgewichtszustand entfernt, desto rascher laufen die Prozesse ab, und desto mehr Entropie wird pro Zeiteinheit produziert.

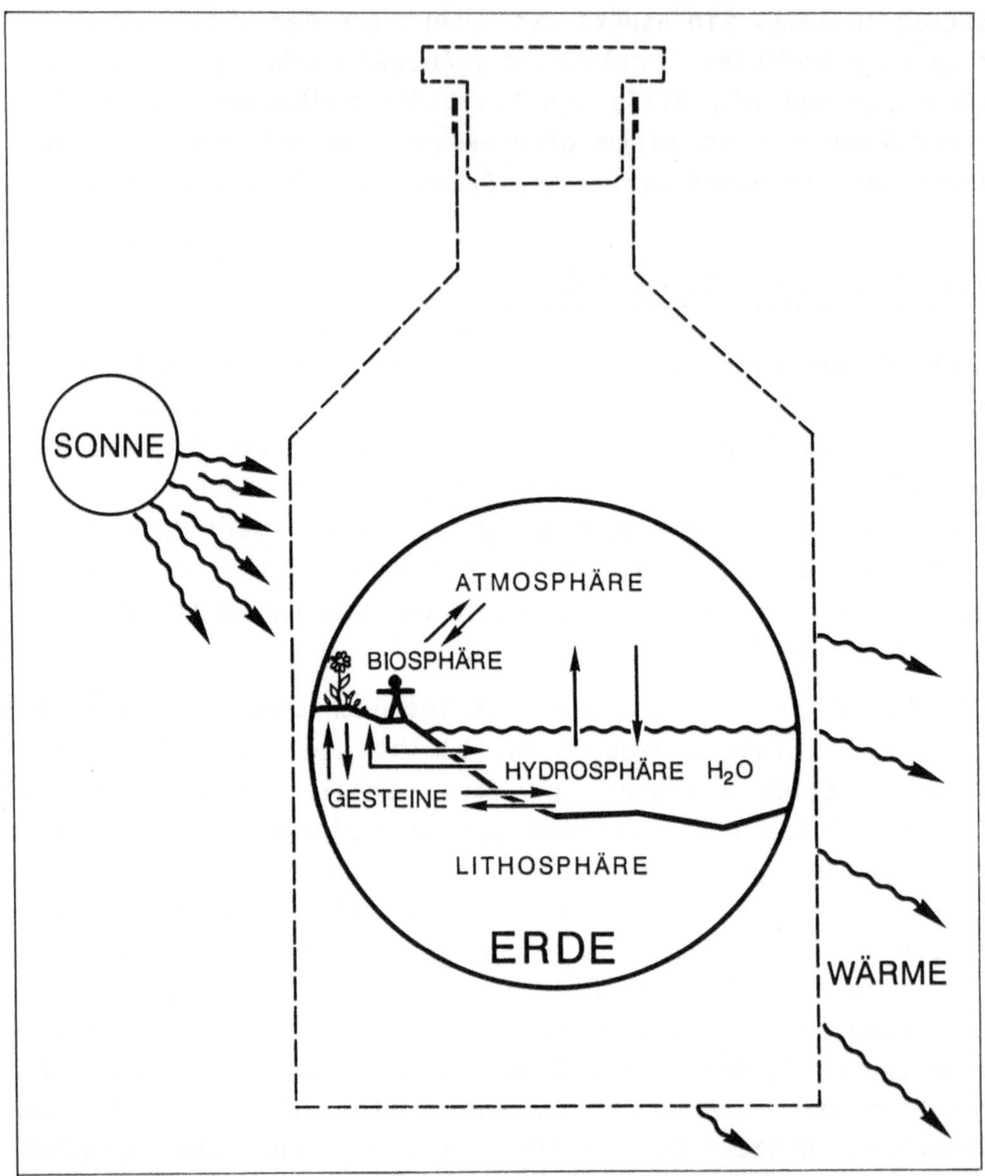

Abbildung 3.6

Das Leben auf dem System Erde: Die Stoffe bilden Kreisläufe, der Energiefluss hingegen bildet ein dynamisches Gleichgewicht zwischen eingestrahlter Sonnenenergie und abgestrahlter Wärme.
Idee nach Tyler Miller, 1971.

3.6 Oekologische Auswirkungen des zweiten Hauptsatzes

Jede Ressource wird durch menschliche Tätigkeit letztlich in Abfälle umgewandelt. Abfälle sind somit, positiv ausgedrückt, Ressourcen in falscher Form, am falschen Ort oder in falscher Verteilung. Dabei befinden sie sich, thermodynamisch gesehen, in einem Zustand höherer Entropie, meist in Form von Durchmischung oder Verdünnung. Ueberhaupt, bei jeder Energieumwandlung, also auch bei jeder zivilisatorischen Tätigkeit wie industrieller Produktion oder Autofahren, wird Entropie produziert in Form von Wärmeabgabe an die Umwelt, Schadstoffabgabe in die Luft, auf den Boden oder ins Wasser.

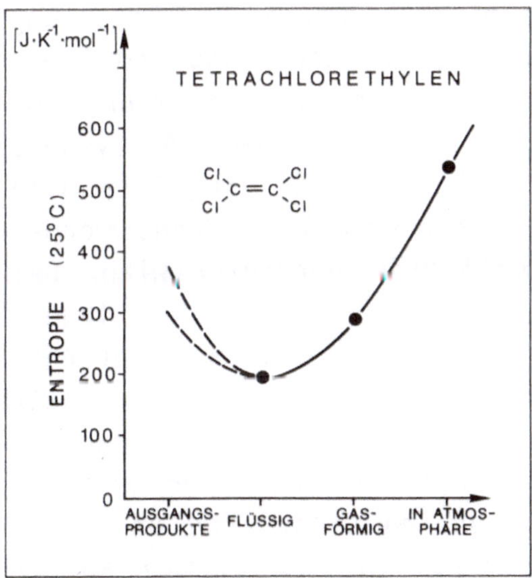

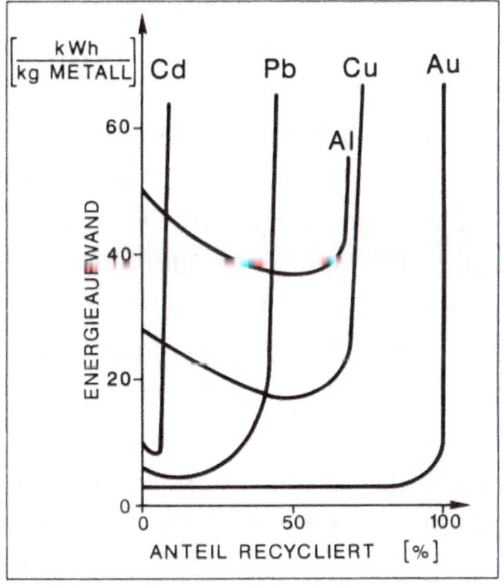

Abbildung 3.7 (links)

Entropieänderung von Tetrachlorethylen (Per), einem chemischen Reinigungsmittel. Im Handelsprodukt ist die Entropie am kleinsten. Das meiste Per gelangt als Gas in die Atmosphäre, von wo es nicht wieder zurückgewonnen werden kann.

Abbildung 3.8 (rechts)

Energieaufwand für die Gewinnung einiger Schwermetalle.
Je disperser die Verwendungsform, desto grösser ist die Entropie des Produktes. Das Recycling wird umso energieaufwendiger. Um Cadmium (Cd) aus Farb- und Kunststoffen zurückzugewinnen, braucht es mehr Energie als für das Recycling von Kupfer, welches in gediegener Form oder in hochkonzentrierter Form verwendet wird.

Will man die Schadstoff-Immissionen (Einwirkungen) mit technischen Mitteln verkleinern, muss dies durch erneute Energieumwandlungen geschehen. Dadurch wird gemäss Entropiesatz insgesamt wiederum die Entropie vergrössert, so dass netto die Entropie bzw. die Verschmutzung zunimmt.

Vereinfacht gesagt, ist es illusorisch, mit immer mehr Energieaufwand die durch Energieverschwendung verursachte Umweltverschmutzung zu bekämpfen. Ausser dem Lügenbaron von Münchhausen hat es noch nie jemand fertiggebracht, sich selbst an den eigenen Haaren aus dem Sumpf zu ziehen.

Es ist wichtig einzusehen, dass mit zunehmender Durchmischung und Verdünnung der Aufwand für die Rückgewinnung und somit der Energieverbrauch steigt. So braucht die Entfernung von Phenol aus einem Industrieabwasser hundertmal mehr Aktivkohle bzw. Energie, wenn das Abwasser zuerst in eine kommunale Kläranlage geleitet und dadurch hundertmal verdünnt worden ist, als wenn es direkt in der Fabrik gereinigt wird. Bei jeder Umweltschutzmassnahme muss man deshalb genau überlegen, ob durch die Reinigung nicht die Gesamtverschmutzung noch grösser wird. Saubere Bilanzen, welche den zweiten Hauptsatz der Thermodynamik berücksichtigen, zeigen, dass grosstechnologische Reinigungsmassnahmen nach Verdünnungs- und Durchmischungsprozessen ökologisch ein Unsinn sind. "End of pipe"-Massnahmen brauchen viel mehr Energie als Massnahmen an der Quelle. Und die saubere Energiequelle, bei welcher wenig Verschmutzungsentropie entsteht, ist (ausser der Sonne) noch nicht "erfunden" worden.

Aus diesen Gründen sollten alle zivilisatorischen Tätigkeiten, von der Produktion über den Verbrauch bis zur Abfallbeseitigung, die Konsequenzen des Entropiesatzes berücksichtigen.

Aus der Sicht der Thermodynamik sollten unseres Erachtens folgende Kriterien für umweltgerechte menschliche Aktivitäten beachtet werden:

- Wärmeentropie ist harmloser als Verdünnungs- und Durchmischungsentropie. Abfälle in flüssiger, gasförmiger oder fester Form sollten nie verdünnt oder vermischt werden: Das Recycling von Schwermetallen ist weniger energieaufwendig, wenn diese nicht erst aus den Seesedimenten wieder gewonnen werden müssen.
- Die Entropie ist ein generelles Mass, welches - wie etwa das Bruttosozialprodukt in der Oekonomie - nicht alle Details beinhaltet. So gibt es verschieden problematische Entropieformen: Die Toxizität eines Schadstoffes wird beispielsweise nicht berücksichtigt. Zyankali und Kochsalz vergrössern die Entropie eines Gewässers bei Zugabe etwa in gleichem Masse.
- Massnahmen an der Quelle, Einsparungen jeglichen Energieverbrauchs, Dezentralisation und dadurch Anpassung an lokale Gegebenheiten ohne Emissionen durch Transportmittel sollten, wenn immer möglich, bevorzugt werden.

Bei allen unseren Tätigkeiten müssen wir wieder vermehrt lernen, die in der Natur ablaufenden Kreisläufe der Rohstoffe nachzuahmen.

4. Biologische Elemente eines aquatischen Oekosystems

4.1 Photosynthese und Primärproduktion

Das einfachste Reaktionsschema für die Photosynthese (P) der Produzenten und die Respiration (R) kann durch folgende chemische Gleichung dargestellt werden:

$$CO_2 + H_2O + E \underset{R}{\overset{P}{\rightleftarrows}} \langle CH_2O \rangle + O_2 \qquad (4.1)$$

E = Energieumsetzung, bei P meist in Form von Sonnenlicht, bei R meist in Form von Wärme

P = Primärproduktivität durch Assimilation mittels Photosynthese: Synthese von organischem Material aus anorganischen Verbindungen

R = Respiration: Zersetzung von organischem Material mit Sauerstoff zu anorganischen Verbindungen

$\langle CH_2O \rangle$ = Organisches Material (Biomasse), welches durchschnittlich die Zusammensetzung der Elemente C : H : O von 1 : 2 : 1 besitzt.

Eine etwas realistischere Gleichung erhält man, wenn für die Biomasse die folgende durchschnittliche Zusammensetzung des Phytoplanktons verwendet wird:

$$\underbrace{\begin{array}{l} 106\ CO_2 \\ +\ 122\ H_2O \\ +\ 16\ NO_3^- \\ +\ 1\ HPO_4^{2-} \\ +\ 18\ H^+ \\ +\ \text{Spurenelemente} \end{array}}_{\text{in Wasser gelöste Stoffe}} + E \underset{R}{\overset{P}{\rightleftarrows}} \underbrace{\langle C_{106}H_{263}O_{110}N_{16}P_1 \rangle}_{\text{Algenmasse}} + 138\ O_2 \qquad (4.2)$$

Die Zusammensetzung der einzelnen Algen und die Zusammensetzung verschiedener Gewässer variiert natürlich von Fall zu Fall, doch ist das Verhältnis der Atome C zu N zu P gleich 106 zu 16 zu 1 der Algenbiomasse (bestehend aus Kohlenhydraten, Proteinen, Fetten usw.) in einer ersten Näherung ein recht gut verwendbarer Durchschnittswert, wie dies Redfield (1958) in einer Arbeit über Meerwasser gezeigt hat.

Dieses Verhältnis ist sehr wichtig für die Kreisläufe dieser Elemente. Die Produktivität, also die Geschwindigkeit der Biomassenbildung, ist abhängig vom Angebot dieser Atome im Wasser. Das Element, von welchem im Verhältnis am wenigsten zur Verfügung steht, wird zum wachstumsbegrenzenden Faktor. In unseren Seen beispielsweise sind Kohlenstoff, Wasserstoff und Sauerstoff stets im Ueberschuss vorhanden. Die übrigen Nährstoffe hingegen liegen meist in einem unidealen Verhältnis vor (Daten von Ambühl, 1979):

"Ideal" für das Algenwachstum:	C : N : P = 106 : 16 : 1
Vierwaldstättersee (Horwerbucht):	C : N : P = 2600 : 50 : 1
Rotsee 1970:	C : N : P = 2700 : 14 : 1
Greifensee Zirkulation 1975:	C : N : P = 330 : 15 : 1
Sempachersee Zirkulation 1975:	C : N : P = 985 : 24 : 1
Abwasser:	C : N : P = 30 :6,5 : 1

In oligotrophen (nicht überdüngten) Seen ist Phosphor der am schwächsten vertretene Nährstoff; er wird bei der Photosynthese somit zuerst aufgebraucht. Seine Abwesenheit verhindert dann das weitere Zellwachstum der Algen, bis der Nährstoff wieder zugefügt wird, und zwar entweder durch Zersetzung von Biomasse oder durch Zufluss aus einem anderen Reservoir via Flüsse, Grundwasser oder Luft. Weitere wesentliche Elemente sind Schwefel, Magnesium, Kalium, Natrium, Calcium und die Spurenelemente Eisen, Kobalt, Kupfer, Molybdän, Zink, Bor, Vanadium, Mangan und andere.

Dieses Prinzip des Minimums wurde bereits im Jahr 1840 von Liebig formuliert:

Durch das Prinzip des limitierenden Faktors wird der Stoffkreislauf in einem Oekosystem synchronisiert. Die Produktivität wird geregelt durch das Angebot an Nährstoffen.

Produktivität (P): Geschwindigkeit der Biomassenbildung
Die Einheiten sind Gramm Trockensubstanz pro Quadratmeter Oberfläche und Jahr, oder Gramm assimilierter Kohlenstoff pro Kubikmeter Wasser und Tag, oder auch Joule pro Volumen- bzw. Oberflächeneinheit und Zeiteinheit. Anstatt Produktivität wird oft auch der Ausdruck Produktion verwendet.

Bruttoprimärproduktivität (P): Gesamte Primärproduktivität (durch Assimilation produzierte Substanz) ohne Abzug der durch Respiration (R) der Produzenten verbrauchten Biomasse.

Nettoprimärproduktivität (P_{netto}): Bruttoprimärproduktivität (P) abzüglich der durch Respiration (R) der Produzenten verbrauchten Biomasse: $P_{netto} = P - R$. Die Nettoprimärproduktivität ist für die Konsumenten verfügbar.

Verfügbare (stehende) Biomasse (B) (engl. standing crop): Gesamte Menge organischer Substanz in Form lebender Organismen je Flächen- oder Volumeneinheit zu einem bestimmten Zeitpunkt t.

$B = \int_0^t (P_g - R_g)\,dt$; g = Gesamtgemeinschaft

Für Vergleiche von Tabellen mit verschiedenen Einheiten können folgende Umrechnungsfaktoren verwendet werden:

1 g Trockensubstanz $\cong$ 5 g Frischmasse
$\cong$ 0,45 g organischem Kohlenstoff
$\cong$ 20 kJ $\approx$ 5 kcal

Tabelle 4.1

Definitionen der Produktivität und der Biomasse.

Das Algenwachstum wird aber nicht nur durch das Angebot an Nährstoffen limitiert, sondern auch durch physikalische Faktoren wie das Angebot an Licht oder durch die Temperatur.

Die Geschwindigkeit der Biomassebildung, die Produktivität, ist von Gewässer zu Gewässer verschieden. In Tabelle 4.2 sind Primärproduktionsraten einiger Schweizer Seen zusammengestellt worden. Zum Vergleich werden in Tabelle 4.3 durchschnittliche Produktivitätszahlen anderer Oekosysteme angeführt. Wir sehen daraus, dass die Produktivität in Gewässern etwa derjenigen von Grasland entspricht. Hinsichtlich der Biomasse aber bestehen grosse Unterschiede, findet man doch pro Quadratmeter Erdoberfläche über hundertmal mehr Pflanzenbiomasse als in der Wassersäule unterhalb eines Quadratmeters Seeoberfläche. Dieser auf den ersten Blick erstaunliche Befund lässt sich mit der Verschiedenheit der Nahrungsketten erklären.

See	Netto-Primärproduktivität	
	$g(C) \cdot m^{-2} \cdot Jahr^{-1}$	g (Trockengewicht) $m^{-2} \cdot Jahr^{-1}$
Vierwaldstättersee 1966, 1970, 1971 (Horwerbucht)	190	422
Lungernsee 1971	134	298
Sarnersee 1972	82	182
Alpnachersee 1971, 1972, 1973	232	516
Baldeggersee 1974	422	938
Mauensee 1971, 1974	325	722
Sempachersee 1974	180	400
Bielersee 1975, 1976	340	756
Zürichsee 1973 bis 1978	319	709
Zürichsee Obersee 1973 bis 1978	263	584
Walensee 1973 bis 1978	275	611

Tabelle 4.2

Nettoproduktivitäten einiger Alpenrandseen. Nach Ambühl, 1979.

Oekosystem	Oberfläche	Spezifische Nettoprimärproduktivität (Trockensubstanz)		Welt Nettoprimärproduktivität (Trockensubstanz)	Biomasse (Trockensubstanz)		Welt-Biomasse (Trockensubstanz)
	10^6 km^2	Bereich g·m^{-2}Jahr^{-1}	Mittel g·m^{-2}Jahr^{-1}	10^9t·Jahr^{-1}	Bereich kg·m^{-2}	Mittel kg·m^{-2}	10^9t·Jahr^{-1}
Tropischer Regenwald	17,0	1000-3500	2200	37,4	6-80	45	765
Immergrüner Laubwald	5,0	600-2500	1300	6,5	6-200	35	175
Saisonaler Laubwald	7,5	600-2500	1200	8,4	6-60	30	210
Nadelwald	12,0	400-2000	800	9,6	6-40	20	240
Büsche, Hecken	8,5	250-1200	700	6,0	2-20	6	50
Steppe	15,0	200-2000	900	13,5	0,2-15	4	60
Grasland	9,0	200-1500	600	5,4	0,2-5	1,6	14
Tundra + alpines Grasland	8,0	10- 400	140	1,1	0,1-3	0,6	5
Wüste und Halbwüste	18,0	10- 250	90	1,6	0,1-4	0,7	13
Sand und Eis	24,0	0- 10	3	0,07	0-0,2	0,02	0,5
Landwirtschaft	14,0	100-4000	650	9,1	0,4-12	1	14
Marschland	2,0	800-6000	3000	6,0	3-50	15	30
See und Fluss	2,0	100-1500	400	0,8	0-0,1	0,02	0,05
Total Land	141,5		782	105,5		12,2	1577
Offenes Meer	332,0	2- 400	125	41,5	0-0,005	0,003	1,0
Küstengebiet	26,6	200- 600	360	9,6	0,001-0,04	0,001	0,27
Estuarien	1,4	200-4000	1500	2,1	0,01-4	1	1,4
Total Meer	360		155	53,2		0,01	2,7
Total Erde	501,5		336	158,7		3,6	1580

Tabelle 4.3

Welt-Nettoprimärproduktivität. Nach Lieth und Whittaker, 1975.

Weitere Untersuchungen, etwa von Vollenweider (1983), haben gezeigt, dass Algenkulturen bei limitiertem Stickstoff- oder Phosphorangebot das Verhältnis N zu P ändern. Die "Redfield"-Gleichung (4.2) kann für eine Massenbilanz über einen See also nur für eine grobe Abschätzung verwendet werden. Verschiebungen in der Artenzusammensetzung und damit auch in der chemischen Zusammensetzung des Gewässers sind die Folge eines limitierten Nährstoffangebots.

4.2 Nahrungsketten und Stoffkreisläufe

In einem See oder in einem Fluss findet man eine Vielfalt von Lebewesen. Je nach ihrer Stellung in der Nahrungskette (Produzent, Konsument erster, zweiter Ordnung) besetzen sie eine andere Stufe der trophischen Pyramide. Als letztes Glied in der Nahrungskette stehen die Destruenten, welche die organischen Stoffe soweit zersetzen, dass sie erneut dem Kreislauf zur Verfügung stehen. In den Abbildungen 4.1 und 4.2

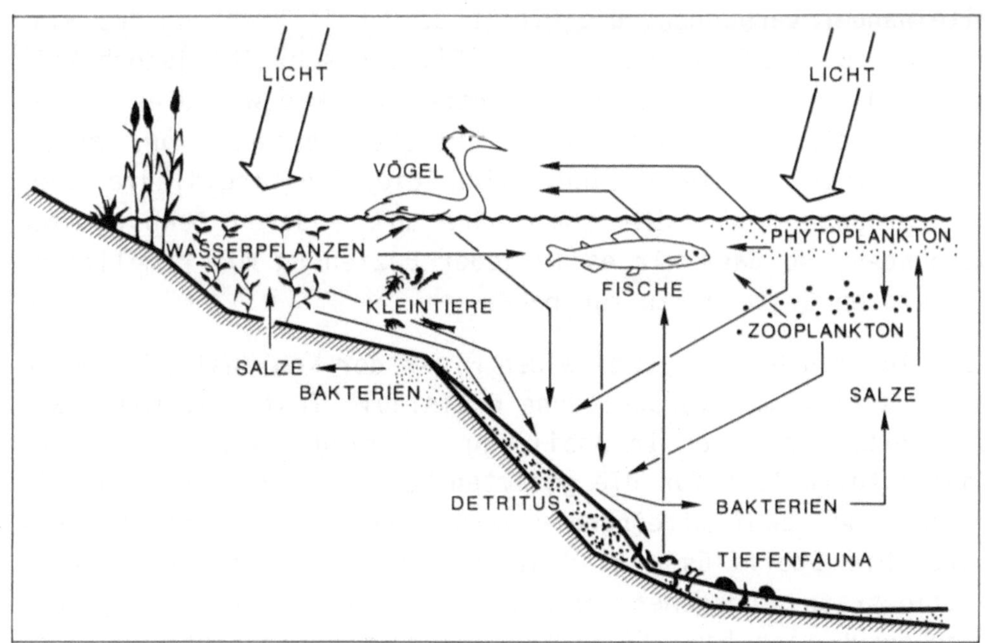

Abbildung 4.1

Nahrungsnetz und Stoffkreislauf in einem Gewässer. Nach Reichelt, 1974.

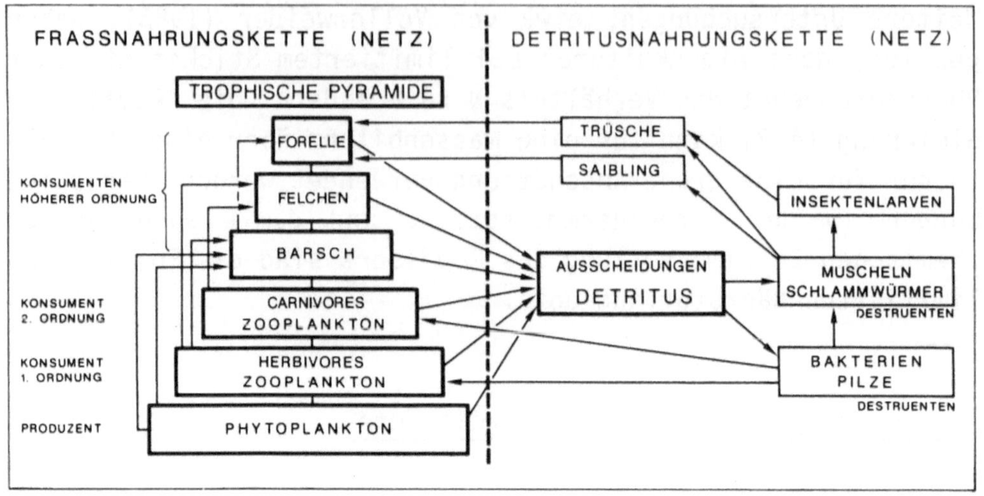

Abbildung 4.2

Nahrungsketten sind miteinander zu Nahrungsnetzen verbunden. Die Pfeile zeigen in Richtung des Stoffflusses.
Modifiziert nach Reichelt, 1974.

---

sind einige Elemente eines Sees dargestellt und durch Pfeile miteinander verbunden. Die Pfeile zeigen in Richtung des Nahrungs- bzw. Stoffflusses. Dieser Fluss beschreibt jedoch keinen vollständig geschlossenen Kreislauf, wie wir dies in der Flasche beobachtet haben. In natürlichen Oekosystemen, welche alles offene Systeme sind, sind die Stoffkreisläufe über "Förderbänder" wie die Atmosphäre mit anderen Oekosystemen verbunden, so dass wir es in jeder Beziehung mit kompliziert vernetzten Systemen zu tun haben.

Verfolgt man beispielsweise den Fluss der Kohlenstoffatome im Meer, stellt man verschiedene Kreisläufe fest, die miteinander verbunden sind. In Abbildung 4.3 finden wir eine solche Kohlenstoffbilanz für die gesamten Weltmeere in einem Modell, welches nur zwei miteinander verbundene Stoffkreisläufe enthält. Die Stoffflüsse sind in Prozenten der Nettoprimärproduktionsrate angegeben, welche nach Tabelle 4.3 125 Gramm Trockensubstanz bzw. 56 Gramm fixiertem Kohlenstoff pro Jahr und Quadratmeter Meeresoberfläche entspricht. Die Photosynthese findet in der obersten (euphotischen) Schicht des

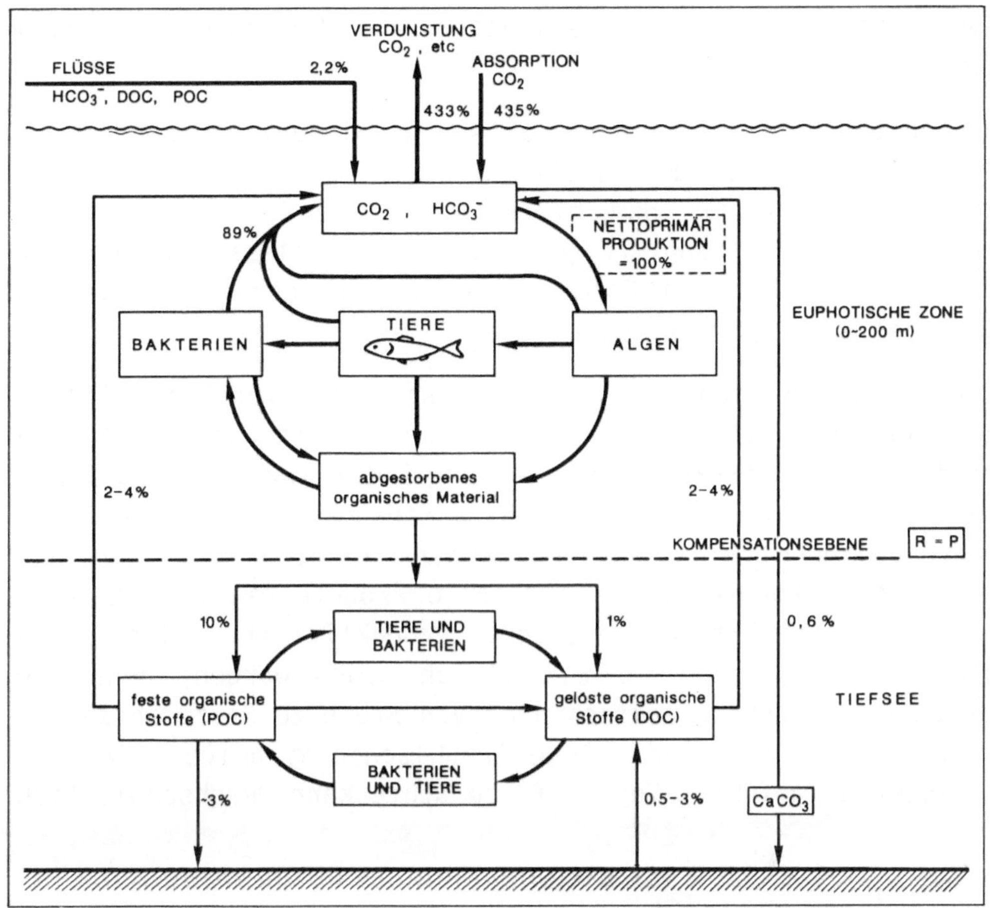

Abbildung 4.3

Quantifizierter Kohlenstoffkreislauf im offenen Meer. Ein Pfeil bedeutet Fluss der Kohlenstoffatome in Prozenten der Nettoprimärproduktivität.
Nach Zehnder, 1982.

Meeres statt. Etwa 89% des Kohlenstoffes werden in dieser Zone wieder zu Kohlendioxid und Bicarbonat veratmet.

In dieser Zone findet ein erster Nahrungskreislauf statt. Dieser ist verbunden mit einem zweiten Kreislauf in tieferen Schichten des Meeres, welcher durch Mikroorganismen wie Bakterien dominiert wird. Dabei dient sedimentierender, organischer Kohlenstoff (abgestorbene Algen, Tiere, Kot) als Nährstoff- und Energiequelle für die Tiefseeorganismen. Dieses Nährstoffangebot regelt den zweiten Kreislauf, denn die Energie für die Existenz der Tiefseeorganismen kann ja mangels

Sonnenlicht nur durch Respiration und Zersetzung gewonnen werden.

Der erste Kreislauf wird von aussen gespiesen, und zwar zu je 2% Kohlenstoff aus den Flüssen und aus der Atmosphäre, 4 bis 8% Kohlenstoff aus dem tieferen Kreislauf, welcher durch Atmung und Zersetzung freigesetzt wird. Schliesslich sedimentiert Kohlenstoff in Form von Kalk und festem organischem Material auch auf den Meeresboden.

Wie verhalten sich nun die Biomassen der einzelnen Glieder der Nahrungskette zueinander? Erwartungsgemäss nimmt die Produktivität innerhalb der Nahrungskette von Stufe zu Stufe der trophischen Pyramide ab, da ja Konsumenten nicht über das Nahrungsangebot hinauswachsen können. Vom Stoffkreislauf aus betrachtet, könnte zwar, falls alle Produzenten von den Konsumenten verzehrt würden, die Produktivität jeder Stufe gleich gross sein. Wie wir gleich sehen werden, muss sie aufgrund des Entropiesatzes aber von Stufe zu Stufe abnehmen. In Abbildung 4.4 sind solche trophischen Pyramiden für zwei Gewässer aufgeführt. Von Stufe zu Stufe kann durchschnittlich

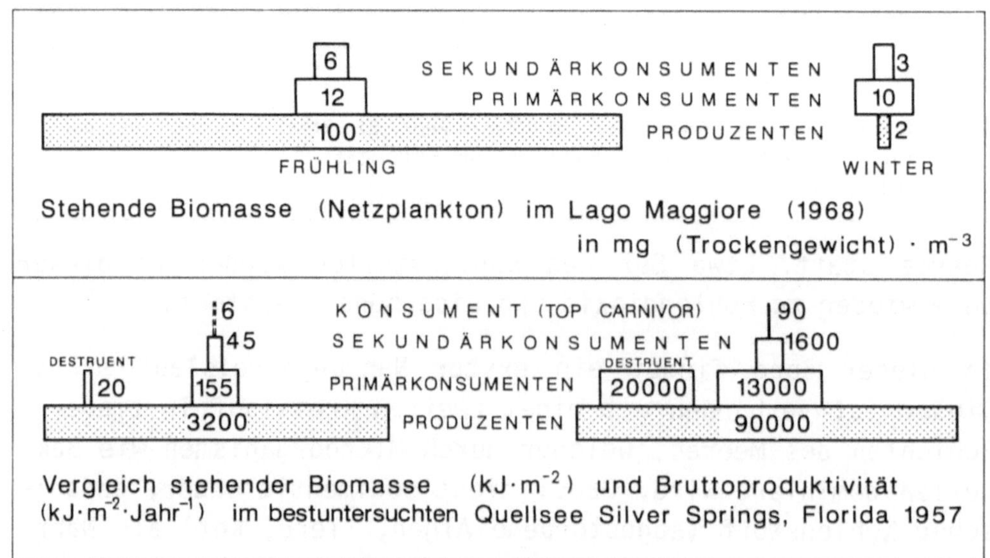

Abbildung 4.4

Trophische Pyramiden. Nach Odum, 1980.

eine etwa zehnfache Reduktion der Produktivität und der Biomasse beobachtet werden.

In einem Gewässer ist es aber auch möglich, dass die Konsumenten die Produzenten abweiden und die Biomasse des Zooplanktons vorübergehend grösser wird als diejenige des Phytoplanktons. Dies ist in unseren Seen im Winter der Fall, wenn die Photosyntheserate auf ein Minimum sinkt. Im Frühling und Sommer, wenn die Temperatur steigt, nimmt die Primärproduktion sehr stark zu, so dass die Biomasse der Produzenten die der Konsumenten wieder übertrifft.

Die Produktivität der Produzenten ist durchschnittlich etwa zehnmal grösser als die der Konsumenten, die Biomasse der Konsumenten hingegen kann sogar grösser werden als die der Produzenten.

4.3 Energieflüsse: ein "Einbahnsystem"

In der Nahrungskette kann neben dem Stofffluss auch der Energiefluss verfolgt werden. Die in ein Gewässer eingestrahlte Energie wird nur zu einem kleinen Teil durch Photosynthese in chemisch gespeicherte Energie in Form von Biomasse umgewandelt. Etwa die Hälfte des auftreffenden Lichtes wird vom Phytoplankton absorbiert. Der grössere Teil dieser Energie wird als Wärmeenergie dem Wasser wieder abgegeben, und etwa 20 bis 50% der Bruttoproduktivität werden für die Atmung der Pflanzen wieder verbraucht. Die Nettoprimärproduktivität, also die den Konsumenten zur Verfügung stehende Energie, beträgt noch etwa 1% der absorbierten Energie oder noch etwa 0,5% der eingestrahlten Energie. Die grossen Verluste sind neben physikalischen Faktoren wie Lichtreflexion oder Verdunstung von Wasser mit dem zweiten Hauptsatz der Thermodynamik zu erklären, nach welchem bekanntlich bei jeder Energieumwandlung ein Teil der Energie in Wärme (Entropievergrösserung) umgewandelt wird. Doch diese 99% der nicht für die

Photosynthese verwendeten Energie sind natürlich keine überflüssigen Energieprozente! Die Aufrechterhaltung der hydrogeologischen Kreisläufe sowie der Umwelttemperatur ist für ein ökologisches Gleichgewicht genauso wichtig wie die Nahrungsproduktion.

Verfolgen wir den Energiefluss in der Nahrungskette weiter, finden wir ein ähnliches Verhalten wie bei den Produzenten. Die Herbivoren, die Primärkonsumenten, können etwa 10% der aufgenommenen Nahrungsenergie in Form von Biomasse speichern. Die restlichen 90% werden nicht assimiliert oder für die Atmung wieder verbraucht. Bei den Herbivoren ist der Wirkungsgrad, also das Verhältnis der Nettoproduktion zur Konsumation, neben den eben aufgezählten Gründen auch deshalb so klein, weil ein wesentlicher Teil der pflanzlichen Biomasse aus Zellulose besteht, welche die wenigsten Tiere enzymatisch spalten und verdauen können.

In Abbildung 4.5 ist dieser Energiefluss durch ein aquatisches Oekosystem wiedergegeben. Dabei ist zu beachten, dass die aufgeführten Zahlen (aus Odum, 1980) wie auch die soeben gemachten Angaben nur durchschnittliche, vereinfachte Richtwerte sind. Genaue Daten sind in einem Oekosystem sehr schwierig zu ermitteln (wie soll z.B. die Nettoprimärproduktivität in einem Gewässer neben Konsumenten gemessen werden?). Sie schwanken von See zu See, von Periode zu Periode wie auch von Individuum zu Individuum. Bei Fischen beispielsweise wird der Wirkungsgrad mit dem Alter immer kleiner, weil mehr Energie zur Atmung und weniger fürs Wachstum gebraucht wird. Detaillierte Angaben finden sich in Tschumi, 1981; Odum, 1980; oder Schwerdtfeger, 1963, 1968, 1975.

Im Gegensatz zu den Stoffen kann die Energie keinen Kreislauf beschreiben. Nach dem ersten Hauptsatz der Thermodynamik geht zwar keine Energie verloren, nach dem Entropiesatz wird sie aber teilweise in nicht wieder verwendbare Wärmeenergie umgewandelt. Dies ist der Grund, weshalb die Produktivität von Stufe zu Stufe innerhalb der trophischen Pyramide immer abnehmen muss.

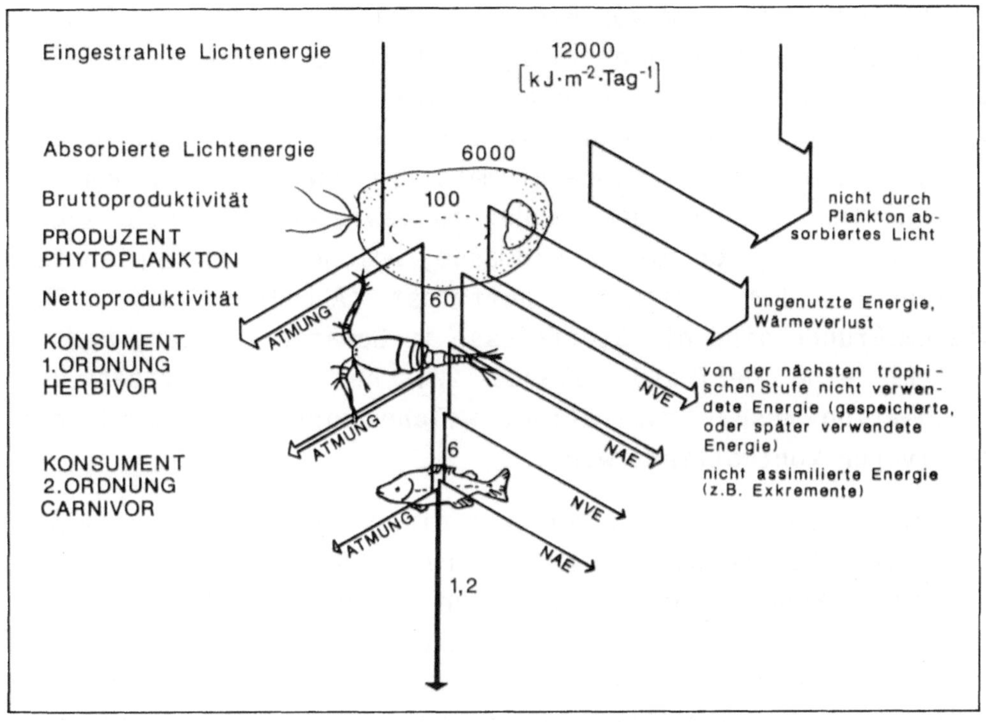

Abbildung 4.5

Vereinfachtes Energieflussdiagramm. Zahlen aus Odum, 1980.

Gibt es nun prinzipielle Unterschiede bei den Energieflüssen in Oekosystemen auf dem Land und in Gewässern? Wie wir schon festgestellt haben, sind die Primärproduktivitäten beider Systeme etwa von der gleichen Grössenordnung. Hingegen unterscheiden sich die Oekosysteme im Aufbau ihrer Nahrungsnetze. Während in Gewässern der Grossteil der Pflanzenbiomasse von den Herbivoren konsumiert und nur ein kleiner Anteil durch Mikroorganismen zersetzt wird, ist das Verhältnis der Frass- zur Zersetzungsrate im Landökosystem gerade umgekehrt. Dort steht normalerweise eine grosse Pflanzenbiomasse einer kleinen Herbivorenbiomasse gegenüber, welche nur einen kleinen Teil der Pflanzen konsumieren kann.

Der Hauptanteil der Pflanzen verrottet, wird also von Destruenten zersetzt. Während auf dem Land auch bis zu einem Viertel der produzierten Pflanzenbiomasse in Form von Humus oder Holz gespeichert wird, können Gewässerökosysteme praktisch keine Energie in Form von Biomasse speichern: See- und Fluss-Sedimente enthalten nur geringe Anteile organischen Materials. Das Phytoplankton wird auch viel rascher konsumiert als die Pflanzen auf dem Lande, wo Bäume über hundert Jahre alt werden können. Die stehende Biomasse in Gewässern ist deshalb viel kleiner als auf dem Lande, zu gewissen Zeiten ja sogar kleiner als die Konsumentenbiomasse, welche das Phytoplankton gleich bei der Entstehung auffrisst (Abbildung 4.4). Aus diesem Grunde sind die Stoffflüsse in Gewässern rasch, und es besteht eine delikate Balance zwischen Produktivität und Konsumation resp. Respiration, welche vorwiegend durch die Herbivoren kontrolliert wird.

Aus diesen Unterschieden zwischen einem aquatischen und einem terrestrischen Oekosystem geht hervor, dass ein Gewässer auf die Einwirkungen von Schadstoffen in vieler Hinsicht störungsanfälliger ist als ein Landökosystem. Im ersteren sind alle Organismen direkt an die physikalisch-chemische Umgebung gekoppelt, die Stoffkreisläufe sind rasch, der räumlichen Verteilung eines Schadstoffes steht nichts im Wege, und der Schadstoff kann sämtliche trophische Stufen durchlaufen. Im Landökosystem hingegen besteht eine gewisse Kompartimentalisierung, ein Schadstoff kann in ein Depot gelangen, und die Stoffkreisläufe gehen nicht durch die ganze Frassnahrungskette und sind dementsprechend meistens auch langsamer.

4.4 Wechselwirkungen zwischen Pflanzen und Tieren

Die Lebewesen in einem Oekosystem sind durch verschiedenartige Wechselwirkungen miteinander verknüpft. Dabei ist die wichtigste Beziehung durch den Nahrungs- bzw. Energiefluss gegeben: Die Nährstoffbeschaffung ist die treibende Kraft zur Existenz. So wird auch die Kapazität eines Oekosystems in erster Linie durch die Produktivität bzw. den Energiefluss bestimmt. Wird in einem Gewässer die Möglichkeit der Produktivität erhöht, z.B. durch Dünger- oder Nahrungszufuhr oder durch Veränderung von geographischen Faktoren wie Temperatur, eingestrahlter Lichtmenge oder der Wasserströmung, erhöht sich auch die Individuenzahl. Dagegen wird die Anzahl der Arten, also die Mannigfaltigkeit (Diversität) verschiedener Pflanzen und Tierarten, durch gegenseitige Wechselwirkungen bestimmt, die nicht nur auf "Fressen und Gefressenwerden" beruhen.

Eine vollständige Zusammenstellung dieser Beziehungen können wir hier nicht geben, doch seien einige aufgezählt. Der Wettbewerb, also die Konkurrenz zweier Arten gleicher trophischer Ebene um dieselbe Nahrungsquelle, das Räuber-Beute-Verhältnis zwischen einer höheren und einer niedrigeren Stufe, der Parasitismus und der Kommensalismus (Duldung eines nichteingeladenen Gastes, der sich im ersten Fall vom Wirt, im zweiten Fall von den Ueberresten der Nahrung ernährt) oder auch die Symbiose, die gegenseitige Nahrungsversorgung, sind einige solcher Wechselwirkungen.

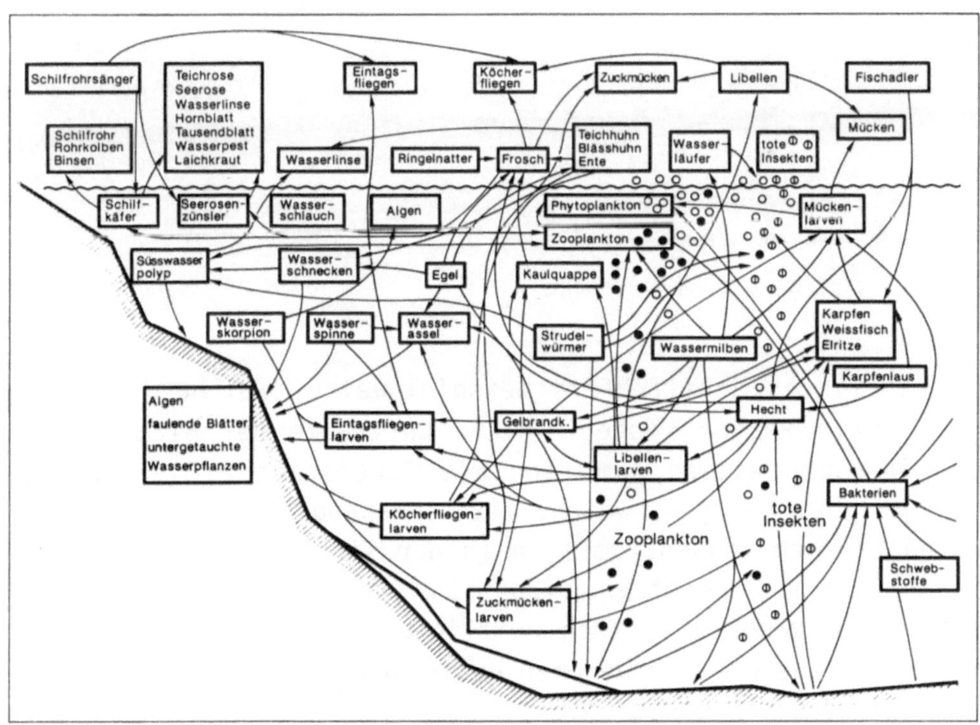

Abbildung 4.6

Netzartige Wechselwirkungen zwischen Pflanzen und Tieren in einem Teich. Nach Reichelt und Schwörbel, 1979.

Eine wichtige Rolle spielt dabei die Konkurrenz um Nahrung, Licht, Verstecke, Brutplätze usw. Um nebeneinander existieren zu können, haben sich die Arten spezialisiert, indem sich ihre Bedürfnisse und Lebensweisen aufeinander abgestimmt haben. Die eine Art ist besonders nachts aktiv, die andere tagsüber, oder die Laichzeiten von Fischen sind zeitlich voneinander verschieden, so dass der Kampf um die Laichplätze nicht stattfinden muss. Zum Schutz der eigenen Art können toxische Substanzen ausgeschieden werden, oder chemotaktische Signale helfen zur Orientierung, beispielsweise während der Paarungszeit. Jede Pflanzen- oder Tierart nimmt einen bestimmten Platz im Oekosystem ein. Neben vielen Arten, welche in einem Gewässer einen bestimmten Aufenthaltsort haben, gibt es aber auch Arten, die keinen festen Schlupfwinkel besitzen und zufällig im Oekosystem verteilt sind. Doch auch sie brauchen eine ökologische Nische, um auf die Dauer überleben zu können.

Eine ökologische Nische ist nicht unbedingt ein bestimmter Ort, ein Schlupfwinkel, sondern eher eine Funktion im räumlichen, zeitlichen und physikalisch-chemischen Gefüge Oekosystem. Odum (1980) hat die Nische mit dem "Beruf" des Organismus verglichen, welche nicht mit den Standort identisch sein muss.

Die Larven des Schilfkäfers beispielsweise, welche in einem Teich unter Wasser Löcher in die Lufträume der Blattstiele von Seerosen beissen, um sich mit Sauerstoff zu versorgen, oder gewisse Seealgen, welche mit Schwebeborsten die Sedimentation bremsen können, um sich in der lichtreichen Zone halten zu können, besetzen eine räumliche Nische. Tag- bzw. nachtaktive Räuber besetzen zeitliche Nischen, während Organismen, welche unter anaeroben Bedingungen existieren können, chemische Nischen besetzen.

Wieviele Arten, die sich gegenseitig konkurrieren, können nun nebeneinander existieren? Betrachten wir die Algenpopulationen in einem See, so beobachten wir zu jeder Jahreszeit eine Vielfalt miteinander im Wettbewerb stehender Arten. Aber sogar bei einer Algenblüte, wenn eine Art so stark überhand nimmt, dass der See deren Farbe annimmt, entsteht keine Monokultur. Es muss also für jede koexistierende Algenart eine ökologische Nische geben.

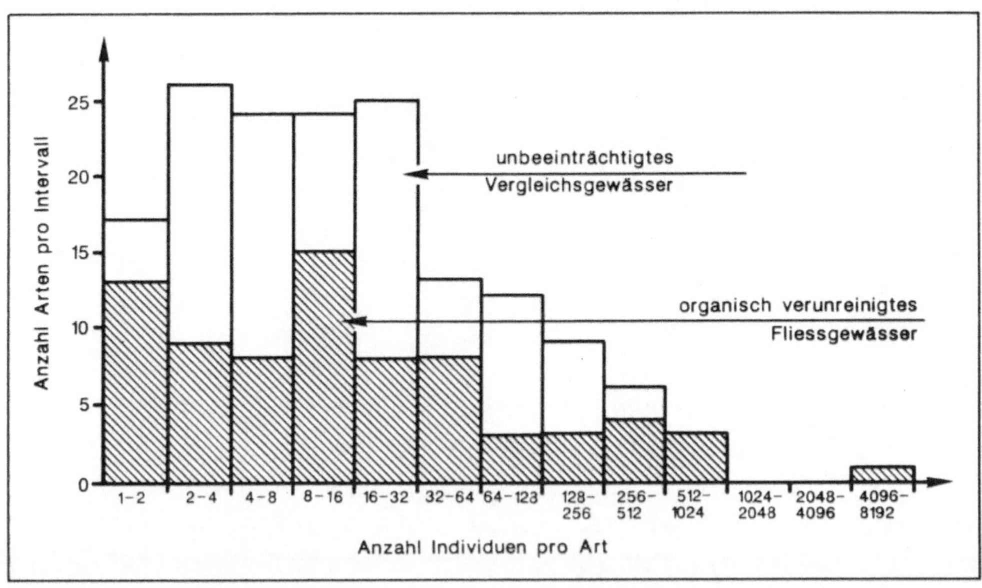

Abbildung 4.7

Verschiebung der Häufigkeitsverteilung von Kieselalgen durch subtile organische Verunreinigungen. Nach Patrick, 1954.

Mit Schwankungen von Licht, Temperatur und Nährstoffen allein lassen sich die Hunderte von verschiedenen Algenarten aber nicht erklären, auch wenn wir die Jahreszeiten mitberücksichtigen. Die meisten dieser Algenarten sind tolerant gegenüber obigen ökologischen Faktoren, sind also euryöke Formen (eury = weit, im Gegensatz zu steno = eng) und können, wenn sie genügend Zeit zur Verfügung haben, zu einer dominanten Population anwachsen. Klimatische Faktoren wie Witterungsumschläge, Stürme, können aber von einem Tag auf den andern Bedingungen schaffen, die weiteren Formen zugute kommen. Das Resultat dieser ständigen Wechsel ist eine grosse Vielfalt der Algenflora, da keine Algenart die für sie optimalen Bedingungen antrifft. Werden die vielseitigen Lebensbedingungen unserer Gewässer hingegen reduziert, wird etwa Seewasser in unsere Flasche gefüllt, wo keine Stürme mehr stattfinden, wird das Wasser an Algenarten verarmen, und einzelne Spezies werden dominant. Neben der Anzahl Nischen müssen also noch ständige Wechsel der Lebensbedingungen dafür sorgen, dass ein Artenreichtum entstehen und sich erhalten kann.

Bei vielseitigen Lebensbedingungen entwickelt ein Oekosystem eine hohe Artendichte mit geringer Individuenzahl. Dieses System ist stabil gegenüber Beeinträchtigungen. Der Wettbewerb spielt gut, die Mannigfaltigkeit (Diversität) ist gross, und die Regulierung geschieht meist biologisch, d.h. die Populationen kontrollieren sich selbst, die Homöostase funktioniert optimal.

Sind die Lebensbedingungen hingegen einseitig, werden sie von einzelnen physikalischen oder chemischen Faktoren dominiert (Verschmutzung, Verbauung, Fremdenergiezufuhr), entstehen Oekosysteme, welche sich durch Artenarmut mit hohen Individuenzahlen auszeichnen.

Wir haben schon wiederholt die Homöostase erwähnt, durch welche ein Oekosystem im Fliessgleichgewicht gehalten wird und welche bei einer Störung wieder den Fliessgleichgewichtszustand anstrebt. Der Techniker würde die Homöostase als ein System mit negativen Rückkopplungen bezeichnen. Eine solche negative Rückkopplung soll an einem vereinfachten Beispiel beschrieben werden: Werden in einem Fluss die festsitzenden grünen Pflanzen (Makrophyten) zu stark abgeweidet, verändert sich die Strömungsgeschwindigkeit des Wassers im Bereich des Flussbodens. Die strömungsfreien Räume, die Schlupfwinkel der pflanzenfressenden Insektenlarven werden verkleinert, die Larven dezimiert. Dadurch können die Algen wieder nachwachsen, bis sie wieder genügend Schutz für ihre Konsumenten bieten. Produzent und Konsument kontrollieren sich gegenseitig.

Solche Beweidungseffekte, Räuber-Beute-Beziehungen, Wettbewerbs- und eine riesige Anzahl weiterer Wechselbeziehungen kontrollieren also das Fliessgleichgewicht. Dabei wurde Ende der fünfziger Jahre die These aufgestellt, dass eine grosse Diversität viele Wechselwirkungen und regulierende Faktoren bewirkt und deshalb auch das System stabil ist. Unter Stabilität versteht man hier sowohl eine Konstanz in der Produktivität, als auch eine Art Pufferkapazität bei Störungen, welche ein Ausweichen und - bei Verminderung des Störungseinflusses - ein Zurückkehren in den ursprünglichen Zustand, gewährleistet. Wir wollen dies anhand eines Beispiels erklären:

Wenn eine Zigarrenfabrik nur Zigarren produziert, muss sie bei einem Zigarrenrauchverbot ihre Produktion zwangsweise einstellen. Eine andere Firma, welche neben Zigarren auch Kaugummi herstellt, also diversifiziert hat, kann mit der gleichen Anzahl Beschäftigter zwar gesamthaft weniger produzieren, da die Verschiedenheit der beiden Produkte verschiedene Maschinen verlangt. Gegenüber einem Zigarrenrauchverbot ist die zweite Firma hingegen "stabiler", da die Kaugummiproduktion weitergeführt werden kann. Ein Teil der ehemaligen Zigarrenraucher wird sogar auf Kaugummikauen umstellen, was die Ueberlebenschance der zweiten Firma erhöht. Sobald das Rauchverbot wieder aufgehoben wird, kann sie ihre Zigarrenproduktion unter Umständen wieder aufnehmen, während die erste Firma den Produktionsstop wahrscheinlich nicht überstanden hat.

Dieses, wir betonen, sehr stark vereinfachte Beispiel aus der Arbeitswelt kann obige These natürlich nicht untermauern. Bezüglich Zusammenhängen zwischen der Stabilität eines Oekosystems und der Diversität (Mannigfaltigkeit, Artenreichtum) gibt es noch viele komplizierte Fragen abzuklären.

In einem Oekosystem spielen sich aber auch irreversible Prozesse ab. Neben zufälligen Umgruppierungen, welche dank der Homöostase reversibel sind, können auch grössere Störungen (Katastrophen) auftreten, bei welchen beispielsweise eine Art aussterben kann. Auch die langsame Entwicklung, welche über eine längere Zeitperiode Abfolgen von Arten und Artengruppen aufweist, verändert im Laufe der Zeit das Gesicht eines Oekosystems. Solche Sukzessionen, bei welchen normalerweise die Diversität zunimmt, enden theoretisch in der Klimax, einem Endzustand mit grosser Diversität und vielen Spezialisten. Die Klimax zeichnet sich durch eine minimale Nettoproduktivität aus: die Entropieproduktion ist minimal. Spezialisten können keine Stellvertretungen mehr eingehen, so dass ein solches System gewissen äusseren Einflüssen gegenüber wahrscheinlich nicht mehr so stabil ist. Da Oekosysteme aber offene Systeme sind, und sich die Umwelt eines Biotops auch fortwährend verändert, beispielsweise durch Verwitterung oder Klimaveränderungen, wird die Klimax normalerweise nur annähernd erreicht werden. Solche abiotischen Faktoren, welche von aussen auf das Oekosystem einwirken, kann man als die Führungsgrössen bezeichnen, wenn man das Oekosystem als technisches Regelsystem betrachtet.

Gibt es auch Beispiele für Oekosysteme, wo sich Klimaxgesellschaften ausgebildet haben, bei welchen sich also seit langer Zeit praktisch keine äusseren Faktoren geändert haben?

Ein fast unberührtes Oekosystem ist die Tiefsee, in welcher sich "lebende Fossilien" aufhalten, wo also Arten vorkommen, die schon seit Jahrmillionen existieren. Bei solchen Biozönosen darf man von Klimaxgesellschaften sprechen, bei denen sich die Spezialisierung vervollkommnet hat, die Konkurrenz minimal geworden ist und jede Art eine ökologische Nische besetzt. Leider sind wir heute aber daran, ein gefährliches Experiment durchzuführen, indem immer mehr schädliche Umweltchemikalien in die Meere eingeleitet werden, welche auch dieses unberührte Oekosystem aus dem Gleichgewicht bringen können.

Zum Schluss noch eine Bemerkung zur oft strapazierten Modellvorstellung des ökologischen Gleichgewichts. Dieses ist natürlich kein Fliessgleichgewicht, bei welchem keine Entwicklung mehr stattfindet. Zyklische Erscheinungen wie Tag und Nacht, Regen- und Trockenzeiten oder der Gang der Jahreszeiten sind für die Stabilität und Diversität des Oekosystems mitverantwortlich. Ja sogar nichtzyklische Katastrophen kleineren Ausmasses können, wie bereits erwähnt, für die Arterhaltung manchmal sogar nötig sein. In diesem Sinne sind Fliessgleichgewichtsmodelle nur in einer ersten Näherung verwendbar und müssen je nach Fragestellung verfeinert werden.

5. Chemische Zusammensetzung natürlicher Gewässer

5.1 Geochemische und biochemische Prozesse

Ein Liter Bodenseewasser enthält durchschnittlich etwa 300 Milligramm Fremdstoffe, davon ist mehr als die Hälfte gelöstes Calciumhydrogencarbonat. Nur etwa ein Prozent dieser Stoffe sind organische Feststoffe, alle lebenden Organismen eingeschlossen (vgl. Abbildung 5.1).

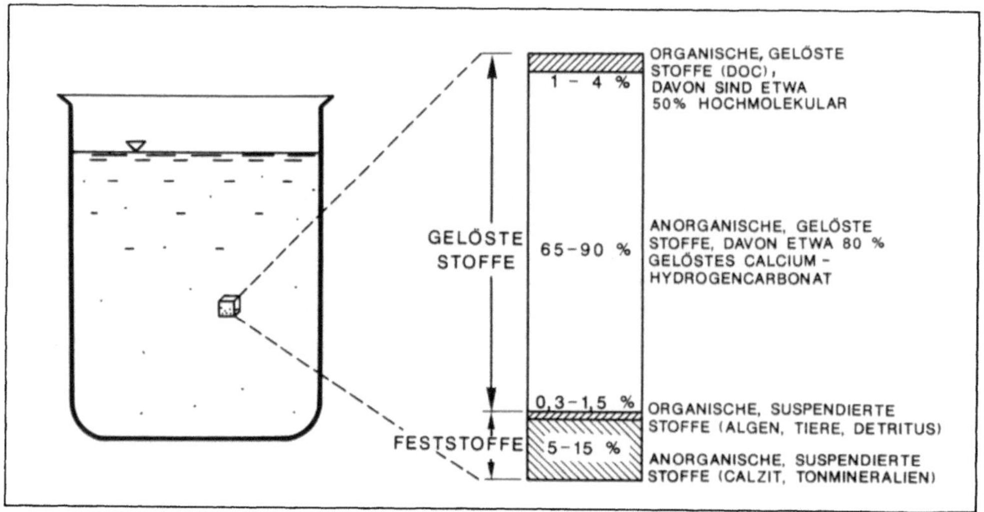

Abbildung 5.1

Ein Liter Bodenseewasser enthält durchschnittlich 0,3 Gramm gelöste oder suspendierte Fremstoffe.

Wenn wir die chemische Zusammensetzung eines Gewässers messen und interpretieren wollen, müssen wir zuerst der Frage nachgehen, wie die verschiedenen natürlichen Stoffe in die Gewässer gelangen und welchen Umwandlungsprozessen sie innerhalb der Gewässer unterliegen. Zu diesen Prozessen gehören die Transporte durch das Wasser selbst, aber auch durch suspendierte Partikel, Plankton oder durch die Luft. Weiter sind auch alle Wechselwirkungen der Stoffe mit diesen Transportmitteln zu berücksichtigen. Die modellmässige Beschreibung ist deshalb äusserst komplex, doch glücklicherweise dominieren in vielen Fällen einige wenige Prozesse, so dass gewisse Vereinfachungen und Vernachlässigungen für Stoffbilanzen gemacht werden können.

Ein solches auf ein paar wenige Prozesse reduziertes Modell ist in Abbildung 5.2 dargestellt, in welchem die Erde als eine Wärmemaschine betrachtet wird. In dieser chemischen "Fabrikationsanlage" werden die ablaufenden Prozesse auf einzelne Reaktoren verteilt. Die Wärmemaschine wird gespiesen durch die Sonnenenergie, welche Winde, Ozeanströme und Kreisläufe des Wassers und der Gesteine antreibt sowie durch den Ofen im Erdinnern. Das Wasser ist Transportmittel und chemisches Reagens in einem. Im Laufe der Zeit reagierten die Säuren der Vulkane mit den Basen der Gesteine, so dass sich Ozeane mit konstanter Zusammensetzung und eine Atmosphäre mit

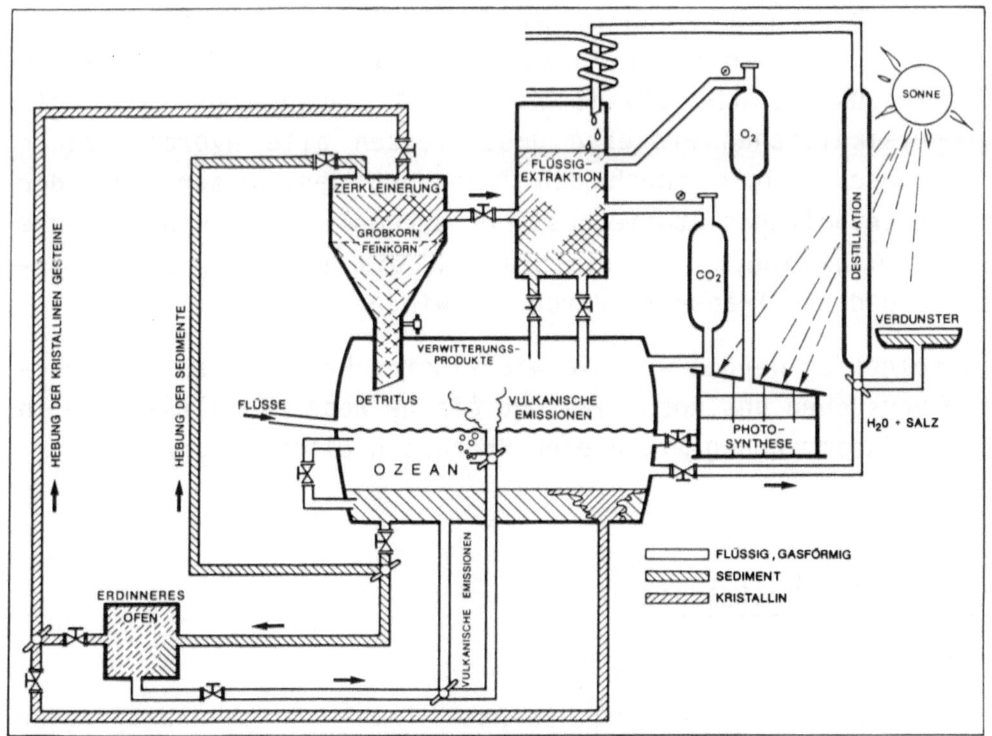

Abbildung 5.2

Die Erde kann als riesige Fabrik angesehen werden, in welcher geochemische und biochemische Prozesse ablaufen. Nach Siever, 1974.

konstantem Kohlendioxidgehalt bildeten. Eruptivgesteine verwandelten sich in Erdböden, Sedimente und Sedimentgesteine. Die Sedimente von "gestern" sind die Gebirge von "heute" geworden, doch die Meere und die Atmosphäre haben ihre Zusammensetzung in der letzten Million Jahre kaum geändert. Nach Auftreten der Photosynthese wurde die Biosphäre zur "Entropiepumpe", die aus dem kontinuierlich einfallenden Sonnenlicht durch Umwandlung in Wärmeenergie Kreisläufe des Lebens und der Nährstoffe antreibt. Der zentrale Reaktor in der Darstellung symbolisiert die Ozeane, die mit sämtlichen anderen Reaktoren verbunden sind. Die "Pulvermühle" stellt die mechanische Erosion, der Flüssigextraktor die chemische Verwitterung (vgl. Kapitel 5.3) dar. Daneben gibt es noch den biologischen Reaktor, in welchem Kohlendioxid- Sauerstoffgehalt geregelt wird.

Man kann alle diese Prozesse in zwei Hauptgruppen unterteilen, in biologische und in geophysikalische/geochemische Prozesse. Unter den ersteren verstehen wir alle Phänomene des Stoffwechsels, wie sie in Kapitel 4 beschrieben sind. Die geophysikalischen Prozesse umschliessen alle hydrologischen Phänomene (welche durch den Transport des Wassers und der darin enthaltenen Stoffe bestimmt werden), aber auch Prozesse wie die Erosion, die Sedimentation, die geologische Metamorphose und den Transport durch die Winde.

Im folgenden werden wir die wichtigsten Prozesse zu beschreiben versuchen und anschliessend einige Wasserinhaltsstoffe in ihrem Zusammenhang mit diesen Prozessen diskutieren.

5.2 Einige Kreisläufe

Hydrologischer Kreislauf

Herausgreifen wollen wir zuerst einmal den hydrologischen Kreislauf, welcher durch die Sonnenenergie aufrechterhalten wird. Durch Verdampfen des Meerwassers gelangt dieses in die Luft, wo es mit Gasen und Staub der Atmosphäre in Berührung kommt. Als Niederschlag erreicht es wieder die Erde, kommt mit Boden und Biomasse in Berührung und fliesst letztlich wieder ins Meer zurück. Dabei beschreibt es auch viele kleinere Zyklen innerhalb der Oekosysteme, ja sogar innerhalb einzelner Organismen.

Eine quantitative Darstellung des Wasserkreislaufs für das Gebiet Deutschlands ist in Abbildung 5.3 dargestellt. Daraus ist ersichtlich, dass der hydrologische Wasserzyklus nur global gesehen ein Kreislaufsystem ist: Auf deutschem Gebiet wird das Wasser teilweise importiert (Zuflüsse und Niederschläge). Es verlässt Deutschland wieder und zwar zu je etwa gleichgrossen Teilen als Abfluss zum Meer und durch Verdun-

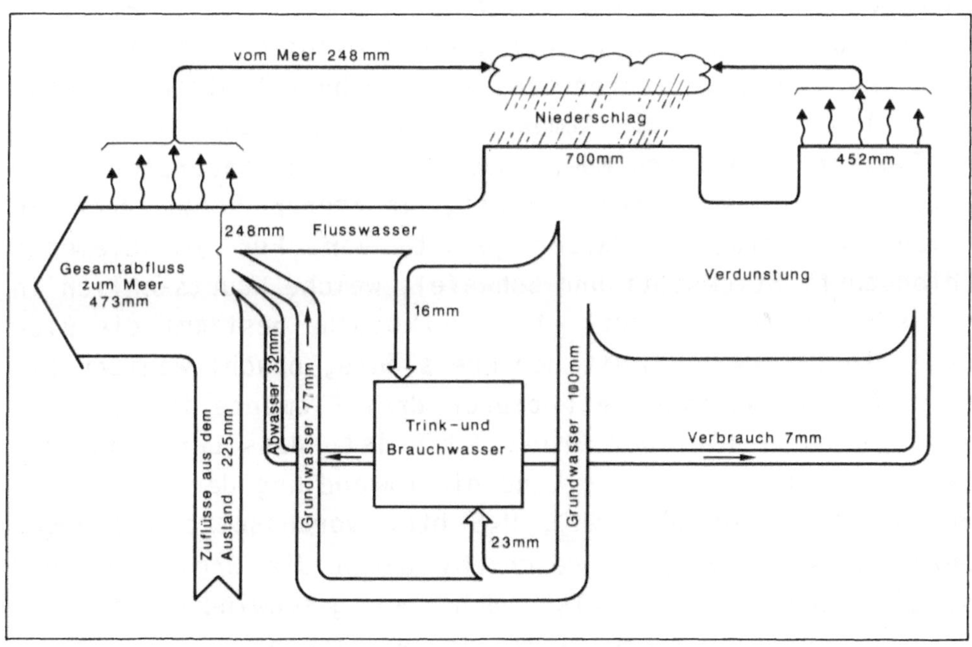

Abbildung 5.3

Schema des Wasserkreislaufs für das Gebiet Deutschlands (BRD und DDR) 1960. Vereinfacht nach Keller, 1962.

Für das Gebiet der Schweiz lautet die Wasserbilanz:

Niederschlag	1470 mm
Zufluss Ausland	180 mm
Gesamtabfluss	1210 mm
Verdunstung	440 mm

(1 mm entspricht 1 Liter Wasser pro Quadratmeter Oberfläche und pro Jahr.) Zahlen aus Lehrerdokumentation "Wasser", 1981 (Quelle: Bundesamt für Wasserwirtschaft, Bern).

stung (Transpiration = Pflanzenverdunstung; Evaporation = Oberflächen- und Bodenverdunstung). Ein Oekosystem "Deutsche Gewässer" existiert nicht.

Das Wasser kommt auf seinem Weg in Kontakt mit praktisch allen Stoffen der Erdoberfläche. Die Stoffe sollten demnach wie das Wasser ebenfalls mehr oder weniger geschlossene Kreisläufe beschreiben. Da die meisten Verbindungen aber chemisch reaktionsfähig sind, kann man solche Kreisläufe nicht beobachten.

Hydrologisch-biologischer Kreislauf

Verfolgt man aber die einzelnen chemischen Elemente, beschreiben die in der Biosphäre wichtigen Elemente C, H, O, N, S mehr oder weniger hydrologisch-biologische Kreisläufe. Diese Kreisläufe verlaufen parallel zum hydrologischen Kreislauf, also vom Meer via Atmosphäre aufs Land und von dort in den Flüssen zurück ins Meer. Wasserstoff und Sauerstoff sind Bestandteile des Wassers selbst, letzterer kommt auch in elementarer Form, in Wasser gelöst, vor. Für die Elemente Kohlenstoff, Stickstoff und Schwefel, welche hauptsächlich in der Erdrinde (Kalk, Erdöl etc.) vorkommen, bestimmt die Biomasse die Geschwindigkeit der Kreisläufe, obwohl weniger als der hunderttausendste Teil dieser drei Elemente in der Biomasse gebunden ist. Der Grund dafür ist, dass der Transport durch die Atmosphäre aufs Land die Umwandlung der gebundenen Form in die Gase CO_2, NH_3, H_2S etc. voraussetzt und umgekehrt. Diese Umwandlung geschieht durch die Organismen und ist also der "Flaschenhals", d.h. der geschwindigkeitslimitierende Schritt der Kreisläufe dieser Elemente.

Salzkreislauf

Die Meersalze, vor allem die Elemente Na und Cl, beschreiben Kreisläufe, welche ebenfalls parallel zum hydrologischen Zyklus verlaufen. Die Gischt des Meeres kann durch Winde in grosse Höhen getragen werden, und die mitgerissenen Salze werden mit dem Regen oder in trockener Form wieder auf die Kontinente gelangen. Man schätzt, dass auf diese Weise jährlich etwa eine Milliarde Tonnen Salze von den Ozeanen in die Atmosphäre abgegeben werden (Korte, 1980). Etwa 300 Millionen Tonnen Meersalz, davon 100 Millionen Tonnen Natrium, gelangen so pro Jahr aufs Festland. Im Prinzip haben alle Meersalze Anteil an diesem Kreislauf, aber für die meisten anderen Stoffe ist der im nächsten Abschnitt beschriebene mineralische Kreislauf quantitativ wichtiger. Kochsalz hingegen, als gut lösliches Salz, wird im Gegensatz zu anderen Salzen im Meer nicht in die Sedimente eingebaut.

Mineralienkreislauf

Der Mineralienkreislauf umschliesst vor allem die Elemente Si, Al, Fe, Ca, P und ist wesentlich langsamer als der hydrologische Zyklus. Er beginnt bei den Erosionsprozessen und verläuft über Flüsse via Meer in die Sedimente. Der jährliche Eintrag gelöster Stoffe durch Flüsse in die Weltmeere beträgt heute etwa vier Milliarden Tonnen. Die Sedimentation in den Ozeanen wird auf etwa vier Milliarden Tonnen geschätzt, so dass sich die Weltmeere hinsichtlich gelöster Salzmenge, kurzfristig gesehen, etwa im Fliessgleichgewicht befinden (Korte, 1980). Der Rücktransport aufs Land geht nur in geologischen Zeiträumen vor sich, die Sedimente müssen durch Verschiebungen wieder zu Randgebieten werden. Auch vulkanische Ausbrüche können vor allem Gase und Mineralien in den Kreislauf bringen. Einige Elemente wie Fe, P oder Mn, welche in der Biomasse als Spurenelemente eine wichtige Rolle spielen, durchlaufen auf dem Weg in die Sedimente viele kleine Zyklen, welche durch die Biomasse kontrolliert werden. In den Sedimenten angelangt, sind sie den organischen Prozessen jedoch für lange Zeit entzogen. Dies gilt aber nicht in jedem Fall für Seesedimente, wo unter gewissen Bedingungen Rücklösungen stattfinden können. Auf solche Rücklösungen in eutrophen Seen werden wir in Kapitel 8 näher eingehen. Das unterschiedliche Verhalten der beiden chemisch ähnlichen Elemente Stickstoff und Phosphor ist im wesentlichen dadurch bedingt, dass P durch die Biomasse erstens nicht in eine gasförmige Form umgewandelt wird, wie dies beim Stickstoff der Fall ist, und zweitens, dass die Nitrate im Gegensatz zu den Phosphaten in

Wasser gut löslich sind. Stickstoff gelangt aus diesen Gründen nicht in die Senke der Meeressedimente.

5.3 Die wichtigsten Prozesse

Auflösungsprozesse von Gesteinen, chemische Verwitterung

Die quantitativ wichtigsten Prozesse, welche die Zusammensetzung unserer Gewässer bestimmen, sind die Verwitterungsprozesse. Dazu gehören die mechanischen Erosions- und die chemischen Auflösungsprozesse. Dabei handelt es sich vor allem um Auflösungsreaktionen von Salzen und um Säure-Base-Reaktionen des kohlensäurehaltigen Niederschlagswassers mit den Gesteinen, welche als Basen wirken. Als Produkte entstehen je nach Art der Gesteine verschiedenartige gelöste Ionen, welche von grösster Bedeutung für die pH-Pufferung sind. Ein Mass für die durch Säuren aufgelösten Basen ist die Alkalini-

Mineral	+ Wasser	+ gelöste Kohlensäure	$\rightleftarrows$	Kationen	+ Anionen	+ Kieselsäure	+ Tonmineralien z.B. Kaolinit
Kalk							
$CaCO_3$	+ H_2O		$\rightleftarrows$	Ca^{2+}	+ HCO_3^- + OH^-		
$CaCO_3$		+ H_2CO_3	$\rightleftarrows$	Ca^{2+}	+2HCO_3^-		
Dolomit							
$CaMg(CO_3)_2$	+ 2H_2O		$\rightleftarrows$	Ca^{2+}+Mg^{2+}	+2HCO_3^- +2OH^-		
Quarz (Granit)							
SiO_2	+ 2H_2O		$\rightleftarrows$			H_4SiO_4	
Anhydrit (Gips)							
$CaSO_4$			$\rightleftarrows$	Ca^{2+}	+ SO_4^{2-}		
Feldspat							
$NaAlSi_3O_8$	+5½H_2O		$\rightleftarrows$	Na^+	+ OH^-	+ 2H_4SiO_4	+ ½$Al_2Si_2O_5(OH_4)$
$NaAlSi_3O_8$	+4½H_2O	+ H_2CO_3	$\rightleftarrows$	Na^+	+ HCO_3^-	+ 2H_4SiO_4	+ ½$Al_2Si_2O_5(OH_4)$
Steinsalz							
$NaCl$			$\leftrightarrows$	Na^+	+ Cl^-		

Tabelle 5.1

Beispiele typischer Verwitterungsreaktionen der Mineralien.

tät (Härte) des Wassers, welche die aequivalente Summe der mit Säure titrierbaren Basen darstellt (vgl. Tabelle 5.4).

Ein paar Beispiele solcher Verwitterungsreaktionen sind in Tabelle 5.1 zusammengestellt. Die Auflösung von kalkhaltigem Gestein ergibt Gewässer, welche vor allem Calcium- und Hydrogencarbonationen enthalten (sogenannt hartes Wasser). Vor allem die Grundwasser im Jura und im schweizerischen Mittelland sind oft gesättigt mit diesen Ionen, so dass sich in speziellen Fällen beim Austritt an die Oberfläche oder in Höhlen Tropfsteine bilden können. Aus der Tabelle ist weiter ersichtlich, dass neben gelösten Ionen auch Tonmineralien entstehen können, die als feinverteilte Feststoffpartikel, sogenannte Kolloide, in den Flüssen und Seen anzutreffen sind. Als Beispiel ist die Umwandlung von einem Feldspat in Kaolinit angegeben.

Die chemischen Auflösungsprozesse können mit chemischen Lösungsgleichgewichten und Protolysengleichgewichten beschrieben werden. Bei Uebersättigungen finden auch Fällungsreaktionen statt, bei welchen Carbonate und Oxide, an Grenzflächen katalysiert, aus dem Wasser auskristallisieren.

Am Schluss dieses Kapitels werden wir noch näher darauf eingehen, wie aus dem Mineralstoffgehalt der Gewässer die Erosionsrate bestimmt werden kann.

Adsorptions- und Desorptionsvorgänge

An Bodenmaterial oder an suspendierten Feststoffen können gelöste Stoffe adsorbieren und auch wieder desorbieren. Die Konzentrationen von Schwermetallionen werden beispielsweise durch solche Prozesse reguliert. Ausserdem können suspendierte Tonmineralien für adsorbierte Stoffe auch als Transportmittel und als Reservoir von Verunreinigungen dienen. Zur modellmässigen Behandlung solcher Adsorptions- und Desorptionsprozesse werden in erster Näherung ebenfalls Gleichgewichtsreaktionen verwendet (Beispiele werden wir in Kapitel 10.4 genauer betrachten).

Austauschvorgänge zwischen der Atmosphäre und dem Wasser

Gase und andere flüchtige Stoffe werden an der Grenze zwischen Wasser und der Atmosphäre ausgetauscht. An der Wasseroberfläche findet ein Angleichen an das Absorptionsgleichgewicht statt. Besteht ein intensiver Kontakt mit der Atmosphäre wie beispielsweise in einem Bergbach dann können für den Sauerstoffgehalt die Sättigungskonzentrationen erreicht werden. Die Löslichkeit von Gasen in Wasser kann mit dem Gesetz von Henry berechnet werden: Bei konstanter Temperatur und konstantem Gesamtdruck ist die Löslichkeit eines Gases proportional zu seinem Partialdruck, also dem Anteil des Gasdrucks am Gesamtdruck. In Tabelle 5.2 sind für die wichtigsten Gase die Löslichkeiten angegeben, samt einem Rechenbeispiel des Henryschen Verteilungsgleichgewichtes. Analog kann der Gasaustausch auch für flüchtige, nicht gasförmige Verbindungen eine Rolle spielen, insbesondere für schlechtlösliche Verunreinigungsstoffe (siehe Kapitel 10.3).

Weitere chemische Reaktionen in der Wasserphase

Die chemische Erscheinungsform (Spezies) der Wasserinhaltsstoffe ist das Resultat vieler Gleichgewichtsreaktionen wie Redoxreaktionen, Protolysenreaktionen, Komplexreaktionen und der bereits erwähnten Lösungs-/Fällungs- und Adsorptions-/Desorptionsreaktionen. Viele Gleichgewichtsreaktionen, besonders die Redoxreaktionen, sind langsame Prozesse, so dass in der Natur oft eine Abweichung vom Gleichgewichtszustand angetroffen wird.

Biochemische Prozesse

Neben der bereits beschriebenen Photosynthese läuft eine riesige Zahl biochemischer Reaktionen in allen Organismen ab. Viele chemische Reaktionen in Gewässern werden durch Mikroorganismen katalysiert. Erwähnen möchten wir hier vor allem die mikrobiologischen Zersetzungs- oder Abbaureaktionen, bei welchen die Organismen aus Redoxprozessen Energie gewinnen. Die aeroben Oxidationsreaktionen, bei welchen organische Wasserinhaltsstoffe mittels Sauerstoff in Kohlendioxid, Nitrat usw. abgebaut werden, gehören dazu; ferner die anaeroben

Reduktionen in sauerstofffreiem Wasser (vgl. Kapitel 10 und 14).

Löslichkeit $[A^\circ_{aq}]$ reiner Gase bei 1 bar (1 atm)

Gas	0°C	10°C	20°C	30°C	Einheiten
O_2	69,5	53,7	43,3	35,9	$mg \cdot l^{-1}$
N_2	28,8	22,6	18,6	15,9	$mg \cdot l^{-1}$
CO_2	3350	2320	1690	1260	$mg \cdot l^{-1}$

Löslichkeit $[A_{aq}]$ von Luft bei 1 bar (~1 atm)

Gas	Partialdruck	0°C	10°C	20°C	30°C	Einheiten
O_2	0,21 bar	14,58	11,27	9,08	7,53	$mg \cdot l^{-1}$
N_2	0,78 bar	22,46	17,63	14,51	12,40	$mg \cdot l^{-1}$
CO_2	0,0003 bar	1,00	0,70	0,51	0,38	$mg \cdot l^{-1}$

Henrysches Gesetz des Lösungsgleichgewichts

Bei konstanter Temperatur ist die Löslichkeit eines Gases proportional zum Druck des Gases. Bei einem Gasgemisch (Luft) lösen sich die einzelnen Gase gemäss ihrem Anteil am Gesamtdruck, also dem Partialdruck.

$$K_H = \frac{[A_g]}{[A_{aq}]} = \frac{P^\circ_A}{RT} \cdot \frac{1}{[A^\circ_{aq}]} = \frac{P_A}{RT} \cdot \frac{1}{[A_{aq}]} \tag{5.1}$$

wobei $[A_g]$, $[A_{aq}]$, $[A^\circ_{aq}]$ die Konzentrationen von A in der Gasphase, in wässriger Lösung und in mit A gesättigter Lösung (=Löslichkeit) sind; P_A und P°_A sind der Partialdruck von A und der Dampfdruck von reinem A oder von A im Gleichgewicht mit einer mit A gesättigten Lösung; R und T sind die Gaskonstante und die absolute Temperatur.

Beispiel: Gesucht ist die Konzentration einer gesättigten wässrigen Lösung von Sauerstoff unter atmosphärischen Bedingungen bei 10°C.

$$P^\circ_{O_2} = 0.21 \text{ bar (entspricht 21 Vol.\%)}$$

$$[O_2^\circ] = 53.7 \ mg \cdot l^{-1} \quad ; \quad [O_{2aq}] = \frac{P_A}{P^\circ_A} \cdot [O^\circ_{2aq}]$$

$$[O_2] = \frac{0,21}{1} \cdot 53.7 = 11,27 \ mg \cdot l^{-1}$$

Das Henrysche Gesetz gilt nur für Gase, die mit Wasser nicht reagieren (O_2, N_2). Da nur ca. 1% des CO_2 mit Wasser zu H_2CO_3 reagiert, ist hier die Abweichung vom Gesetz gering.

Tabelle 5.2

Löslichkeiten einiger Gase in Wasser und deren Berechnung mit dem thermodynamischen Lösungsgleichgewichtsgesetz.
Tabelle nach Ambühl, 1979.

5.4 Chemische Komponenten in natürlichen Gewässern

Als Resultat der vorgängig erwähnten Prozesse und Kreisläufe besitzt ein Gewässer zu einem bestimmten Zeitpunkt an einem bestimmten Ort eine bestimmte chemische Zusammensetzung. In Tabelle 5.3 sind ein paar Analysendaten dargestellt, welche einen Einblick in die Grössenordnung und die Unterschiedlichkeit der Konzentrationen verschiedener Gewässer geben sollen. Im folgenden werden die mengenmässig wichtigsten Komponenten, ihre Herkunft und ein paar ökologisch wichtige Auswirkungen

Gewässertyp	Oberflächenwasser			Grundwasser		
	Seewasser	Flusswasser		Kiessand aus Kalken	Kiessand aus Urgestein	feinsandiger Kies mit Toneinschliessungen
Probenahmestelle	Zürichsee (30 m Tiefe)	Rhein vor Bodensee	Rhein nach Bodensee	Netstal	Andermatt	Dübendorf
Temperatur °C	5,4	3,1	19,6	9,2	5,0	5,4
pH-Wert	7,7	7,9	8,2	8,0	5,9	7,1
el. Leitfähigkeit µS/cm	238	244	474	298	87	695
Gesamthärte mval·l^{-1}(frz.H)	2,70(13,8)	2,88(14,4)	5,0 (25,0))	3,26(16,3)	0,60(3,0)	9,60(48,0)
Karbonhärte mval·l^{-1}(frz.H)	2,52(12,6)	1,88(9,4)	4,04(20,2)	4,67(14,0)	0,46(2,3)	6,40(32,0)
Kalcium mg/l	45,6	43	73	50	12	158
Magnesium mg/l	6,0	8,7	17	9,1	0	20,6
Natrium mg/l		3,1	22			
Kalium mg/l		0,9	4,2			
Eisen mg/l	<0,02			0,02	0	
Mangan mg/l				<0,01	<0,01	0,25
Sulfat mg/l	15	53	26	15	8,5	133
Chlorid mg/l	2,5	2,8	35	1,6	0,5	12,4
Nitrit mg N/l	<0,01	0,0005	0,16	<0,001	0	0,01
Nitrat mg N/l	0,77	0,5	5,3	0,9	0,5	1,3
Ammonium (Ammoniak) mg N/l	<0,1	0,065	0,07	<0,01	0,04	0,04
O-Phosphat mg P/l	0,08	0,035	1,10	<0,01	0,04	<0,01
Gesamtphosphat mg P/l		0,04	1,20			
Sauerstoff mg/l	7,8	12,6	8,9	8,4	4,0	2,0
Kieselsäure mg/l		6,5	8,5	4,0	5,5	5,5
DOC mg/l	1,4	0,6	4,7			
Charakterisierung	mittelhart O-reich	mittelhart O-reich	hart O-reich nitrat- und phosphathaltig	mittelhart rein	sehr weich O-arm sauer (aggressiv)	sehr hart O-arm aggressiv
Verwendbarkeit als Trinkwasser	nach Filtration mit Desinfektion direkt verwendbar	ohne Aufbereitung nicht verwendbar	ohne Aufbereitung nicht verwendbar	direkt trinkbar	muss entsäuert werden	ohne Aufbereitung nicht verwendbar

Tabelle 5.3

Analysenwerte gelöster Stoffe in verschiedenen schweizerischen Gewässern.

Die Gewässerzusammensetzungen sind charakteristisch und repräsentativ für ihre Herkunft.

stichwortartig zusammengestellt. Die Angaben haben wir aus Ambühl, 1979, entnommen:

Calcium Ca^{2+}, Magnesium Mg^{2+}

Im Süsswasser die quantitativ wichtigsten Kationen; aus Gesteinsverwitterung (Calcit, Dolomit). Als sog. Härtebildner (Summe der Erdalkalien = "Gesamthärte") wichtig in der Wassertechnologie.

Bicarbonat HCO_3^-, "Karbonhärte"

Häufigstes Anion; aus Atmosphäre, Verwitterung und Respiration. Bildet die sog. vorübergehende, d.h. durch Kochen "austreibbare" Härte.

Wasserhärte

Damit wird die Konzentration der Härtebildner (ursprünglich die mit Seife zu schwerlöslichen Salzen reagierenden zweiwertigen Ionen Ca^{2+}, Mg^{2+}) bezeichnet. Da Ca^{2+} mit CO_3^{2-} schwerlösliches $CaCO_3$ bildet (Fällungsreaktion), welches sich in Pfannen etc. festsetzt, wurden verschiedene Begriffe und

Definitionen zur Wasserhärte:	
Totale Härte (TH): (=Gesamthärte)	Aequivalente Summe der zweiwertigen Kationen $TH = [Ca^{2+}] + [Mg^{2+}] + [Sr^{2+}] + [Ba^{2+}] + [Fe^{2+}]$
Calciumhärte:	$[Ca^{2+}]$
Karbonathärte (KH): (= Alkalinität)	Aequivalente Summe der mit starker Säure titrierbaren Basen (z.B. auf Methylorange Indikator, pH 4,3): $KH = [HCO_3^-] + 2[CO_3^{2-}] + [OH^-] - [H^+]$
Permanente Härte (PH): (= bleibende Härte)	PH = TH-KH (evtl. negativ)
Einheiten:	
Konzentrationen sollten in Milliäquivalenten pro Liter $[mval \cdot l^{-1}]$ (= Millimol Ladungseinheiten pro Liter) angegeben werden. Bei uns gebräuchliche Einheiten sind:	
franz. Härte (F, CH):	1 frz.H ≙ 10 mg $CaCO_3 \cdot l^{-1}$ ≙ 0,1 mmol $Ca^{2+} \cdot l^{-1}$ = 0,2 $mval \cdot l^{-1}$ (da 1 mol $CaCO_3$ gerade 100 g wiegt)
deutsche Härte (D):	1 d.H ≙ 10 mg $CaO \cdot l^{-1}$ ≙ 1,79 frz.H ≙ 2·0,179 $mval \cdot l^{-1}$

Tabelle 5.4

Definitionen zur Wasserhärte.

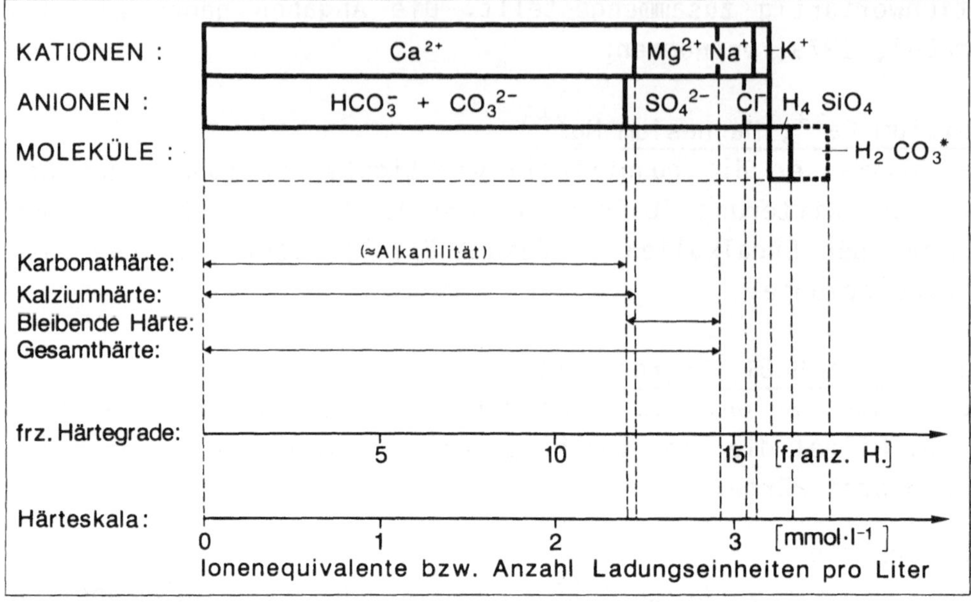

Abbildung 5.4

Zusammensetzung eines durchschnittlichen mitteleuropäischen Gewässers und Härteskala.

Einheiten geprägt, welche heute etwas archaisch anmuten. Die wichtigsten verwendeten Begriffe sind die Gesamthärte, die Karbonathärte und die bleibende Härte. Die Definitionen sind in Tabelle 5.4 und Abbildung 5.4 zusammengefasst.

Natrium Na^+, Kalium K^+

Aus Gesteinsverwitterung, z.B. von K- und Na-Feldspäten. Im Wasser normalerweise nicht wesentlich, weder qualitativ noch quantitativ. In der Ionenbilanz dagegen wichtig. In Mineralwässern in sehr unterschiedlichen Gehalten vorhanden.

Eisen Fe, Mangan Mn

Im Boden häufig, im Wasser nur in sehr niedrigen Anteilen. Bilden mit Sauerstoff Reduktions-Oxidations-Systeme. Beide erscheinen als Hydroxide und Oxide in mehreren "Spezies". Unter aeroben Verhältnissen (Anwesenheit von O_2) als Fe^{3+} bzw. Mn^{4+} in wenigen µg/l in Lösung möglich. In höheren Konzentrationen nur in zweiwertiger Form löslich. Bedingungen für die Reduktionen:

$Fe^{3+} \rightarrow Fe^{2+}$, wenn Redoxpotential $E_H <$ 0 mV (vgl. Abb. 10.7)
$Mn^{4+} \rightarrow Mn^{2+}$, wenn Redoxpotential $E_H <$500 mV.

E_H <0 ist erreicht, wenn O_2 abwesend (anaerobe Verhältnisse) ist, pH <7,5 (z.B. genügend CO_2 vorhanden), oder wenn Reduktionssubstrat (faulendes organisches Material) vorhanden ist. In Praxis: Bei Fäulnis, in verschmutztem Grundwasser (Luftabschluss), in der Tiefe eutropher Seen, in Moorwasser, in der Interstitiallösung vieler Seesedimente (d.h. in Abbau-Mikrohorizonten).

Sauerstoff O_2 und weitere Gase

O_2 liegt im Wasser in molekularer Lösung vor (Gase werden in Flüssigkeiten gleich gelöst wie feste Stoffe). Die Löslichkeit ist gering. Pro Volumeneinheit ist im Wasser ca. 1/40 des in Luft vorhandenen Sauerstoffs gelöst. Die Konzentration des Sauerstoffs im Wasser ist biologisch wichtig; der geringe Gehalt stellt besondere Probleme.

Die verschiedenen Gase werden im Wasser verschieden stark gelöst. Die Löslichkeit (= thermodynamisches Gleichgewicht) hängt zudem von der Temperatur ab (vgl. Tabelle 5.2). Die Sättigungswerte von Wasser mit O_2, N_2, und CO_2 in Gegenwart von Luft können mit dem Gesetz von Henry berechnet werden und sind ebenfalls in Tabelle 5.2 aufgeführt.

Die Sättigungswerte sind in der Natur nur dort eingehalten, wo intensiver Atmosphärenkontakt vorhanden ist und sich keine wesentlichen biologischen Vorgänge abspielen (z.B. Bergbach). Letztere verändern den Sauerstoff- und Kohlendioxidgehalt in weiten Grenzen (Sauerstoffproduktion durch Photosynthese, in Teichen und Seen bis 400% Sättigung; Sauerstoffzehrung bis Null durch Respiration: Teich, Seetiefe, Grundwasser, abwasserbelastete Flüsse).

Kohlendioxid CO_2, H_2CO_3

Ein kleiner Teil des gelösten Kohlendioxids reagiert mit dem Wasser zu Kohlensäure H_2CO_3. Photosynthese bewirkt Zehrung, Atmung Anreicherung an Kohlendioxid. In Sickerwasser aus humusreichem Boden oder aus Torfschichten oder im Hypolimnion (Tiefenwasser) kann CO_2 angereichert werden. Dabei sinkt der pH-Wert.

Stickstoff N

Im Oberflächenwasser vorwiegend als Nitrat NO_3^-; unter anaeroben Bedingungen Reduktion zu Nitrit NO_2^- und Ammonium NH_4^+ (letzteres auch aus dem Abbau von Proteinen). NH_4^+ in grösseren Anteilen im anaeroben Tiefenwasser hochproduktiver Seen.

Herkunft: aus dem natürlichen Abbau von Organismenresten im Boden (Wurzeln) und Laub; aus Niederschlägen (Oxidation von N_2 bei Gewittern, in Verbrennungsmotoren und stillen elektrischen Entladungen). Einige 100 μg/l in Sicker- und Oberflächenwasser; aus Siedlungsabwässern. Basiswert: 12 g N/Einwohner • Tag (für den finalen Eintrag in die Gewässer ist die Elimination in Kläranlagen zu berücksichtigen); aus Bodendüngung (Nitrat und Ammonium werden leicht aus dem Boden eluiert):

Austrag aus Wald	100 kg N • km^{-2} • $Jahr^{-1}$
Austrag aus Acker	1500-3000 kg N • km^{-2} • $Jahr^{-1}$
Austrag aus Wiese	bis 15000 kg N • km^{-2} • $Jahr^{-1}$

Phosphor P, Phosphat PO_4^{3-}

Ionenbilanzmässig meist unbedeutend als Hydrogen-Phosphat (HPO_4^{2-}) oder in polymerer Form. Physiologisch (als Dünger) aber hochwirksam, daher einer der wichtigsten Stoffe in den Gewässern (vgl. Gleichung (4.1) der Photosynthese, Kapitel 4).

Herkunft: aus Gesteinsverwitterung, z.B. Apatit (sog. "Grundlast"): unbedeutend; aus Bodendüngung:

Austrag aus Wald	1- 5 kg P • km^{-2} • $Jahr^{-1}$
Austrag aus Kulturland	35-70 kg P • km^{-2} • $Jahr^{-1}$

Austrag aus Siedlungsabwässern, Körperausscheidungen und übrigen Abfällen 1,5 g P • $Einw.^{-1}$ Tag^{-1}
(Waschmittel-P bis 1986 2 g P • $Einw.^{-1}$ Tag^{-1})

Kieselsäure H_4SiO_4 (oder $Si(OH)_4$)

Quantitativ wesentliche Komponente des mineralischen Wasserchemismus. Interessant als Gerüstsubstanz, insbesondere von Kieselalgen (Diatomeen) in Seen, Teichen und Fliessgewässern. Sehr ausgeprägte saisonale Dynamik, besonders in den Seen (grosser Umsatz infolge Massenentwicklung von Diatomeen).

Schwefel S, Sulfat SO_4^{2-}, Sulfide H_2S, HS^-, S^{2-}

In geringen Anteilen physiologisch engagiert (Fischmehlprotein z.B. $C_{265}H_{555}O_{174}N_{83}PS$).

Im Gewässerhaushalt stets im Ueberschuss gegenüber dem physiologischen Bedarf; Sulfat daher hier wenig interessant. In stark reduktivem Milieu wird SO_4^{2-} von desulfurierenden Bakterien als O-Donator benützt: Bildung von S^{2-} bzw. H_2S (Schwefelwasserstoff) im Hypolimnion eutropher Seen, verschmutztes Grundwasser.

Chlorid Cl^-

Hydrogeologisch und geochemisch interessant; am biologischen Stoffhaushalt der Gewässer nicht beteiligt: Konservative (nicht am Stoffumsatz beteiligte) Komponente.

Schwermetalle

In Grössenordnung von µg/l: Cu, Pb, Zn, Cd, Hg, Cr, Ag, Mo, W, Co u.a.m. (vgl. Kapitel 9.3).

Organische Stoffe

Die durch Photosynthese produzierte Biomasse haben wir mit der "Algenformel" $<C_{106}H_{263}O_{110}N_{16}P>$ zusammengefasst. Die Biomasse besteht aber aus vielen Verbindungen, deren Hauptklassen die Eiweisse, die Kohlenhydrate und die Fette sind. Durch Respiration, Abbau und Umwandlungen in der Nahrungskette bis zum mikrobiologischen Abbau entstehen Zwischenprodukte (Metaboliten) und Abbauprodukte (Katabolite), welche zusammen die organischen Stoffe unserer Gewässer bilden. In Tabelle 5.5 sind einige Beispiele dieser natürlich vorkommenden organischen Substanzen und typische, in Gewässern anzutreffende Stoffe aufgeführt.

Tabelle 5.5

Organische Stoffe in natürlichem Wasser und ihre Herkunft.

Substanzen der Biomasse	Abbau-Zwischenprodukte	Typische Zwischen- und Abbauprodukte, die in unverschmutztem natürlichem Wasser gefunden werden
Proteine	Polypeptide $R-CH_2(NH_2)COOH$ $R=COOH$ $R=CH_2OHCOOH$ $R=CH_2OH$ $R=CH_3$ $R=CH_2NH_3$	NH_4^+, HCO_3^-, HS^-, CH_4, HPO_4^{2-}, Peptide Aminosäuren, Harnstoff, Indole, Fettsäuren, Mercaptane
Polynucleotide	Nucleotide Purine und Pyrimidin-Basen	
Lipide Fette Wachse Oele	$RCH_2CH_2COOH+CH_3OHCH_2OHCH_3OHRCOOH$ Fettsäuren Glycerin kurzkettige Säuren	CO_2, CH_4, Alipathische Säuren, Essig-, Milch-, Citronen-, Glycol-, Malein-, Palmitin-, Stearin-, Oelsäure, Kohlenhydrate, Kohlenwasserstoffe
Kohlenhydrate Cellulose Stärke Hemicellulose	Monosacharide Hexosen $C_x(H_2O)_y$ Oligosacharide Pentosen Chitin Glucosamine	HPO_4^{2-}, CO_2, CH_4, Glucose, Fructose, Galactose, Arabinose, Ribose, Xylose
Lignin	$(C_2H_2O)_x$ ungesättigte aromatische Alkohole Polyhydroxycarbonsäuren	
Porphyrine und Pflanzenpigmente Chlorophyll Hämin	Chlorine Pheophytin Kohlenwasserstoffe	Pristan
Carotinoide und Xantophylline		Carotinoide
Komplexe Substanzen	aus Zwischen-Produkten, z.B.: Phenol + Chinon + Aminoverbindungen Aminoverbindungen + Kohlehydratabbauprodukte	Melanin," Gelbstoffe", Phenole Huminsäuren, Fulvinsäuren, Gerbsäuren

Weil die Abbaureaktionen und -wege (Katabolismus) recht gut bekannt sind, können die in Gewässern anzutreffenden Substanzen aufgrund der Zusammensetzung der Flora und Fauna des Oekosystems mehr oder weniger vorausgesagt werden. Hingegen können diese Abbau- und Zwischenprodukte teilweise miteinander chemisch reagieren, so dass, je nach Bedingungen, neue Produkte wie die Huminstoffe entstehen.

Huminstoff ist biologisch resistentes, hochmolekulares, nicht einheitlich aufgebautes Material, welches in den Böden oder Gewässern vorkommt. Gebildet werden die Huminstoffe durch mikrobiellen Abbau und teilweiser Neusynthese aus pflanzlichen und tierischen Stoffen in einem komplexen Zweiphasengemisch. Huminsäuren, ein Teil der Huminstoffe, liegen bei pH = 7 in gelöstem Zustand vor, sind bei pH = 1 aber unlöslich. Den bei pH = 1 noch löslichen Anteil der Huminsäuren bezeichnet man als Fulvinsäuren. Letztere haben kleinere mittlere "Molekül"-massen als die Huminsäuren. Die Huminstoffe enthalten aromatische Ringe, wie sie in Gerbsäuren oder Lignin enthalten sind.

Oft wird die Konzentration an organischen Substanzen mit kollektiven Parametern angegeben. Die beiden wichtigsten sind:

Totaler Organischer Kohlenstoff TOC umfasst den gesamten, in organischen Molekülen gebundenen Kohlenstoff in Milligramm oder Mol Kohlenstoff pro Liter.
Gelöster Organischer Kohlenstoff DOC (engl. Dissolved Organic Carbon) ($mg \cdot l^{-1}$; $mol \cdot l^{-1}$). Der DOC kann nicht exakt bestimmt werden, oft wird der Anteil des TOC, welcher ein 0.45 μm Membranfilter passiert, als DOC bezeichnet. Der ungelöste Anteil heisst Partikulärer Organischer Kohlenstoff POC.

In unseren Gewässern schwankt der TOC zwischen 1 und 20 mg/l, je nach Jahreszeit, Produktion und Gewässertyp. Ein Fluss sollte nicht mehr als 2 mg/l DOC enthalten.

Weitere veraltete Parameter, welche die Oxidierbarkeit organischer Verbindungen verwenden und eine Aussage über den

Sauerstoffgehalt und die mikrobielle Abbaubarkeit der Substanzen enthalten sind:
Chemischer Sauerstoffbedarf CSB ($mg \cdot l^{-1}$), (engl. Chemical Oxigen Demand COD). Der CSB ist definiert als die auf Sauerstoff umgerechnete Masse an Oxidationsmittel (Kaliumpermanganat, Dichromat), die bei der Oxidation organischer Wasserinhaltsstoffe unter festgelegten Bedingungen benötigt wird.
Biochemischer Sauerstoffbedarf BSB ($mg \cdot l^{-1}$), (engl. Biological Oxigen Demand BOD). Bezeichnet die Konzentration an Sauerstoff, die nötig ist, um die vorhandenen organischen Substanzen durch O_2 und mit Hilfe von Bakterien restlos in CO_2 und H_2O umzuwandeln. Da diese Reaktionen selten vollständig ablaufen, hat man für praktische Zwecke den BSB_5 eingeführt. Dieser bedeutet Biochemischer Sauerstoffbedarf für den 5-tägigen mikrobiellen Abbau.

Mit dem refraktären (schwerabbaubaren) Kohlenstoff ($mg\ C \cdot l^{-1}$) bezeichnet man diejenigen organischen Substanzen, die im natürlichen aeroben Milieu eine Abbau-Halbwertszeit von mehr als zwei Tagen aufweisen (Wuhrmann, 1972). In unbeeinträchtigten Gewässern besteht der grösste Teil des refraktären Kohlenstoffs aus den sogenannten Huminstoffen.

Die Konzentrationen an Einzelsubstanzen sind sehr klein ($\mu g \cdot l^{-1}$) und müssen mit aufwendigen Aufkonzentrierungs- und Analysenmethoden bestimmt werden.

5.5 Beispiel: Berechnung der Erosionsrate aus der Gewässerzusammensetzung

Dass ein Zusammenhang zwischen der geologischen Zusammensetzung des Einzugsgebietes und der Zusammensetzung der Gewässer besteht, geht aus Abbildung 5.5 hervor, in welcher für einige Ionen die Konzentrationen eingezeichnet sind. Während Magnesium, Calcium und Bicarbonat praktisch nur in Flüssen vorkommen, welche durch mesozoisches Sedimentgestein fliessen, findet man Kieselsäure in Flüssen, welche durch kristallines Gestein fliessen. Hingegen korrelieren heutzutage die Sulfat-

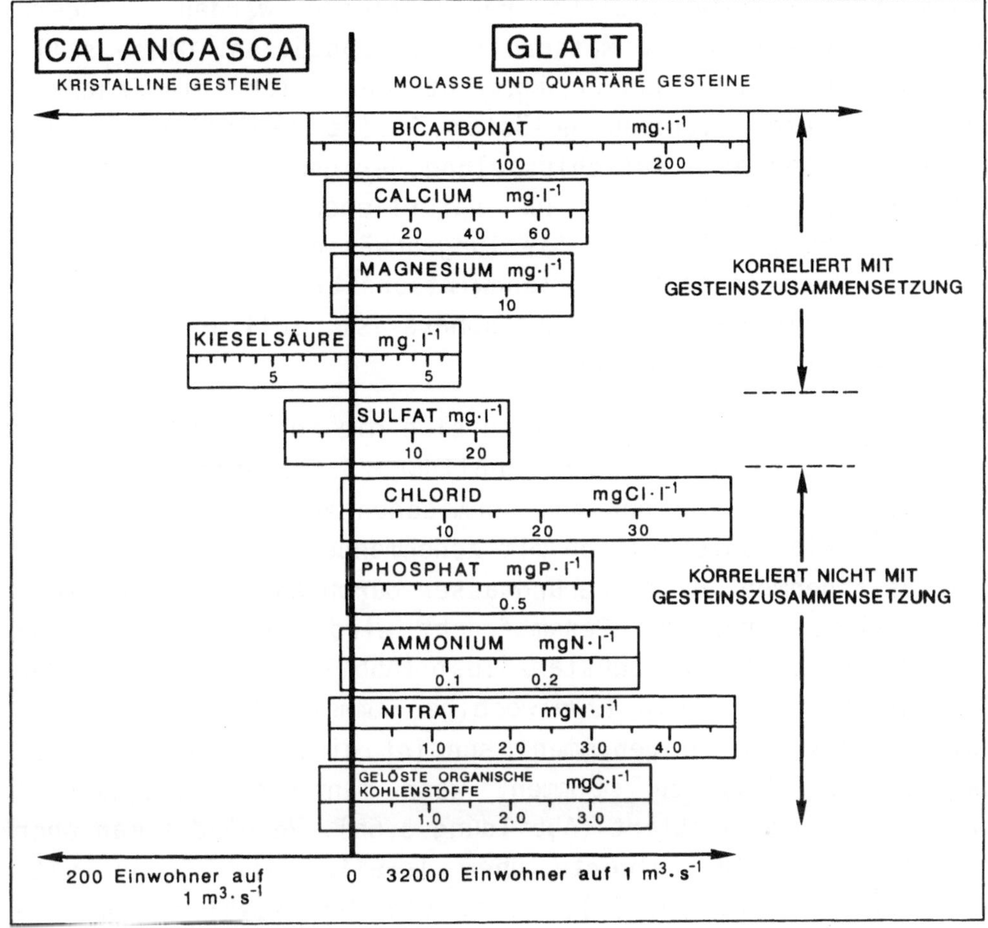

Abbildung 5.5

Vergleich der chemischen Zusammensetzung eines schwach belasteten Tessiner Flusses (Herkunft: kristallines Gestein) mit einem stark belasteten Mittellandfluss im Kanton Zürich (Herkunft: Molasse = calciumcarbonathaltiges Gestein).
Nach "Wasser - Eine Dokumentation über Wasser und Gewässerschutz", Zobrist und Davis, 1983.

---

konzentrationen nur noch teilweise mit dem Vorkommen von sulfathaltigem Gestein. Zivilisatorische Quellen wie Industrie, Abgase aus der Verbrennung von Kohle und Heizöl und der sich daraus ergebende sulfathaltige Regen sind für den Sulfatgehalt mitverantwortlich. Auch die anderen eingezeichneten Stoffe stammen zur Hauptsache aus zivilisatorischen Quellen.

Solche Aussagen dürfen natürlich nicht aus der Darstellung

eines Stichprobenvergleichs herausgelesen werden, sondern müssen sich auf genaue Massenbilanzen abstützen. Diese sollten sämtliche Einflüsse berücksichtigen, welche die Frachten und die Konzentrationen gelöster Stoffe beeinflussen. Wie schwierig aber eine Aufschlüsselung der gemessenen Stoffkonzentrationen in Beiträge aus natürlichen Quellen und aus menschlichen Quellen wie Siedlungsabwässern, Abflüssen aus intensiv bewirtschaftetem landwirtschaftlichem Gebiet oder von Niederschlägen aus der Atmosphäre ist, soll an einem Beispiel deutlich gemacht werden.

Je nach Art der Quelle verhalten sich die Konzentrationen der gelösten Stoffe verschieden (Abbildung 5.6). Stammt die Substanz beispielsweise nur aus chemischen Verwitterungsprozessen, wird die Konzentration mit zunehmender Wasserführung des Flusses abnehmen, da das Grundwasser durch Oberflächenabflüsse verdünnt wird. Die Gesamtfracht wird aber zunehmen, da mehr Wasser auch mehr Substanz löst (Abbildung 5.6a). Für den Calciumgehalt im Rhein (zweiwöchige Sammelproben, proportional zur Wassermenge genommen) scheint diese Korrelation auf den ersten Blick zu stimmen, wenn man die "Punkteschar" grosszügig interpretiert (Abbildung 5.6b). Verbindet man aber die gleitenden Mittelwerte über jeweils vier Wochen miteinander (Abbildung 5.6c), kommt ein Jahreszyklus zum Vorschein, welcher durch die verschiedene Herkunft des Wassers (Grundwasser, Schmelzwasser, Regenwasser) bedingt ist.

Stammen die Stoffe aus rein zivilisatorischen Quellen, können die Frachten ebenfalls jahreszeitliche Schwankungen aufweisen. Als Beispiel kann man Düngstoffe oder Strassensalz anführen. Andere Stoffe weisen hingegen eine ziemlich konstante Fracht in den Gewässern auf, wie. z.B. Schwermetalle aus In-

---

Abbildung 5.6

Abhängigkeit der Stofffracht und -konzentration von der Wassermenge (vgl. auch Kapitel 10.2). Beschreibung im Text.
a) Die Stoffe stammen aus dem Boden.
b)c) Calciumionenkonzentration als Funktion der Wassermenge im Rhein 1978.
d) Die Stoffe sind zivilisatorische Verunreinigungen mit konstanter Fracht.
e)f) Chloridionenkonzentration als Funktion der Wassermenge im Rhein 1978.
(Abbildungen b,c,e,f nach Davis, 1980).

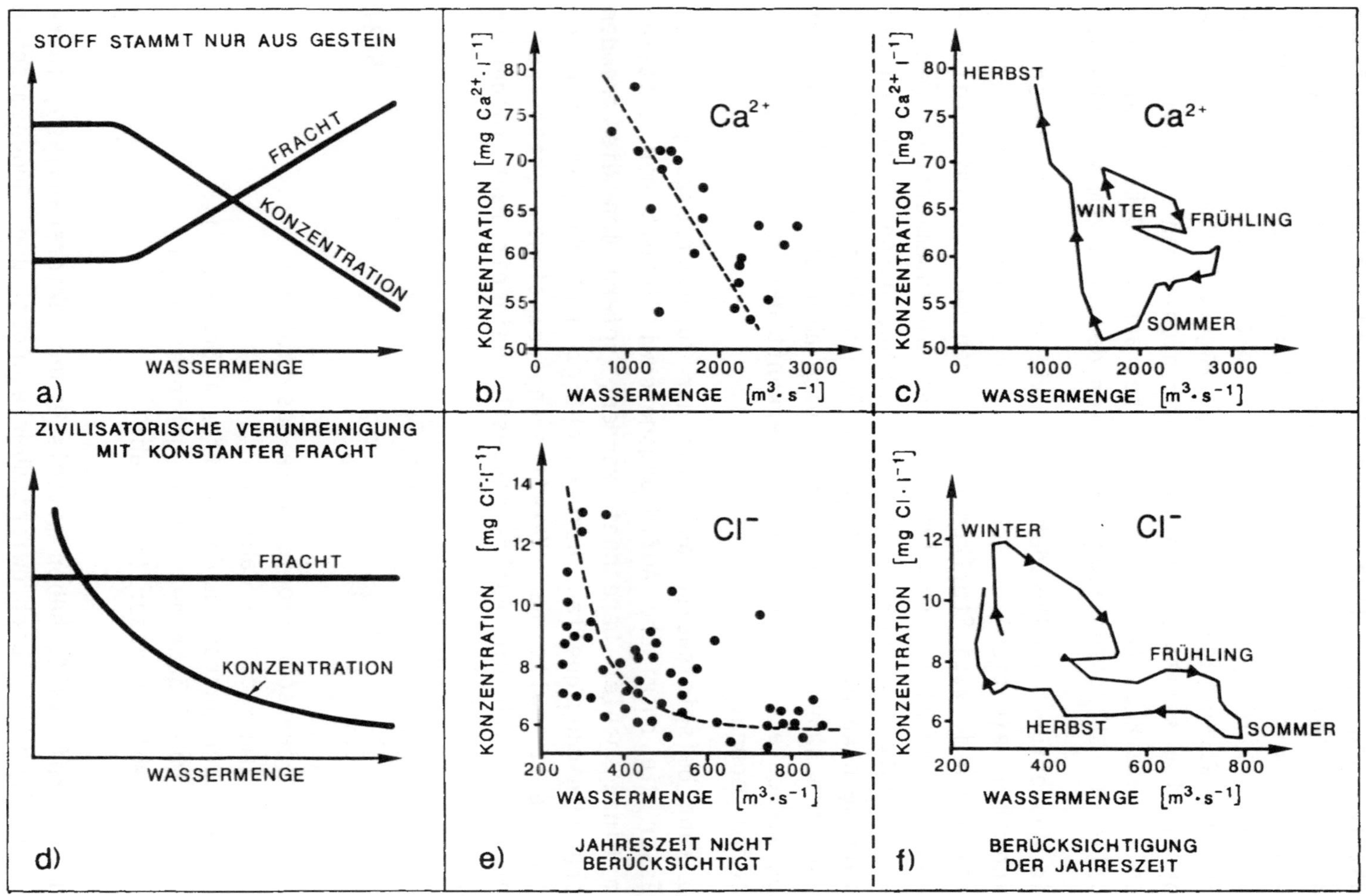
STOFF STAMMT NUR AUS GESTEIN
FRACHT
KONZENTRATION
WASSERMENGE
a)
KONZENTRATION [mg Ca2+·l-1]
80
75
70
65
60
55
50
0
1000
2000
3000
WASSERMENGE [m3·s-1]
Ca2+
b)
KONZENTRATION [mg Ca2+·l-1]
80
75
70
65
60
55
50
0
1000
2000
3000
WASSERMENGE [m3·s-1]
Ca2+
HERBST
WINTER
FRÜHLING
SOMMER
c)
ZIVILISATORISCHE VERUNREINIGUNG
MIT KONSTANTER FRACHT
FRACHT
KONZENTRATION
WASSERMENGE
d)
KONZENTRATION [mg Cl-·l-1]
14
12
10
8
6
200
400
600
800
WASSERMENGE [m3·s-1]
Cl-
JAHRESZEIT NICHT
BERÜCKSICHTIGT
e)
KONZENTRATION [mg Cl-·l-1]
12
10
8
6
200
400
600
800
WASSERMENGE [m3·s-1]
Cl-
WINTER
FRÜHLING
HERBST
SOMMER
BERÜCKSICHTIGUNG
DER JAHRESZEIT
f)

dustrie- und Haushaltabwässern. Hier treten höchstens Tag-/ Nacht-Schwankungen auf. Ein solcher Stoff müsste eine Verdünnungskurve, wie sie in Abbildung 5.6d abgebildet ist, aufweisen. In Abbildung 5.6e ist die Chloridkonzentration als Funktion der Wassermenge im Rhein aufgetragen. Die eingezeichnete Korrelation stimmt jedoch auch hier nicht, man muss wiederum den Jahreszyklus (Abbildung 5.6f) betrachten. Dabei kommt die Quelle der Strassensalzung im Winter deutlich zum Vorschein.

Die Auswertung von Messdaten ist, wie aus den Beispielen ersichtlich, ein ziemlich schwieriges Unternehmen. Durch Korrelation von je zwei Stoffkonzentrationen oder Frachten miteinander, durch Faktorenanalyse, welche die Zusammenhänge mehrerer Parameter untereinander untersucht, durch Messungen der Einträge bekannter Quellen, durch Berücksichtigung der periodischen Schwankungen usw. lassen sich aber doch einigermassen abgesicherte Aussagen über die Herkunft der im Fluss gelösten Stoffe machen.

So kann beispielsweise aufgrund der Zusammensetzung der Gewässer die chemische Auflösungsgeschwindigkeit der Gesteine im Einzugsgebiet berechnet werden, sofern man die fremden Verunreinigungsquellen berücksichtigt und in der Rechnung eliminiert. Falls nur Verwitterungsreaktionen stattfinden, berechnet sich die Auflösungsgeschwindigkeit nach folgender Gleichung:

$$E_i = \frac{Q \cdot c_i}{A} \qquad (5.2)$$

E_i = chemische Erosionsrate des Stoffes: ($mg \cdot cm^{-2} \cdot Jahr^{-1}$)
c_i = Konzentration des Stoffes i ($mg \cdot m^{-3}$)
A = Oberfläche des Einzugsgebietes (cm^2)
Q = Abflusswasser ($m^3 \cdot Jahr^{-1}$)

Li und Erni, 1974, haben mittels einer Faktorenanalyse, thermodynamischen Gleichgewichtsüberlegungen und geochemischen Massenbilanzen gezeigt, dass die mengenmässig wichtigsten

Die Auflösung in g • m^{-2} • $Jahr^{-1}$ beträgt im Durchschnitt	1974	1981/82
$CaSO_4$	44	35
NaCl	5	21
$CaCO_3$ und $MgCO_3$	118	132
Na^+ und K^+ aus Silikatmineralien	4	14
Chemische Auflösungsgeschwindigkeit	~ 170 g	~200 g
Mechanische Erosion	~1150 g	

Tabelle 5.6

Chemische Auflösungsgeschwindigkeit im Einzugsgebiet des Rheins. Nach Li und Erni, 1974 und EAWAG, 1985.

gelösten Stoffe des Rheins hauptsächlich durch Auflösung von karbonathaltigem Gestein (Calcit, Dolomit), von Silikatmineralien, Anhydrit und Kochsalz ins Wasser gelangen. Die anteilmässig kleinen, für die Eutrophierung aber wichtigen Mengen von Nitrat-, Ammonium- und Phosphat-Ionen stammen hingegen aus Düngemitteln und Abwässern. Die chemische Erosionsrate, berechnet aus den Konzentrationen der Stoffe im Rhein, der Abflussmenge und der Oberfläche des Einzugsgebietes, beträgt für den Rhein 170 bis 200 Gramm gelöste Stoffe pro Quadratmeter und Jahr. Im Vergleich dazu beträgt die mechanische Erosionsrate, welche aus der Fracht der suspendierten Teilchen abgeschätzt wurde, im alpinen Einzugsgebiet 1150 Gramm, und im Einzugsgebiet unterhalb des Bodensees noch 30 Gramm Feststoffe pro Quadratmeter und Jahr (Tabelle 5.6). Neuere Untersuchungen der EAWAG, 1985, bestätigten diese Zahlen.

6. Seen, Flüsse, Grundwasser und Meere

In diesem Kapitel wollen wir näher auf die Eigenheiten der verschiedenen Gewässertypen eingehen. Streng genommen sollte natürlich jeder See oder Fluss als Individuum betrachtet werden; gibt es doch für keine zwei Gewässer identische äussere Bedingungen. Geographische Faktoren, wie die Lage und die Grösse des Gewässers oder die geologischen Verhältnisse des Einzugsgebietes, sind oft verschieden. Dadurch unterscheiden sich die Gewässer bezüglich ihrer physikalischen Eigenschaften, etwa der Dichtestratifikation in Seen oder den Strömungsverhältnissen in Flüssen. Immerhin besitzen alle Gewässertypen gewisse gemeinsame charakteristische Merkmale, welche im folgenden aufgezeigt werden. (An dieser Stelle möchten wir darauf hinweisen, dass wir uns beim Schreiben dieses und der beiden letzten Kapitel auf Unterlagen von H. Ambühl (1975, 1979) abgestützt haben.)

6.1 Stehende Gewässer: Seen

Im See gibt es drei grosse Lebensräume, die Freiwasserzone (das Pelagial), die bodennahe Zone (das Benthal) und die ufernahe Zone (das Litoral). Die Bezeichnungen der Räume sind der limnologischen Literatur (Limnologie: Seen- bzw. Süsswasserkunde) entnommen. In Abbildung 6.1 werden einige dieser Klassifikationen erklärt.

Da Wasser bei 4°C die grösste Dichte aufweist, schichtet sich das Wasser im Sommer anders als im Winter. Das physikalische Seejahr sieht etwa folgendermassen aus:

Ausgangslage: Homogene Wassermasse zur Zeit der maximalen Auskühlung (März bis April): Frühjahrszirkulation.
Sommerliche Erwärmung schafft Maximaltemperaturen an der Oberfläche und Aufbau einer sich allmählich festigenden Schichtung: Sommerstagnation.

Abbildung 6.1

Limnologische Klassifikationen.
P = Assimilation mittels Photosynthese
R = Respiration

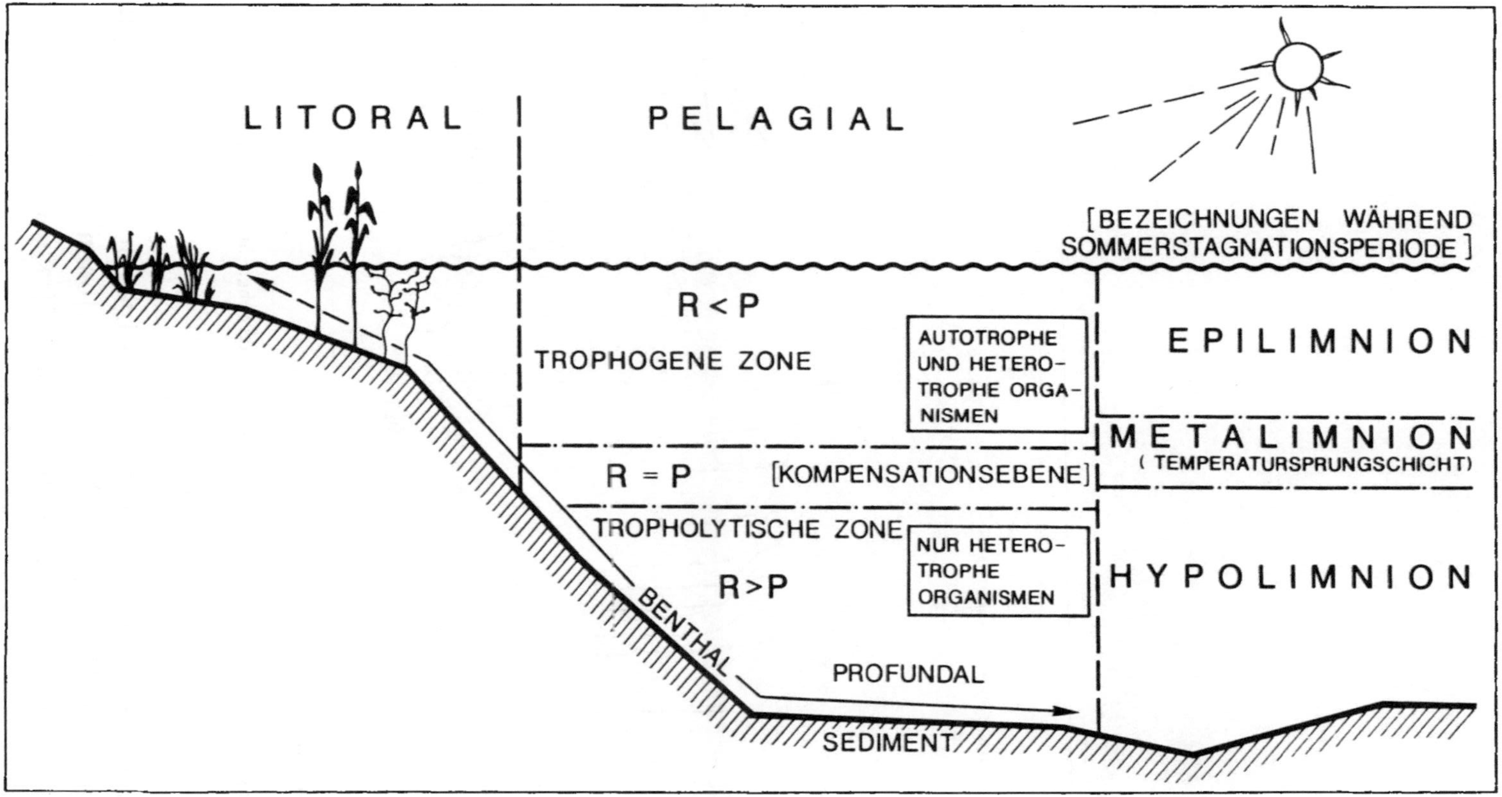

Abkühlung im Herbst von der Oberfläche her führt zur Herbst-Teilzirkulation.

Diese läuft weiter, bis winterliche Temperaturen von unter 4°C zu inverser Schichtung bzw. zur Winterstagnation führen.

Diese ist je nach See regelmässig (flache Seen), bis selten (tiefe Seen).

Bleibt die Winterstagnation aus (in grossen Seen unseres Klimas die Regel), so führt weitere Auskühlung bei genügend Energieeintrag (Wind) zur Frühjahrs-Vollzirkulation.

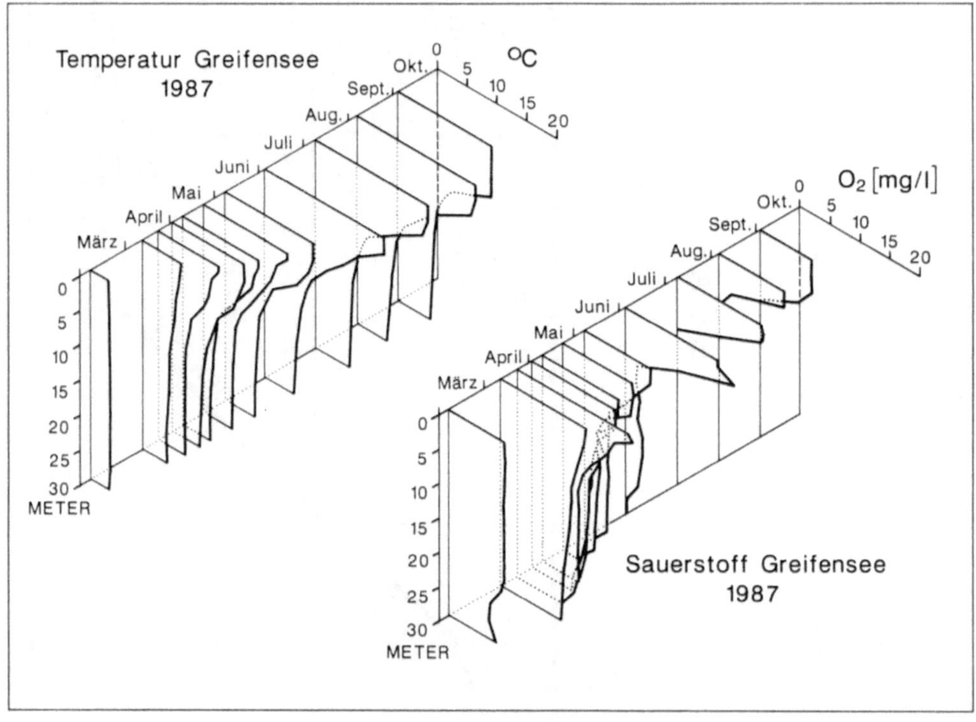

Abbildung 6.2

Temperatur- und Sauerstoffprofile eines eutrophen Sees im Kanton Zürich. Von H. Ambühl, EAWAG.

Jeder See hat seine nur ihm eigenen Temperatur- und Schichtungsverhältnisse. Die Zirkulationen werden meist ausgelöst durch Winde oder Stürme. Die Zirkulationszeiten können von Jahr zu Jahr etwas variieren.

Der Wärmehaushalt ist ein wichtiger regulierender Faktor des Sees. Die Temperatursprungschicht des Sees in der Sommerstagnationsperiode ist eine Grenze für den Austausch gelöster und schwebender Stoffe. Im Epilimnion schwebt das Phytoplankton und produziert Sauerstoff. Dieser kann wegen der Schichtung nicht in die Tiefe diffundieren, wo die absinkenden abgestorbenen Schwebestoffe (Phytoplankton und Zooplankton) durch Mikroorganismen veratmet werden und dadurch Sauerstoffzehrung herrscht. Umgekehrt können die freigesetzten Mineralstoffe wie Kohlendioxid, Phosphate und Nitrate im Hypolimnion nicht wieder in die oberen Schichten gelangen. Diese Schranke ist, wie wir noch sehen werden, ein wichtiger Faktor, welcher die Eutrophierung eines Sees begünstigt. Erst bei den Zirkulationen im Winterhalbjahr werden die gelösten Stoffe wieder gleichmässig im See verteilt.

Das Wasser in einem See ist praktisch immer in Bewegung. Die Strömungen der Zuflüsse bewirken eine horizontale Bewegung, welche durch die Erdrotationskräfte abgelenkt wird. Winde und Luftdruckschwankungen bringen die Oberflächenschichten in Bewegung und zu rhythmischen Schwankungen, welche durch die Seegeometrie bestimmt werden. Diese sogenannten Seiches besitzen Amplituden von einigen Zentimetern und Frequenzen von Minuten. Sie können unter extremen Bedingungen, etwa bei einem starken Föhnsturm über einem Alpennordrandsee, so stark werden, dass das Hypolimnion bis zur Wasseroberfläche reicht. An den Scherflächen der sich verschiebenden Wassermassen können Turbulenzen erzeugt werden, welche sich in allen Richtungen ausbreiten und für die Durchmischung gelöster Stoffe durch Wirbeldiffusion (engl. Eddy Diffusion) sorgen. Horizontale Strömungen und Durchmischungen in einem See breiten sich relativ rasch aus, vertikale Strömungen hingegen sind äusserst schwach und langsam.

Das Phytoplankton schwebt im Epilimnion. Eine allfällige Eigenbewegung dient höchstens der Erhaltung des Schwebezustandes. Das Zooplankton, welches ebenfalls den Kampf gegen das Absinken führt, kann sich hingegen aktiv bewegen. Einige Spezies wie etwa die Daphnien führen tagesperiodische Vertikalwanderungen aus.

Die Photosynthese im Epilimnion bewirkt eine Kohlendioxidzehrung, ein Ansteigen des pH-Wertes (Gleichung 4.2) und dadurch auch einen Anstieg der Carbonatkonzentration, welche eine Ausfällung von Calcit mit gelöstem Calcium bewirken kann. Die gebildeten Mikrokristalle geben dem See eine typische hellblaue Trübung. Das sedimentierende Calciumcarbonat wird im kohlendioxidreichen Hypolimnion wieder aufgelöst, zum grössten Teil schon auf dem Sedimentationsweg. Ein bleibendes Depot ist nur im Litoral möglich, wo es als "Wysse" oder Seekreide bezeichnet wird. Die Photosyntheserate wird in unseren Seen durch das Angebot an Phosphor limitiert. Da in der trophogenen Schicht die Assimilationsrate grösser ist als die Respirationssrate, wird im Epilimnion Sauerstoff bis zur Sättigung angereichert. Uebersättigungen von einigen 10% sind auch in oligotrophen (nährstoffarmen) Seen während starken Planktonproduktionsphasen kurzfristig möglich. In der tropholytischen Zone hingegen sinkt der Sauerstoffgehalt während der Sommerstagnationsperiode entsprechend der Zehrung, doch sinkt der Gehalt in oligotrophen und mesotrophen Seen niemals auf null ab, wie dies in eutrophen (nährstoffreichen) Seen üblich ist.

6.2 Fliessgewässer: Flüsse

Das wichtigste Merkmal der Fliessgewässer ist die gerichtete Bewegung, die Strömung. Die zusätzliche Turbulenz bringt eine intensive Mischung aller Stoffe, welche bei laminarer (wirbelloser) Strömung nicht möglich ist. Aus diesem Grunde treffen wir eine Anzahl Phänomene in Fliessgewässern an, welche in stehenden Gewässern nicht beobachtet werden.

Das Abbremsen der Strömung am Flussgrund erzeugt eine Randzone, in welcher das Wasser nicht fliesst. Diese Grenzschicht ist je nach Oberflächenrauhigkeit der Steine oder des Sandes zwischen 0,3 und 4 mm dick. Die Körperhöhe der meisten Fliesswasserorganismen ist aus diesem Grunde kleiner als diese Grenzschicht. Von jeder Gesteinsoberfläche, welche von der Strömungsrichtung um mehr als etwa 10° abweicht, löst sich die turbulente Strömung unter Bildung einer Scherfläche ab. Hinter dem Körper bildet sich eine Totwasserzone, in welcher das Wasser sich langsam walzenförmig bewegt. Ein bedeutender Teil der Bodenfläche eines Fliessgewässers wird von solchen Totwasserbereichen bedeckt und bildet den Aufenthaltsort einer grossen Anzahl von Pflanzen und Tieren.

Der Wärmehaushalt ist, wie bei den Seen, von der Energie-Einstrahlung, der Abstrahlung, der Verdunstung, dem Wärmeaustausch mit dem Untergrund und der Luft abhängig. Letzterer spielt in den Flüssen wegen der starken Durchmischung eine besonders grosse Rolle. Flüsse zeigen, allerdings in Abhängigkeit von der transportierten Wassermenge, mehr oder weniger ausgeprägte Tagesamplituden der Temperatur. Da die Abkühlung oder die Erwärmung zeitliche Vorgänge sind, verlaufen sie im Fluss in räumlicher Verschiebung. Die Tagesschwankungen der Temperatur an einer beliebigen Stelle im Fluss wird also von den Verhältnissen in den oberhalb gelegenen Flussabschnitten beeinflusst.

Das strömende Wasser stellt an die Fliesswasserfauna und -flora besondere mechanische Ansprüche. Trotzdem sind diese Gewässer oft sehr dicht besiedelt, weil viele Tiere Filtrierer sind und keine Weidefläche benötigen wie in stehenden Gewässern: das Futter wird angeschwemmt. Das Futterangebot ist nicht abhängig von der Stoffkonzentration, sondern vom Wasserdurchsatz bzw. von der Partikelfracht. Weidende, mobile Herbivoren, wie Larven von Eintagsfliegen, grasen die Algenbeläge der Steine ab; diese wachsen infolge der auch bei niederen Nährstoffkonzentrationen immer gewährleisteten Nährstofffracht rasch wieder nach. Die Organismen müssen aber an den Dauerstress der Strömung adaptiert sein. Dies geschieht beispielsweise durch dynamische, zum Teil durch flache Körperformen. Auch ein zweckgerichtetes Verhaltensmuster wie Rheotaxis (Ausrichtung nach der Strömung) gehört zum Ueberleben im durchströmten Biotop.

Die Flüsse werden gespiesen durch Wasser aus dem Untergrund, aus Quellen oder Uferinfiltration oder durch Abflusswasser eines Sees. Nur wenige Prozente des Flusswassers stammen direkt aus Oberflächenabflüssen. Dies geschieht nur an wenigen Regentagen oder bei Tauwetter, wo wiederum der weitaus grössere Teil Grundwasser ist. Die gelösten Stoffe sind somit identisch mit denjenigen der Grundwässer oder der Seen. Die intensive Durchmischung durch die Strömung und der rasche Austausch mit der Luft bewirken, dass in Flüssen selten Sauerstoffmangel herrscht. Der Photosynthesesauerstoff wird in kleineren Gewässern von Algenaufwuchs, Moosen und einigen Blütenpflanzen geliefert, in grösseren Gewässern vom Phytoplankton. Statische vertikale Sauerstoffschichtungen wie im See treten nicht auf. Während diese Schichtungen im See einen Einblick in den Stoffhaushalt geben, sind es im Fluss die Tagesgangkurven.

6.3 Grundwasser

Grundwasser ist frei bewegliches Wasser, welches die Hohlräume im Untergrund zusammenhängend ausfüllt. Es entsteht durch Versickern von Niederschlagswasser oder durch Infiltration oberirdischer Gewässer. Nach mehr oder weniger langem Fliessweg tritt es wieder zutage als Quelle oder durch Exfiltration und speist oberirdische Gewässer. In der Schweiz wird über 75% des Bedarfs an Trink- und Brauchwasser durch Grundwasser gedeckt.

Die grössten Grundwasserströme der Schweiz befinden sich in den eiszeitlichen Schottern der Flusstäler des Mittellandes. Diese Ströme sind nicht zusammenhängend, sind nur unbedeutenden zeitlichen Wasserstands-, Konzentrations- und Temperaturschwankungen unterworfen und besitzen durch ihre Abschirmung durch den Bodenfilter meist Trinkwasserqualität. Aus diesen Gründen hat man schon früh eingesehen, dass diese grossen natürlichen Wasserreservoirs vor menschlichen Beeinträchtigungen geschützt werden müssen.

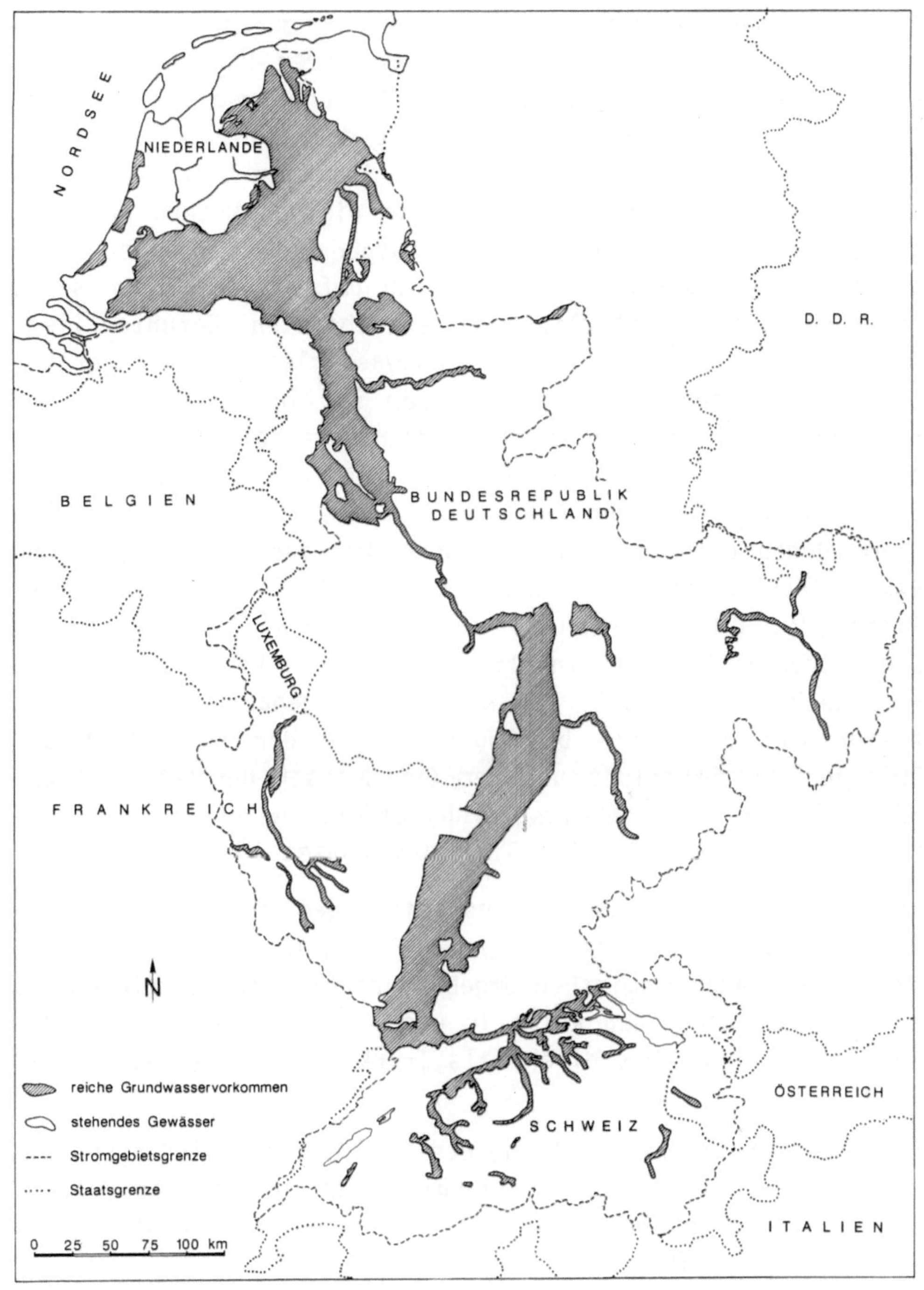

Abbildung 6.3

Grundwasservorkommen im Einzugsgebiet des Rheins:
Nach internationale Kommission für die Hydrologie des Rheingebietes, Den Haag, 1977.

Das Sickerwasser entsteht im allgemeinen durch die Versickerung von Niederschlägen. Als Tropfen oder Wasserfaden versinkt es im wasserungesättigten Boden und erreicht nach unterschiedlich langer Aufenthaltszeit den Grundwasserspiegel. In sandigen Verwitterungsgesteinen misst man Sickergeschwindigkeiten in der Grössenordnung von einigen Metern pro Tag, in sandig-lehmigem Material von einigen Metern pro Jahr. Der wasserungesättigte Untergrundbereich umfasst den Boden sowie gegebenenfalls darunterliegende Deckschichten. Darunter liegt der wassergesättigte Teil des Grundwasserleiters, welcher bis zum Wasserspiegel reicht. Gemeinsam ist in beiden Bereichen das Vorkommen von festen Untergrundmaterialien, Haft- und Kapillarwasser und von Grundluft. Letztere enthält weniger Sauerstoff, dafür mehr Kohlendioxid als die Atmosphäre. Ein Gramm Boden enthält nicht selten 25 Milliarden Keime, welche etwa 1 Milligramm Trockengewicht ausmachen. Diese Bakterien, Pilze oder Aktinomyceten (Strahlenpilze oder Fadenbakterien) bauen organische Wasserinhaltsstoffe des Sickerwassers ab und verbrauchen Sauerstoff. Der Kohlendioxidgehalt der Grundluft steigt auf das Zehn- bis Hundertfache der Aussenluft an. Zwischen der Grundluft und dem Grundwasser herrscht oft annähernd ein Löslichkeitsgleichgewicht, welches nach dem Henryschen Gesetz (Tabelle 5.2) abgeschätzt werden kann.

Mikroorganismen anderer Lebensbedingungen wie etwa das Bakterium Escherichia coli, welches in Fäkalien vorkommt, können in dieser neuen chemischen Umgebung nicht lange überleben, so dass keine pathogenen Keime in einem Grundwasser anzutreffen sind und ein solches direkt als Trinkwasser verwendet werden kann.

Die chemische Zusammensetzung des Grundwassers wird durch die beschriebenen mikrobielle Mineralisation organischer Wasserinhaltsstoffe bestimmt. Durch den erhöhten Kohlendioxidgehalt werden die abiologischen chemischen Auflösungsprozesse der Gesteine erhöht und beschleunigt; je grösser der Kohlendioxidgehalt, je "aggressiver" das Sicker- und Grundwasser, desto mehr Gestein wird aufgelöst (bis sich ein Lösungsgleichgewicht einstellt) und desto härter wird das Wasser.

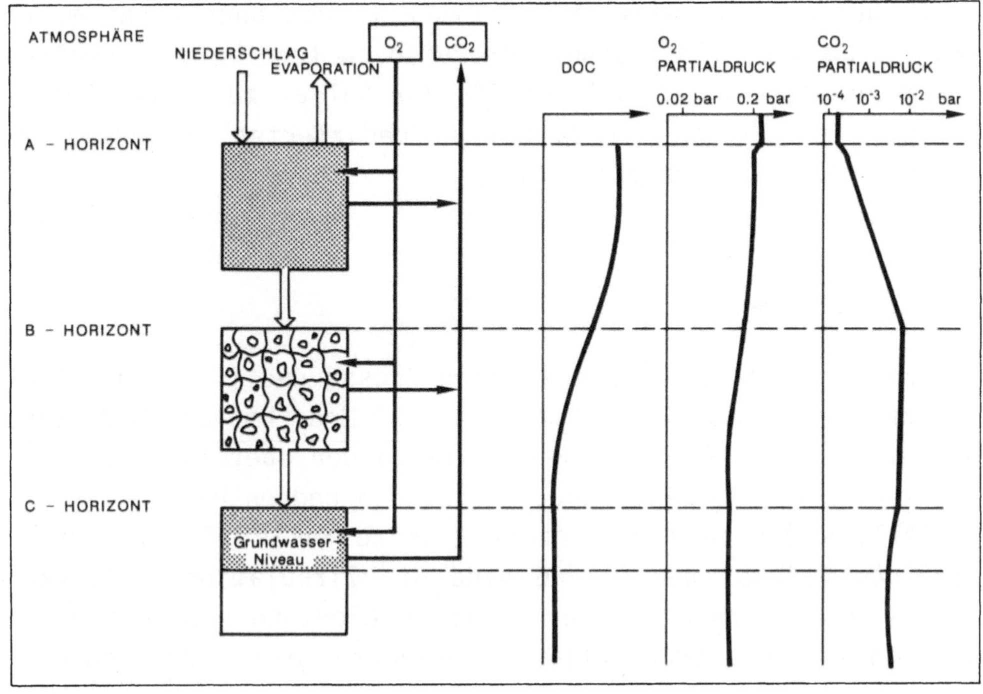

Abbildung 6.4

Konzentrationsverlauf einiger Komponenten bei der Versickerung ins Grundwasser.

A-Horizont: Mineralisches und organisches Material. Anreicherung und Ausfällung von Salzen. Intensive Verwitterung. Anreicherung und Infiltration organischen Materials.

B-Horizont: Anreicherung der Produkte aus dem A-Horizont. Mittelstarke Verwitterung. Oxidation von organischem Material. Fällung von Eisen(III) und Mangan(IV).

C-Horizont: Schwache Verwitterung von Muttergestein. Löslichkeitsgleichgewicht.

Als Folgereaktion treten Oxidations- und Reduktionsvorgänge auf, meistens in Form mikrobieller Prozesse. Beispielsweise werden Spuren von zweiwertigen Eisen- und Manganionen oxidiert zu schwerlöslichen Oxiden, welche sich im durchflossenen Gestein niederschlagen, so dass ein mehr oder weniger hartes, eisen- und manganfreies, sauerstoffhaltiges "Gleichgewichts"-Grundwasser entsteht. Enthält das Sickerwasser hingegen viele organische, mikrobiell abbaubare Inhaltsstoffe, kann der Sauerstoffschwund so gross werden, dass die Oxidations- und Reduktionsgleichgewichte verschoben werden.

Die Oxidation von zweiwertigen Eisen findet dann nicht mehr statt, anaerobe Keime können auftreten, welche beispielsweise Nitrat zu elementarem Stickstoff oder Sulfat zu Schwefelwasserstoff reduzieren, so dass ein "reduziertes" Grundwasser mit schlechtem Geruch entsteht.

6.4 Ozeane

Die Ozeane zeichnen sich durch ihre Grösse und Tiefe aus. Sie besitzen insgesamt ein Volumen von 1,37 Mrd. km^3 und bedecken 70% der Erdoberfläche. Im Gegensatz zu den Oberflächengewässern sind sie alle miteinander verbunden und enthalten durchschnittlich 3,5 Gewichtsprozent gelöste Salze. Ein weiteres wichtiges Merkmal der Ozeane sind die Zirkulationen. Starke Winde wie die immer aus der gleichen Richtung wehenden Passatwinde und die Erdrotation verursachen grosse kontinuier-

Element	(mg/l)	Element	(mg/l)	Element	(mg/l)
Chlor (Cl^-)	19000	Zink	0,01	Wolfram	$1 \cdot 10^{-4}$
Natrium (Na^+)	10600	Molybdän	0,01	Germanium	$1 \cdot 10^{-4}$
Magnesium (Mg^{2+})	1300	Selen	0,004	Xenon	$1 \cdot 10^{-4}$
Schwefel (SO_4^{2-})	900	Kupfer	0,003	Chrom	$5 \cdot 10^{-5}$
Calcium (Ca^{2+})	400	Arsen	0,003	Beryllium	$5 \cdot 10^{-5}$
Kalium (K^+)	380	Zinn	0,003	Scandium	$4 \cdot 10^{-5}$
Brom (Br^-)	65	Blei	0,003	Quecksilber	$3 \cdot 10^{-5}$
Kohlenstoff (HCO_3^-)	28	Uran	0,003	Niob	$1 \cdot 10^{-5}$
Sauerstoff (O_2)	8	Vanadium	0,002	Thallium	$1 \cdot 10^{-5}$
Strontium (Sr^{2+})	8	Mangan	0,002	Helium	$5 \cdot 10^{-6}$
		Titan	0,001	Gold	$4 \cdot 10^{-6}$
Bor	4,8	Thorium	0,0007	Praseodym	$2 \cdot 10^{-7}$
Silizium	3,0	Kobalt	0,0005	Gadolinium	$2 \cdot 10^{-7}$
Fluor	1,3	Nickel	0,0005	Dysprosium	$2 \cdot 10^{-7}$
Stickstoff	0,8	Gallium	0,0005	Erbium	$2 \cdot 10^{-7}$
Argon	0,6	Cäsium	0,0005	Ytterbium	$2 \cdot 10^{-7}$
Lithium	0,2	Antimon	0,0005	Samarium	$2 \cdot 10^{-7}$
		Cer	0,0004	Holmium	$8 \cdot 10^{-8}$
Rubidium	0,12	Yttrium	0,0003	Europium	$4 \cdot 10^{-8}$
Phosphor	0,07	Neon	0,0003	Thulium	$4 \cdot 10^{-8}$
Jod	0,05	Krypton	0,0003	Lutetium	$4 \cdot 10^{-8}$
Barium	0,03	Lanthan	0,0003	Radium	$3 \cdot 10^{-11}$
Indium	0,02	Silber	0,0003	Protactinium	$2 \cdot 10^{-12}$
Aluminium	0,01	Wismuth	0,0002	Radon	$9 \cdot 10^{-15}$
Eisen	0,01	Cadmium	0,0001		

Tabelle 6.1

Konzentrationen anorganischer Stoffe im Ozean, berechnet als Elemente.
Nach Korte, 1980.

liche Strömungen. Dichteunterschiede, bedingt durch verschiedene Temperaturen und Salzgehalte, sind weitere Ursachen von Strömungen, welche durch die physikalischen Gestaltungen der Meeresbecken ihre Wege suchen. Jahreszeitliche Stagnationsperioden, welche mit Zirkulationsperioden abwechseln wie in unseren Seen, kennt man im offenen Meer nicht.

In Auftriebszonen, wo nährstoffreiches Tiefenwasser an die Oberfläche gelangt, beobachtet man grosse Produktivitäten, wie etwa im antarktischen Meer, welches im Jahr etwa 100 Gramm Kohlenstoff pro Quadratmeter lebende Biomasse produziert, fast soviel wie ein eutropher See. Dieses Gebiet ist in letzter Zeit wegen des Vorkommens von Krill bekanntgeworden, dem Krebs, welcher die eigentliche Nahrungsgrundlage der Fische, Vögel, Robben und Wale in der Antarktis darstellt und in Zukunft in grösseren Mengen zur menschlichen Nahrungsmittelproduktion gefangen werden soll.

In den anderen Zonen produzieren die Meere weniger, jedenfalls beträchtlich weniger als unsere Seen (vgl. Tabelle 4.3). Auch im Meer ist die Konzentration der Nährsalze, Nitrate und Phosphate, ein wichtiger limitierender Faktor, und in der obersten Schicht der trophogenen Zone, im Meer auch die lichtreiche (euphotische) Zone genannt, ist der Gehalt dieser Stoffe relativ klein. Ein weiterer Grund für die, durchschnittlich gesehen, kleine Produktivität der Ozeane ist, dass die autotrophe Zone im Verhältnis zur Zone der heterotrophen Nährstoffgeneration relativ klein ist. Die Meeressedimente wachsen demgemäss auch äusserst langsam, durchschnittlich um weniger als einen Zentimeter pro tausend Jahre.

Der Salzgehalt beträgt durchschnittlich 3,5%, der Nordatlantik hat mit 3,8% den höchsten Gehalt. Das Konzentrationsverhältnis der gelösten Hauptkomponenten Chlorid, Natrium, Sulfat, Magnesium, Calcium und Kalium zueinander ist in allen Meeren erstaunlich konstant; diese Schwankungen sind kleiner als 1%. Dies gilt aber nicht für alle Spurenelemente, insbesondere nicht für die am biologischen Kreislauf teilnehmenden Komponenten Carbonat, Sauerstoff, Phosphat und Nitrat.

Für die Ausbreitung der Organismen gibt es im Meer neben den Temperaturbarrieren noch die Tiefen- und in den küstennahen Gebieten die Salinitätsbarrieren (unterschiedlicher Salzgehalt). Zu erwähnen wären vielleicht noch die Estuare, die halbeingeschlossenen Küstenwasserkörper, wo das Meer durch Frischwassereintrag verdünnt wird. Die Zirkulation in den Estuarien wird wesentlich beeinflusst durch die Gezeiten, die Dichte- und die Temperaturgradienten. Estuarien sind riesige Flockungsbecken. Die Süsswasserorganismen sterben rasch ab und sedimentieren. Tonmineralien, die von den Flüssen eingetragen werden, flocken wegen des erhöhten Salzgehaltes aus. Die Pflanzen und Tiere, die in diesen Zonen wohnen, sind einem ständigen Stress ausgesetzt. Unter diesen Bedingungen können nur wenige Arten von Pflanzen und Tieren leben. Estuarien sind aber sehr nährstoffreich, so dass sich das Leben darin üppiger entwickelt als im offenen Meer.

Das Meer ist das grösste Oekosystem und unser wichtigstes Reservoir, welches zu schützen für die ganze Welt absolute Priorität haben muss.

Teil II

Beeinträchtigung natürlicher Gewässer

7. Entwicklung der Gewässerbelastung

7.1 Allgemeine Entwicklung

Wir leben in einer Zeit des exponentiellen Wachstums. Die Bevölkerung, der Energieverbrauch, die Ausbeutung von Rohstoffen wie Erdöl, Kohle oder Phosphatgestein, oder die Ueberbauung der Landschaft nehmen in einem solchen Masse zu, dass die Belastung der Umwelt beträchtliche Auswirkungen zeigt. Durch die verschiedenen Aktivitäten des Menschen werden einerseits die Stoffflüsse von natürlichen Substanzen beschleunigt, anderseits gelangt eine grosse Anzahl Industriechemikalien auf verschiedensten Umwegen in die Natur und somit auch in die Gewässer.

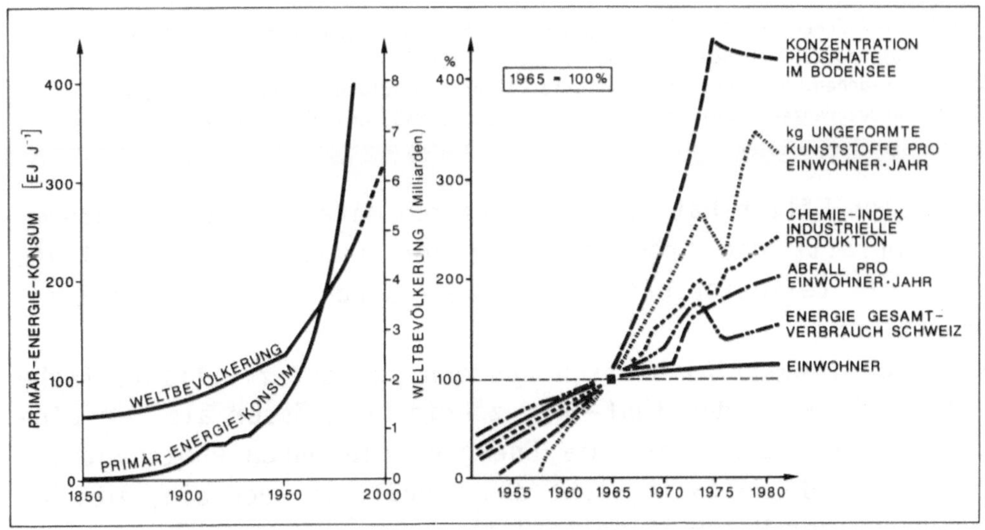

Abbildung 7.1 (links)
Exponentielles Wachstum der Weltbevölkerung und des Weltenergieverbrauchs.

Abbildung 7.2 (rechts)

Reales Wachstum ausgewählter Grössen in der Schweiz. Die Gewässerbelastung hat zugenommen und sich vor allem in ihrer Art verändert. Die Belastung durch industrielle Nebenprodukte, durch Produkte der landwirtschaftlichen Technik (Düngstoffe, Pestizide) fällt immer mehr ins Gewicht.
Nach Bundesamt für Umweltschutz Bern, 1983.

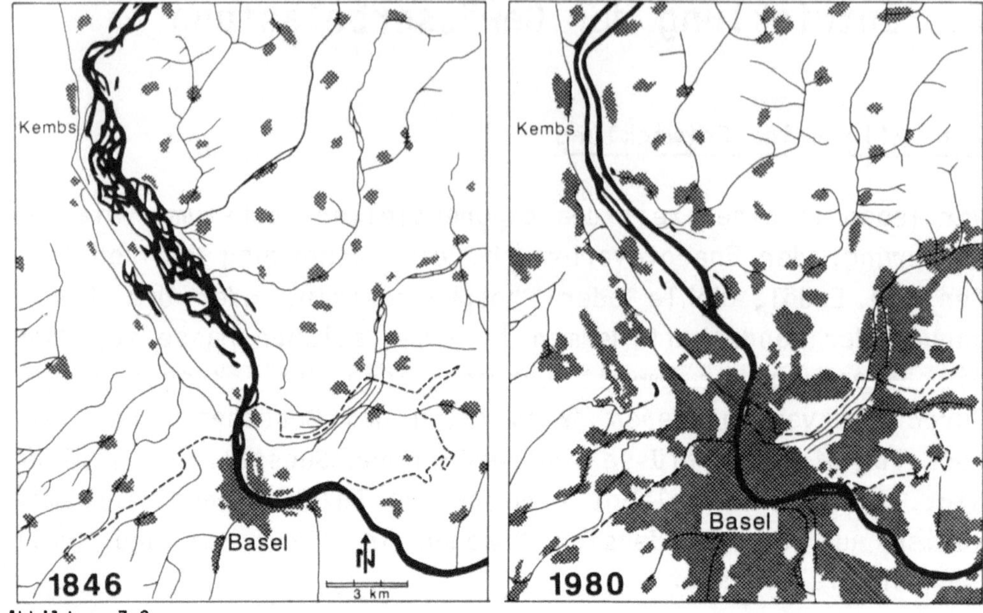

Abbildung 7.3

Ueberbaute Flächen und Flussläufe im Rheintal bei Basel 1846 (Erstdruck Dufourkarte 1:100'000) und 1980 (Landeskarte der Schweiz 1:100'000).
Schwarze Flächen: Gewässer; schraffierte Flächen: Siedlungsgebiete; gestrichelte Linie: Landesgrenzen. (Zeichnung von R. Koblet, EAWAG, unveröffentlicht)

In vielen Fällen hat der Mensch durch Materie- und Energieumsatz bereits die Grössenordnung der natürlichen Kreisläufe erreicht, teilweise hat er sie sogar schon beträchtlich überschritten:

- In den industrialisierten Ländern ist der zivilisatorische Energiefluss um das fünf- bis zehnfache grösser als der biotische, das heisst als die Energie, die durch Photosynthese fixiert wird. Weltweit steht das Verhältnis noch eins zu zehn zugunsten der Natur (Tabelle 7.1).
- Die organischen Chemikalien, welche industriell synthetisiert werden (Weltproduktion 1975 etwa 150 Millionen Tonnen, 1950 etwa 7,5 Millionen Tonnen) entsprechen in der BRD bereits einem Zehntel der Nettoproduktivität der grünen Pflanzen ($150\ kg \cdot J^{-1} \cdot E^{-1} = 40\ g \cdot m^{-2} \cdot J^{-1}$).
- In Westeuropa und in den Vereinigten Staaten wird heute mehr Kohlendioxid durch Verbrennung von Heizöl und Benzin freigesetzt, als die Natur fixiert.

Tabelle 7.1

Vergleich natürlicher und zivilisatorischer Prozesse.

Vergleich natürlicher und zivilisatorischer Prozesse			Auswirkungen
Energiefluss:		Watt • m^{-2}	
Biotisch	(Photosynthese)	0,2	Störung der biologischen Kreisläufe und der Struktur der Organismengemeinschaft
Zivilisation	global	0,02	
	Nordwesteuropa	1	
Kohlendioxid in der Atmosphäre:	Jahr	Erhöhung gegenüber natürlichem Anteil	Klima Störung der hydrologischen Balance
	1980	19%	
	2000	~30%	
	2020	~60%	
Kreisläufe:	Element	Beschleunigung gegenüber natürlichem Kreislauf	Saurer Regen Saurer Nebel, Smog- und Nebelbildung, Luftverunreinigung und Depositionen beeinträchtigen aquatische und terrestrische Oekosysteme (u.a. Wälder, Boden und Gewässer)
	Stickstoff	50%	
	Schwefel	100%	
	Blei	~35000% *)	
	Cadmium	1900% *)	
	Quecksilber	27000% *)	
Weltbevölkerung:	Jahr	Menschen	Gefahr, dass die Bedürfnisse (z.B Ernährung) der Weltbevölkerung eine Umstrukturierung der Natur mit sich bringt (Zerstörung wichtiger Oekosysteme)
	1950	2,5 Mia.	
	1980	4,0 Mia.	
	2000	~6,5 Mia.	

*) Kreisläufe durch die Atmosphäre $\left(= \frac{100 \times \text{Gesamtemissionen}}{\text{kontinentale und vulkanische Massenflüsse}} \right)$

- Der Fluss von Schwermetallen wie Blei und Quecksilber in die Atmosphäre ist über hundertmal grösser als vor hundert Jahren.
- In den entwickelten Ländern sind heute grössere Flächen überbaut (in der Schweiz z.B. 4½%).
- Ein Drittel aller Schweizer Fliessgewässer sind nicht mehr in ihrem natürlichen Zustand. Flusskorrekturen, Talsperren und der Bau von Kraftwerken haben die Flüsse verändert. Beispielsweise führte der Vorderrhein in den fünfziger Jahren bei Disentis im Juli etwa achtmal mehr Wasser als heute.

Diese Auflistung könnte beliebig lang fortgesetzt werden. Wie hat sich nun aber die Belastung unserer Gewässer entwickelt? Bis vor wenigen Jahrzehnten war die Gewässerbelastung nahezu ausschliesslich auf häusliche Abwässer zurückzuführen. In den letzten dreissig Jahren ist die industrielle Produktion von Erdölprodukten und synthetischen Chemikalien fürs tägliche Leben sowie die Produktion von Nahrungsmitteln prozentual wesentlich schneller angestiegen als die Bevölkerungszahl.

In Nordwesteuropa ist das Bruttosozialprodukt in den letzten Jahren sehr stark gestiegen. Die reale wertmässige Produktion der Industrie erfuhr seit 1950 eine Verdoppelung, diejenige der Chemie eine Vervierfachung. Daraus lässt sich leicht schliessen, dass auch die Menge und Anzahl chemischer Substanzen, die in die Gewässer gelangen, sich seither mehr als verdoppelt haben. So haben neue Waschgewohnheiten anfangs der fünfziger Jahre zu einer Verdreifachung der pro Einwohner im Abwasser anfallenden Phosphatmenge geführt.

Durch den Bau gemeinsamer Entwässerungsnetze mit mechanisch biologischen Kläranlagen seit den fünfziger Jahren konnten die Mengen von abbaubaren organischen Verbindungen reduziert werden. Seit Inbetriebnahme chemischer Kläranlagen (Phosphatelimination) Ende der sechziger Jahre konnte die Zunahme des Phosphatgehaltes in unseren Gewässern gebremst werden. Aber durch die Verwendung synthetischer Chemikalien in Industrie und Haushalt hat die Belastung mit schwer abbaubaren organischen Verbindungen, die in Abwasserreinigungsanlagen ungenügend zurückgehalten werden, gewaltig zugenommen. Das gleiche gilt für die Verunreinigung der Gewässer mit Metallen wie Kupfer, Blei, Zink, Cadmium, Silber und Quecksilber, welche auch in vermehrtem Mass via Luft in die Gewässer gelangen. Solche Stoffe reichern sich in den Fluss- und Seesedimenten an und können die Oekosysteme stark schädigen. Gefährlich sind auch chlorierte Kohlenwasserstoffe oder Methylquecksilber, die, weil sie fettlöslich sind, in Organismen und somit in der Nahrungskette angereichert werden. Die Tendenz zur Akkumulation wesensfremder Stoffe in der Futterkette ist viel grösser in aquatischen als in terrestrischen Oekosystemen. Dies haben wir bereits in Kapitel 4.3 festgestellt.

Zusammengefasst sind es folgende Faktoren, welche unsere Gewässer beeinträchtigen:

<u>Physikalische Beeinträchtigungen</u>
Veränderungen des Wasserhaushaltes durch Flusslaufkorrekturen, Bachverbauungen, Hochwasserschutz, Ausbau der Wasserstrassen und Kanalisation, Melioration, Wasserentzug oder Stau durch Kraftwerkbau, Stauseenbau, Abschwemmungsveränderung durch Verbetonierung der Landschaft, Abwasserkanalisation und Bau von Kläranlagen (punktuelle Konzentrierung von Einleitungen), Grundwasserbewirtschaftung (Trinkwassergewinnung), Waldrodungen, Waldsterben.

Energiebelastungen durch Einspeisung erwärmten Wassers aus Kühlsystemen (Atomkraftwerken) oder Wärmeentzug durch Wärmepumpen, ionisierende Strahlung.

Durch physikalische Belastung beschleunigte Erosion, veränderte Energie- und Materieflüsse.

<u>Chemische Belastungen</u>
Verunreinigungen durch Fremdstoffe. Quantitativ wichtig sind die organischen, biologisch abbaubaren Verbindungen

aus häuslichem Abwasser und der Landwirtschaft sowie Düngemittel wie Phosphate und Nitrate, welche als Minimumstoffe die Produktion fördern. Weitere Schadstoffe sind die synthetischen, schwerabbaubaren organischen Verbindungen wie etwa Waschmitteltenside, chlorierte Lösungsmittel, Pestizide sowie anorganische Gifte wie Schwermetalle.

7.2 Der Rhein als Beispiel

Das Einzugsgebiet des Rheins, des wichtigsten Stroms Europas, hat, verglichen mit anderen grossen Flussläufen der Welt, nicht nur die grösste Bevölkerungsdichte, sondern auch die grösste Anzahl Einwohner relativ zu seiner Wasserführung. Die Vorrangstellung in bezug auf die Belastung wird besonders deutlich, wenn wir für verschiedene Flüsse das Bruttosozialprodukt im Einzugsgebiet (die wirtschaftliche Produktion, d.h. die Werte der Waren und Dienstleistungen für privaten und öffentlichen Konsum) zur Wasserführung in Beziehung setzen. Besonders schwerwiegend ist, dass mehr als ein Fünftel der Chemieproduktion der westlichen Welt im Einzugsgebiet des Rheins liegt. Dieser ist aber mit nur 0,2% an der Wasserführung sämtlicher Flüsse beteiligt. Dementsprechend ist seine Belastung durch industrielle Nebenprodukte besonders gross.

Viele dieser Chemikalien gelangen auf indirektem Weg (via Haushaltungen, durch landwirtschaftliche Drainage, durch die Atmosphäre) in die Gewässer. Die einmalige Konzentration industrieller Produktion im Einzugsgebiet des Rheins hatte zur Folge, dass trotz gewaltiger Anstrengungen (Kläranlagenbau durch Industrie und Städte) die Qualität des Rheinwassers sich weiterhin verschlechterte. In der Region Basel wurden die grossen Abwasserreinigungsanlagen erst zu Beginn der achtziger Jahre erbaut. Seit Mitte der siebziger Jahre hat sich die Situation bezüglich Sauerstoffgehalt und Schwermetallen allerdings wieder gebessert. Da Selbstreinigungs- und

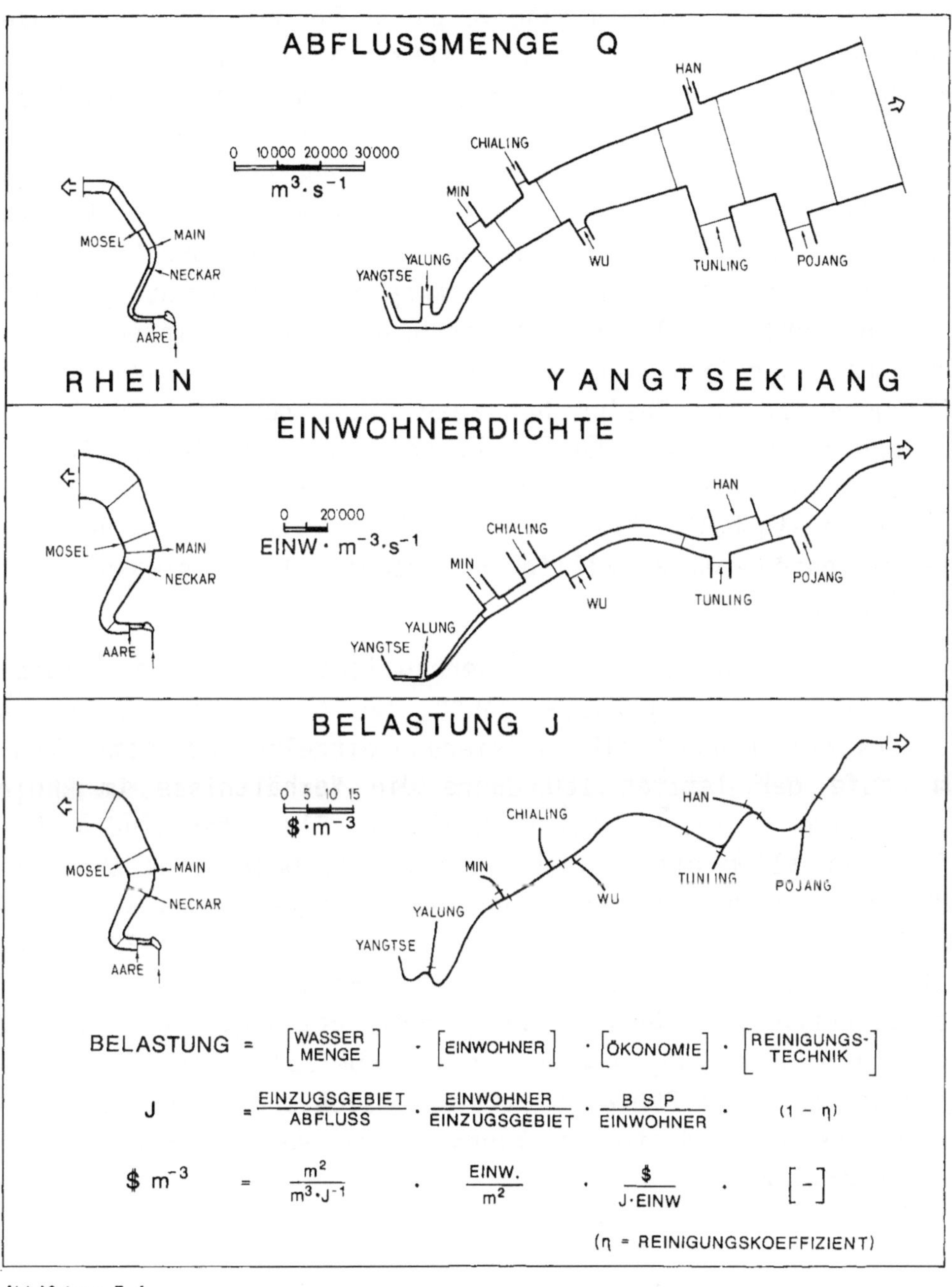

Abbildung 7.4

Belastung des Rheins verglichen mit derjenigen des Yangtsekiangs.

Die eingezeichnete Breite der Flüsse ist im ersten Bild proportional zur Abflussmenge, im zweiten proportional zur Einwohnerzahl im Einzugsgebiet, berechnet pro Kubikmeter Abfluss und Sekunde und im dritten Bild proportional zur Belastung, welche vereinfacht in Dollars pro Kubikmeter Abflusswasser berechnet wurde.
Nach Koblet, 1984.

biologische Abwasserreinigungsvorgänge für viele dieser industriellen Nebenprodukte wenig effektiv sind, sammeln sich in den Sedimenten refraktäre (biologisch schwer abbaubare) Chemikalien an. Refraktäre Substanzen haben die Lebensgemeinschaft des Rheins stark beeinflusst; streckenweise ist es zu einer Verödung gekommen. Zusätzlich haben diese Chemikalien häufig das Wasser auch bezüglich Farbe, Geruch und Geschmack beeinträchtigt. Die Sandoz-Katastrophe im November 1986 als (hoffentlich) einmaliges Ereignis brachte dem Rhein nur einen Bruchteil der jährlich zugeführten organischen Gifte! Im Einzugsgebiet des Rheins hat aber nicht nur die Produktion von organischen Verbindungen zugenommen, auch die Salzfracht hat sich im Laufe der letzten 60 Jahre etwa verdreifacht und der Phosphatgehalt alle 5 bis 7 Jahre verdoppelt. Dabei beziehen heute etwa 20 Millionen Menschen ihr Trinkwasser aus dem Unterlauf des Rheins.

Ferner haben ausgedehnte wasserbauliche Massnahmen (Flusslaufkorrekturen, Hochwasserschutz, Meliorationen, Ausbau zu Wasserstrassen und Vollkanalisierung einzelner Stromstrecken) im Laufe der letzten 160 Jahre die Verhältnisse im Rhein grundlegend verändert. Nur noch 28% der Flussufer sind natürlich. Vor allem die Tulla-Korrektion des Oberrheins 1858 bis 1863 hat den Wasserhaushalt und das Oekosystem des Rheineinzugsgebietes als Ganzes verändert. Die mechanische Erosionsrate des Oberrheins wurde rund verzwanzigfacht, und stellenweise wurde der Grundwasserspiegel beträchtlich gesenkt. Weitere Schadwirkungen kann die Wärmebelastung auslösen. Das Einzugsgebiet des Rheins entwickelte sich zudem immer mehr zu einem der weltgrössten Ballungszentren von thermischen und Kern-Kraftwerken...

Frachten im Rhein in Tonnen/Jahr		
Schadstoffe	nach Basel (Village-Neuf)	vor Holland (Bimmen/Lobith)
Chlorid (Cl^-) (1)	500'000	12'000'000
Adsorbierbare organische Chlorverbindungen (2)	700	3'500
Atrazin (3)	17	8
Quecksilber (Hg) (1)	2	9
Blei (Pb (1)	40	700
Zink (Zn) (1)	1'000	6'000

Tabelle 7.2

Schadstoffrachten im Rhein.

Berechnet nach:
(1) Zahlentafeln Internationale Kommission zum Schutze des Rheins gegen Verunreinigungen 1986 (Koblenz, 1987);
(2) Meijers in 10. Arbeitstagung IAWR, 1985;
(3) Brauch, Sontheimer in AWBR, 1985.

8. Reaktionen der Gewässer auf Beeinträchtigungen

Vorerst wollen wir anhand stark vereinfachter Modellvorstellungen die Auswirkungen von Beeinträchtigungen auf die Gewässerökosysteme diskutieren. Anschliessend versuchen wir, die Modelle zu verfeinern und ihre Mängel aufzuzeichnen.

8.1 Störung der P/R-Balance

Kehren wir nochmals zum Flaschenexperiment zurück. Wie wir gesehen haben, herrscht in unserem Mikroökosystem nach einer gewissen Zeit ein Fliessgleichgewicht, aufrechterhalten durch Stoff- und Energieflüsse. Die Umsetzungsgeschwindigkeiten sind aufeinander abgestimmt, so dass die Primärproduktivitätsrate (P), also die Assimilationsrate mittels Photosynthese, gleich gross ist wie die Gesamtrespirationsrate (R). Jedes Element beschreibt Kreisläufe, und die Gesamt-Zusammensetzung des Flascheninhaltes verändert sich zeitlich nicht.

Jetzt ändern wir irgend etwas an unserem System: Wir können weniger Licht zuführen oder die Flaschentemperatur erhöhen, weitere Stoffe in die Flasche geben oder den Deckel öffnen.

Wenn durch äussere Einwirkungen der Kreislauf von mindestens einem der an der Photosynthese und der Veratmung beteiligten Elemente beschleunigt oder gebremst wird, so wird auch das Produktions-Respirationsverhältnis beeinflusst, und das Fliessgleichgewicht wird gestört. Eine solche Veränderung empfinden wir als Beeinträchtigung des Systems.

Verunreinigungen mit Düngstoffen wie Phosphaten oder biologisch gut abbaubaren Stoffen führen, selbst bei äusserst geringen Konzentrationen, zu einer Störung dieser P/R-Balan-

Tabelle 8.1

Die wichtigsten Belastungskomponenten und ihre Wirkung auf die Gewässer.

Belastungskomponenten	Auswirkung auf Gewässer	Besonders gefährdeter Gewässertyp
Physikalische Belastungen		
Licht, Temperatur, hydraulische Veränderungen, Winde	vielfältig	Fluss (See)
Mechanische Belastungen wie Verbauungen	vielfältig, bis zur totalen Zerstörung	Fluss, See Grundwasser
Chemische Belastungen		
Düngemittel (Phosphate, Nitrate)	Produktion fördernd: P/R >1	See (Grundwasser)
organische Nährstoffe (Eiweisse, Zucker, Fette)	Respiration fördernd: P/R <1	Fluss (Grundwasser)
schwer abbaubare organische Verbindungen (Huminsäure, Tenside)	Störung der Wechselwirkungen, Veränderung der biozönotischen Zusammensetzung	Fluss See
giftige organische Verbindungen (chlorierte Lösungsmittel) oder anorganische Verbindungen (Cu, Pb, Zn, Cd)	akut toxisch, Katastrophen	Fluss See Grundwasser

ce. Diese grosse Empfindlichkeit zeigt sich bereits im Mikromol-pro-Liter-Bereich. (Die Wachstumsgeschwindigkeit von Algen oder Bakterien ist bereits halb so gross wie die maximal mögliche bei Phosphat-, Aminosäuren- oder Kohlenhydratkonzentrationen zwischen 10^{-5} mol•l^{-1} und 10^{-10} mol•l^{-1}, vgl. Abbildung 14.4.)

Geben wir in unsere Flasche Phosphate, wird das Algenwachstum beschleunigt, besonders dann, wenn Phosphor Minimumstoff ist. P wird vorübergehend grösser als R. Bei einem Ueberschuss an organischen Stoffen werden Abbauprozesse durch Zersetzungsorganismen angekurbelt, R wird grösser als P. Aber nicht nur die Zugabe oder Entfernung von direkt an den Nährstoffkreisläufen beteiligten Elementen können das P/R-Verhältnis stören, sondern auch eine Immission toxischer Substanzen wie beispielsweise einer Schwermetallverbindung, welche eine Pflanzen- oder Tierart aus dem Wettbewerb zieht. So können gelöste Kupfer-(II)-ionen das Algenwachstum bereits bei Konzentrationen von 10^{-10} bis 10^{-12} mol • l^{-1} beeinträchtigen (vgl. Abbildung 9.7).

In allen Fällen werden die veränderten Verhältnisse wieder zu einem neuen, vom ursprünglichen verschiedenen Fliessgleichgewicht führen, so dass das Verhältnis von P/R wieder gleich eins wird. Die Umsatzgeschwindigkeiten P und R werden aber im neuen Fliessgleichgewicht grösser sein als im alten, wenn der Nährstoffgehalt erhöht wurde.

Ein natürliches Gewässer reagiert auf Störungen ähnlich wie der Inhalt unserer Flasche. Leitet man in einen See oder einen Fluss häusliches Abwasser, wird das P/R-Verhältnis gestört. Die Auswirkungen können aber je nach Gewässertyp sehr unterschiedlich sein. In den oberen Schichten eines Sees während der Sommerstagnation führt das Nährstoffangebot des C-, N-, und P-haltigen Abwassers zusammen mit dem Licht in erster Linie zu einer erhöhten Algenproduktion ($P>R$). Die Algen sinken ab, und die unteren Schichten verarmen mit der Zeit an

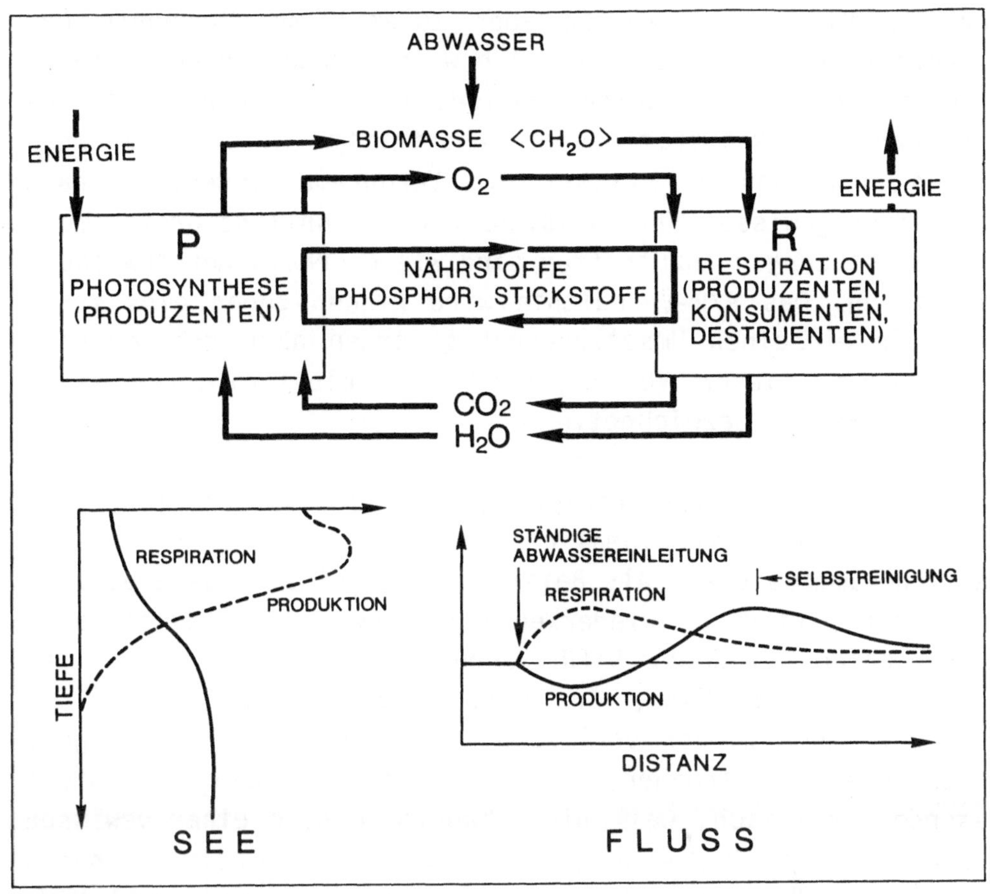

Abbildung 8.1

Die Immission von abbaubaren organischen Stoffen oder von Düngstoffen stört das ökologische Gleichgewicht zwischen Photosyntheserate P (Assimilationsrate mittels Photosynthese) und Respirationsrate R.

Im See sind es die Düngstoffe (Phosphor), im Fluss die organischen Nährstoffe, welche das Ungleichgewicht hervorrufen.

Sauerstoff, weil die Tätigkeit der heterotrophen Organismen zunimmt. Diese Eutrophierung (eutroph gr. = "gut genährt") kann soweit gehen, dass wegen Sauerstoffmangels keine aeroben Organismen mehr in den unteren Schichten des Sees existieren können. In einem Fluss hingegen ist der Sauerstoffschwund weniger kritisch, da die Durchmischung die Zufuhr sauerstoffreichen Wassers in die unteren Schichten gewährleistet. Hingegen bewirkt nährstoffreiches Abwasser eine Vermehrung von Zersetzungsorganismen wie Bakterien und Pilzen. R wird grösser als P. Dadurch werden aber zusätzliche Phosphate und Nitrate freigesetzt, so dass sich weiter unten in der Fliessrichtung vermehrt Grünalgen ansiedeln und die Photosyntheserate dort die Respirationsrate übertrifft. Alle diese Organismen entziehen dem Wasser die Verunreinigungen, so dass nach einer gewissen Fliessdistanz wieder ähnliche Organismenzusammensetzungen anzutreffen sind wie oberhalb der Abwassereinleitung. Das P/R-Verhältnis wird wieder gegen eins streben, die einzelnen Umsetzungsraten werden aber grösser sein als vorher. Dieser Vorgang wird als Selbstreinigung eines Fliessgewässers bezeichnet.

Im Gegensatz zum Flaschenexperiment sind Gewässerbelastungen normalerweise keine einmaligen Ereignisse, sondern kontinuierliche Immissionen. Als Beispiel seien eine Abwassereinleitung oder periodisch wiederkehrende Einwirkungen durch saure Niederschläge erwähnt. Dafür können die Schadstoffe das Gewässer durch Abflüsse, die Luft oder durch Einbau in die Sedimente auch wieder verlassen. Einmalige Verunreinigungen, sogenannte Katastrophen, sind für ein Gewässer oft nicht besonders kritisch, weil die Schadstoffe nach einer gewissen Verweilzeit das System wieder verlassen. Irreversible Schäden können nur dann entstehen, wenn durch den Schadenfall eine Pflanzen- oder Tierart ganz ausgerottet wird. Dies ist bei grösseren Oekosystemen jedoch selten der Fall. So kann sich beispielsweise ein Fluss nach einer Fischvergiftung wieder erholen, weil die im Flussabschnitt oberhalb der Katastrophe lebenden Fische überlebt haben.

Abbildung 4.7 gibt ein bekanntes Beispiel wieder, wie ein mit organischen Stoffen verunreinigtes Abwasser eine Lebensgemeinschaft in einem Fluss verändern kann, ohne dass von Auge sichtbare Veränderungen eingetreten sind. Dargestellt wird

---

Abbildung 8.2

Selbstreinigung des Wassers in einem Fluss nach einer Abwassereinleitung. Senkrecht: Konzentration chemischer Parameter (A,B), Mikroorganismen (C,D) und grösserer Lebewesen (E). Waagrecht: Im Laufe der Fliessrichtung "reinigt" sich das Wasser selbst. Nach Hynes, 1960.

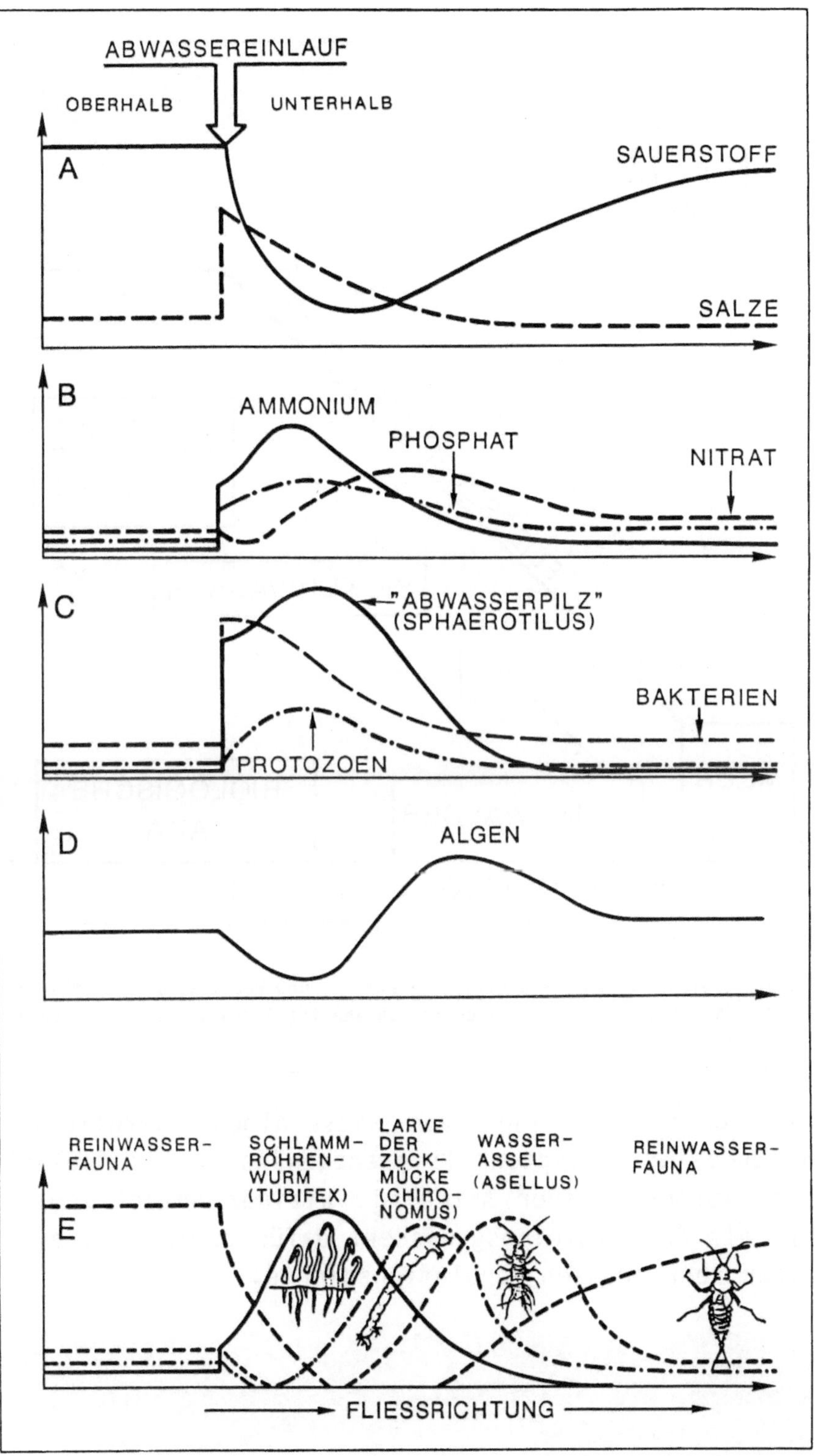
ABWASSEREINLAUF
OBERHALB
UNTERHALB
A
SAUERSTOFF
SALZE
B
AMMONIUM
PHOSPHAT
NITRAT
C
"ABWASSERPILZ"
(SPHAEROTILUS)
BAKTERIEN
PROTOZOEN
D
ALGEN
REINWASSER-
FAUNA
SCHLAMM-
RÖHREN-
WURM
(TUBIFEX)
LARVE
DER
ZUCK-
MÜCKE
(CHIRO-
NOMUS)
WASSER-
ASSEL
(ASELLUS)
REINWASSER-
FAUNA
E
FLIESSRICHTUNG

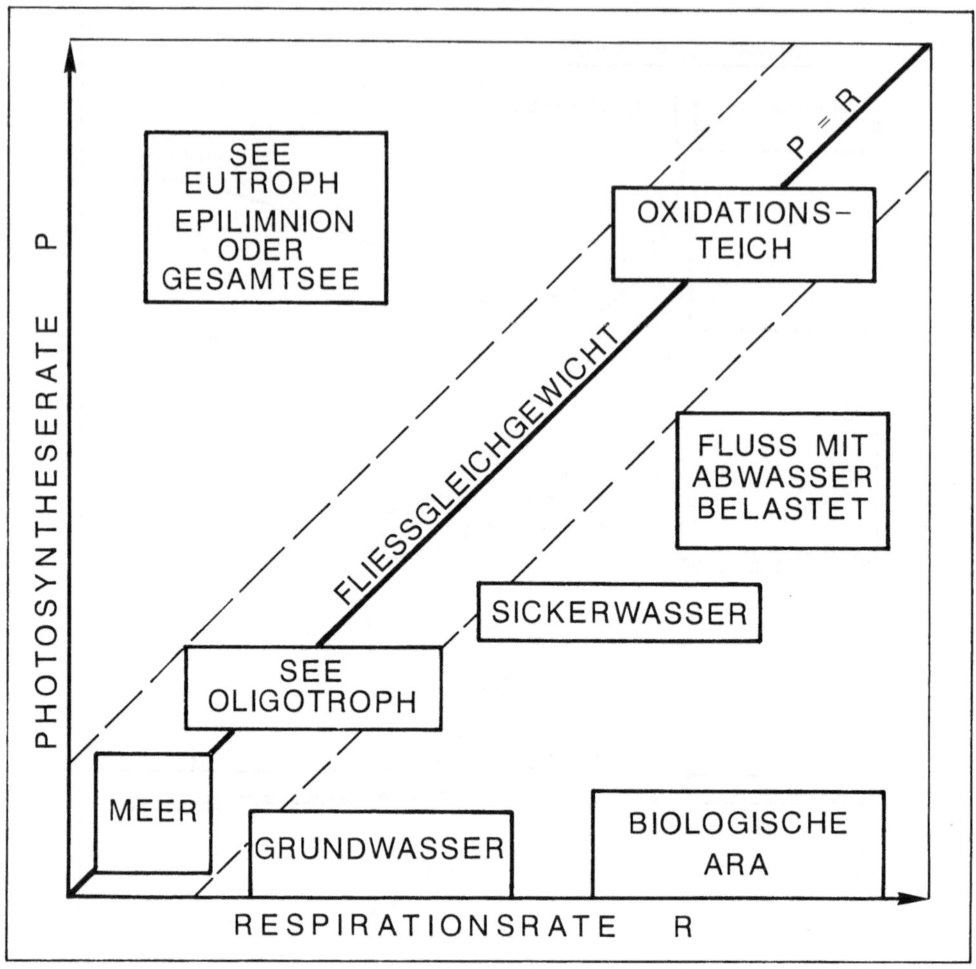

Abbildung 8.3

Fliess-Gleichgewicht zwischen Photosyntheserate (P) und Respirationsrate (R) herrscht im Meer oder im oligotrophen See. Im eutrophen See ist P grösser als R, im belasteten Fluss ist R grösser als P.

die Häufigkeitsverteilung von Kieselalgen, verglichen mit einem unbeeinträchtigten Referenzgewässer. Im belasteten Gewässer wurden weniger Arten mit kleiner Anzahl Individuen gezählt als im Vergleichsgewässer, dafür dominierte eine Art mit einer sehr grossen Populationsdichte.

Insgesamt hat sich hier die Artenzahl durch die Belastung verkleinert, die Individuenzahl und somit auch die Biomasse aber vergrössert.

Dies ist eine Beobachtung, die für viele Beeinträchtigungen von Gewässerökosystemen zutrifft. Im gesunden Gewässer sind die Lebensbedingungen so, dass viele Mikrostandorte (Nischen) vorliegen und dadurch zahlreiche Arten nebeneinander existieren können. Die meisten Arten aber sind infolge des Ueberlebenswettbewerbs in geringer Populationsdichte vorhanden. Die Verunreinigung vernichtet Mikrostandorte, verkleinert die Ueberlebenschance und verringert damit die Wettbewerbsmöglichkeiten. Die toleranteren Arten breiten sich aus und können ihre Individuendichte auf Kosten der Spezialisten erhöhen. Solche Verschiebungen in der Häufigkeitsverteilung werden allgemein bei allen Lebewesen beobachtet, auch bei höheren Lebewesen wie den Fischen. Dies kann jeder Fischer, welcher in eutrophen Gewässern seine Beute fängt, bestätigen.

Obwohl ein Gewässer durch vollständig verschiedene Ursachen wie Immissionen von abbaubaren oder nicht abbaubaren Wasserkomponenten, Einwirkungen von Fremd- und Giftstoffen oder auch Wärmebelastungen gestört werden kann, haben diese Einwirkungen einige gemeinsame Konsequenzen. Die Organisation des Oekosystems wird herabgesetzt, die Struktur des Beziehungsgefüges vereinfacht. Dadurch wird die Diversität verkleinert. Dies geschieht etwa durch Ausmerzen einzelner Arten mittels toxischer Effekte, durch wettbewerbsmässige Verdrängung durch tolerantere Arten, durch Zerstörung von Nischen, durch Beeinträchtigungen von Regelmechanismen wie etwa durch die Störung chemotaktischer Signale (siehe Kapitel 8.2), durch Unterbrechung homöostatischer Mechanismen und durch die Beschleunigung der Nährstoffkreisläufe.

Wenn der Stress durch physikalisch-chemische Beeinträchtigungen zunimmt, entwickelt sich die Lebensgemeinschaft von einer physiologisch an die allgemeinen Lebensbedingungen angepassten Biocönose zu einer von externen physikalisch-chemischen Faktoren kontrollierten Lebensgemeinschaft. Die vorhandene Anzahl der Arten nimmt progressiv mit dem Stressgradienten ab.

Ein extremes Beispiel hierzu ist die heutige landwirtschaftliche Produktionspraxis, wo durch Energiezufuhr (mechanische oder chemische Energie) das Oekosystem dauernd in der Aufbauphase gehalten wird, damit es einen grösstmöglichen Nettoertrag abwirft (P>>R). Die Diversität ist minimal (Monokultur), dafür sind der Energieumsatz und die Nettoproduktion (Ertrag) maximal. Da ein solches System nicht mehr stabil ist, muss es durch externe Einwirkungen wie Bewässerung, Düngung, Schädlingsbekämpfung oder pH-Regulierung ständig aufrechterhalten werden. Die ökologischen Auswirkungen solcher Praktiken kennen wir: Die grösstenteils durch fossile Brennstoffe umgesetzte Energie für die Aufrechterhaltung dieser höchst in-

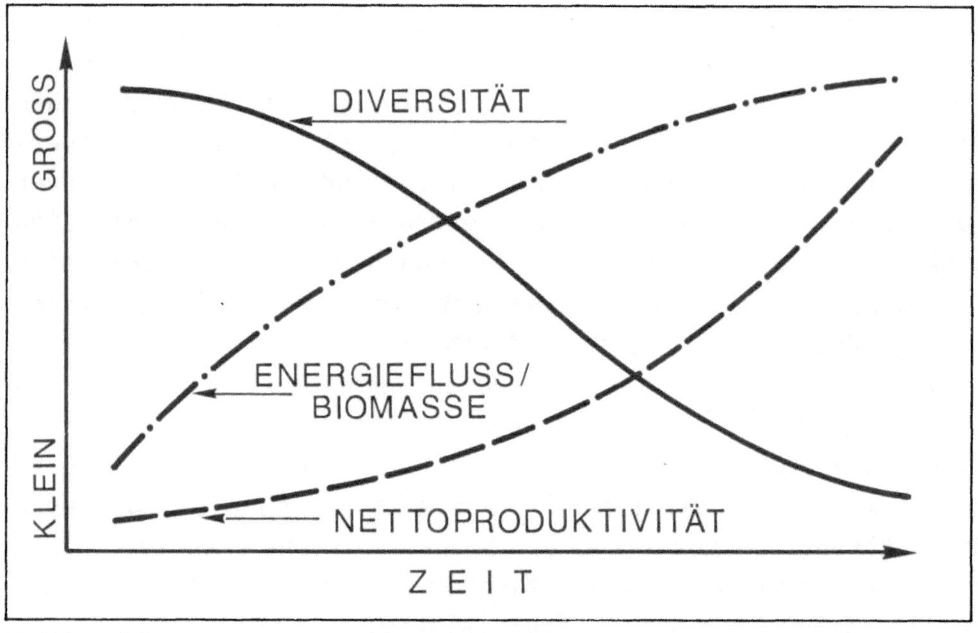

Abbildung 8.4

Reaktion eines Oekosystems auf eine massive äussere Belastung.

Durch zivilisatorische Beeinflussung wie Energiezufuhr in Form von Wärme, Nähr- und Düngstoffen oder durch Zufuhr von Giftstoffen wie Schwermetalle, Pestizide, reagieren Oekosysteme in ähnlicher, in grossen Zügen voraussehbarer Weise. Die Beeinträchtigungen wirken der natürlichen Sukzession entgegen, reduzieren die Möglichkeiten der Energieübergänge, zerstören Rückkopplungen und homöostatische Mechanismen, erniedrigen die Struktur der Organismengemeinschaften und damit ihre Diversität. Sie erhöhen die Geschwindigkeit der Nährstoffkreisläufe und damit auch die Bruttoproduktivität und die Entropieproduktion (jeder Energiefluss ist begleitet von einer Entropieproduktion). Somit steigt auch die Nettoproduktivität.

stabilen Oekosysteme muss ständig vergrössert werden, um Erträge abzuwerfen. Schädlingskatastrophen, ausgelaugte Erde, vergrösserte Erosion, Dürre, Verödung der Landschaft und schliesslich Unbebaubarkeit vieler Landgebiete sind das Resultat.

In groben Zügen kennen wir nun die Reaktionen eines Gewässers auf Beeinträchtigungen. Dies kann uns aber nicht genügen, denn wir sollten auch Kenntnisse haben beispielsweise über die tolerierbaren Mengen eines Schadstoffes, die ein See noch verkraften kann und die genaueren Auswirkungen auf das Verhalten der Biocönose. Und hier beginnt es interessant zu werden. Die Erforschung des Verhaltens einzelner Stoffe, aber auch das Zusammenwirken verschiedener Stoffe in einem Gewässer muss in Labor- und Feldstudien so weit getrieben werden, bis einigermassen verlässliche Prognosen über die Auswirkungen gemacht werden können. Davon sind wir heute aber noch meilenweit entfernt, besonders bei der Prognose synergistischer, also durch das Zusammenwirken sich potenzierender, Effekte. Unter welchen Umständen eine Kieselalgenart in einem bestimmten Fluss ausgerottet wird, wann der letzte Hecht in einem See gefangen wird, ob in einem Fluss die Konzentration von fünf Milliardstelgramm Tetrachlorethylen pro Liter (= tolerierbare Menge laut Schweizerischer Verordnung über Abwassereinleitungen 1975, vgl. Abb. 13.3) keine Störung der tierischen Artenzusammensetzung verursacht: solche Fragen können wir (noch) nicht genau beantworten.

8.2 Der chemische Krieg zwischen den Organismen

Alle Organismen produzieren organisch-chemische Substanzen, welche an die Umgebung abgegeben werden: etwa Kohlenwasserstoffe, Terpene, Alkaloide, Vitamine, Hormone, Antibiotika, Insektizide oder Pheromone. Diese Stoffe haben auf andere Organismen verschiedene Effekte; doch man nimmt an, dass die Produktion solcher Substanzen in der Regel eine erweiterte Dominanz der Organismen im Wettbewerb mit anderen Organismen bezweckt. Insektizide und Antibiotika beispielsweise werden zum Schutz vor anderen Organismen ausgeschieden, andere Substanzen wiederum sind chemotaktisch wirksam. Die Orientierung der Tiere, das Auffinden von Nahrung, von Nischen oder von Reproduktionspartnern gehören dazu. Die Produktion solcher Chemikalien hat für die Organismen somit Anpassungswert, d.h. die Informationsübermittlung wird erhöht, die Adaption der Spezies an die Lebensgemeinschaft vergrössert.

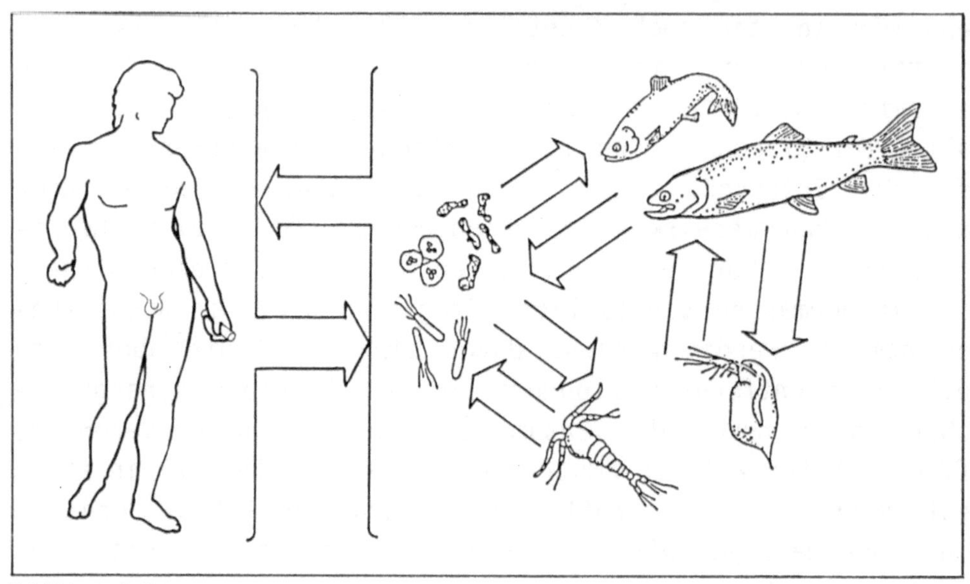

Abbildung 8.5

Der chemische Krieg unter Organismen (und zwischen Organismen und Menschen). Die Produktion (Ausscheidung) von Chemikalien (in der Abbildung durch Pfeile dargestellt) wie Alarm- und Verteidigungssubstanzen, Insektizide, Herbizide, Fungizide, Antibiotika und andere toxische und Inhibitionssubstanzen, Pheromone und "Kosmetika" bewirkt eine Erweiterung der Dominanz, die Anziehung von Reproduktionspartnern, die Beeinflussung des sozialen Verhaltens, eine Markierung des Territoriums sowie die Adaptation der Spezies und der Organismengemeinschaften für besseres Ueberleben.

Schliesslich steht auch der Mensch in der Ausnützung der erhältlichen Nahrung mit im Wettbewerb und im Ueberlebenskampf. Die industrielle Produktion von Chemikalien durch den Menschen kann somit auch zu seiner biologischen Aktivität gerechnet werden: Mit Hilfe von Chemikalien weitet er gewollt (durch Düngung und Schädlingsbekämpfung) oder ungewollt (mittels Abgas- und Abwasserproduktion) seine Dominanz aus, indem er beispielsweise pathogene Organismen und Parasiten vernichtet, und das sowohl auf den von ihm angebauten Feldern, in den von ihm beherrschten Gewässern wie auch in seinem Körper selbst (Medikamente).

Die Eskalation dieses chemischen Krieges wird weitergehen, da allein schon für die Nahrungsmittelproduktion der expandierenden Bevölkerung in der Landwirtschaft mit Agrochemikalien immer mehr Energie zur Förderung bestimmter Pflanzen abgezweigt wird. Die minimalen Bedürfnisse der gegenwärtigen Weltbevölkerung sind nur etwa hundertmal kleiner als die globale Primärproduktion an Biomasse durch Photosynthese; der anthropogene Energieumsatz beträgt hingegen schon ein Viertel der Primärproduktivität. Eine befriedigende Ernährung einer zukünftigen Bevölkerung von 10 Milliarden Menschen mit 12'000 Kilojoule pro Tag würde gegen zehn Prozent der gegenwärtigen Nettoprimärproduktion erfordern, je nachdem, welche Ansprüche eine solche Weltbevölkerung stellen würde. Allerdings, einen so reichhaltigen Teller, wie wir ihn uns momentan in der westlichen Welt vorsetzen, wird sich die Gesamtbevölkerung nur schon aus primärenergetischen Gründen nie leisten können. Auf welche Art wir das riesige Ernährungsproblem lösen werden, wissen wir nicht.

Gegenwärtig erfolgt der Hauptteil der Nahrungsmittelproduktion mittels Einsatz zunehmender Mengen von Agrochemikalien, welche die Mannigfaltigkeit unserer Oekosysteme drastisch verkleinern. Dieser Weg führt aber in eine Sackgasse, welche, am Ende angelangt, keinen Rückweg mehr offenlässt. Wir hoffen, dass vermehrt ökologische Erkenntnisse die Bewirtschaftung des Bodens beeinflussen werden, bevor wir ihn irreversibel unbebaubar gemacht haben. Immerhin sind Ansätze zu beobachten, welche unter den Namen "integrierter Pflanzenschutz" oder "biologische Landwirtschaft" laufen und einen Weg in eine, ökologisch gesehen, stabilere Richtung aufzeigen.

Der Mensch hat in langer Evolution gelernt, Toxine anderer Organismen zu tolerieren oder zu vermeiden. Die meisten synthetischen Chemikalien hingegen sind neu, und die Organismen und Oekosysteme hatten keine Zeit, sich diesen anzupassen.

Auch der Mensch hat sich nicht an die Flut von Chemikalien anpassen können, was sich beispielsweise in der zunehmenden Häufigkeit von Allergien oder Bronchialerkrankungen zeigt.

Diese anthropogenen Chemikalien verursachen im Oekosystem schon in geringen Konzentrationen soziologische Veränderungen, bei welchen beim Einzellebewesen noch keine toxische Wirkung sichtbar wird. Beispielsweise können chemotaktische Signale gestört oder übertüncht werden, so dass etwa die Partnersuche und somit die Reproduktion gewisser Arten gestört wird. In der Schädlingsbekämpfung beginnen wir deshalb auch schon, Pheromone und andere allelochemischen Substanzen für unsere Zwecke zu verwenden.

Bei Salmen weiss man heute, dass sie sich nach der chemischen Zusammensetzung des Wassers orientieren, um beim Aufsteigen zum Laichplatz wieder ihren Geburtsort zu finden. So genügt schon eine Konzentration von nur zehn Nanogramm Morpholin pro Liter im Flusswasser, um das Aufsteigen der Salme zu steuern, wenn diese im morpholinhaltigem Wasser aufgezogen worden sind (Scholz, 1976). Auch eine Phenetylalkoholzugabe zeigte ähnliche Resultate. Beispiele von der Beeinflussung von Organismen durch Chemikalien in geringsten Konzentrationen liessen sich sicher viele finden, doch leider ist unser Wissen über solche interspezifische chemische Interaktionen noch äusserst beschränkt. In diesem Zusammenhang möchten wir hier schon darauf aufmerksam machen, dass auch die besten toxikologischen Tests mit Einzelorganismen nichts zur Aufdeckung der Schädlichkeit von Umweltchemikalien, welche chemotaktische Wirkung haben, beitragen können.

8.3 Beispiel: Eutrophierung der Seen durch Phosphor

Ein klassisches Beispiel für die dramatische Aenderung des Gewässerzustandes durch Zufuhr eines produktionslimitierenden Nährstoffes ist die Eutrophierung unserer Seen mittels Phosphor. Der Zusammenhang zwischen Phosphoreintrag und Gewässerzustand wurde schon früh erkannt, und seit den fünfziger Jahren misst man die Phosphatkonzentrationen der Seen und hat auch, mit entsprechender Verspätung, Gesetze über Einleitungen von Phosphaten in Gewässer geschaffen: als wirksamstes das seit 1. Juli 1986 in der Schweiz geltende Phosphatverbot in Waschmitteln.

Wie wir schon gesehen haben, wird bei erhöhtem Phosphorgehalt die Photosynthese angekurbelt, die Algen gedeihen prächtig und infolgedessen auch das Zooplankton sowie die Fische. Doch die Freude der Fischer hält bekanntlich nicht lange an. Die Netze sind zwar voll, doch, statt mit Edelfischen, mit den weniger beliebten Weissfischen wie Schwalen und Brachsmen. Die nicht verzehrten Algen sinken ab und können von den Mikroorganismen im Tiefenwasser (Pelagial) letztlich nicht mehr abgebaut werden, weil Sauerstoffmangel herrscht. Im Tiefenwasser lebende aerobe Organismen verschwinden oder drängen sich in der obersten, sauerstoffhaltigen Schicht des Sees; eine "Riesennische" verschwindet.

In diesem Moment geschieht im See eine sprunghafte Veränderung, welche in der Umgangssprache als "Umkippen" des Sees bezeichnet wird. Wieviel Phosphat ein See bis zu diesem Punkt ertragen kann, kann heute mit entsprechenden Modellen recht gut berechnet werden, wie wir gleich zeigen werden. Ist das Hypolimnion einmal anaerob, können sich keine aeroben Organismen wie Fische dort aufhalten. Aber auch das Redoxpotential hat sich geändert, und dies hat für den Phosphathaushalt verheerende Konsequenzen. Solange an der Sediment-/Wasser-Grenzfläche Sauerstoff anzutreffen ist, wird Phosphat, welches an Eisen-III-Oxid gebunden ist, ins Sediment eingebaut: Das Sediment ist eine Senke für Phosphor. Unter anaeroben Bedingungen wird das Eisen-III-Oxid aber zu löslichem Eisen-(II) reduziert (vgl. Abb. 10.7), und das in früheren Zeiten im Sediment gespeicherte Phosphat wird wieder zurückgelöst und speist den See erneut mit Phosphor. (Diese Rücklösungstheorie wird allerdings momentan in Frage gestellt.) Ein solcher See kann sich auch, wenn alle äusseren Phosphatquellen saniert werden, nicht ohne weiteres wieder erholen, da das im Sediment gespeicherte Phosphat nun über lange Zeit den See speist.

Das Algenwachstum nimmt also dank der zusätzlichen internen Phosphatspeisung ständig zu. In der warmen Jahreszeit kann es zu Fischsterben und zu Algenblüten (schwimmender Algenteppich) kommen, der Teufelskreis ist geschlossen, und der See wird zu einer stinkenden Kloake.

Eine exakte Definition der drei trophischen See-Zustände (oligotroph, mesotroph und eutroph) gibt es nicht. Die Klassifikation geschieht am besten aufgrund der Primärproduktivität, welche als einziger mehr oder weniger messbarer Parameter die Trophie bestimmt. Thienemann, 1928, charakterisierte die Seen nach dem Volumenverhältnis Epilimnion (Produktionsort) zu Hypolimnion (Zehrungsort). War dieses Verhältnis kleiner oder gleich eins, definierte er den See als oligotroph. Die heute allgemein akzeptierte Einteilung ist folgende: In einem oligotrophen See ist die Primärproduktivität kleiner als 0,2 Gramm Kohlenstoff pro Quadratmeter Seeoberfläche und Tag ($70\ g \cdot m^{-2} \cdot Jahr^{-1}$), in einem mesotrophen See etwa $150\ g \cdot m^{-2} \cdot Jahr^{-1}$ und in einem eutrophen See etwa $500\ g \cdot m^{-2} \cdot Jahr^{-1}$ (Fricker, 1981).

Im langjährigen Ueberblick sind die Phosphorgehalte der Alpenrandseen bis in die siebziger Jahre hinein angestiegen. Dieser Trend geht bei phosphatärmeren Seen weiter, bei phosphorreichen Seen ist aufgrund des vom Gesetz verlangten und meist auch eingehaltenen Phosphorgehaltes von 1 Milligramm pro Liter im Kläranlagenabfluss ein Rückgang festzustellen. Werden unsere Seen durch diese Massnahmen vor der Eutrophierung gerettet? Antworten auf diese Fragen versucht man mit quantitativen Modellen zu ergründen.

Quantitative See-Modelle

Quantitative Modelle verwenden meist das Konzept der Massenbilanzen (input/output-Modelle). Die populärsten leiten sich

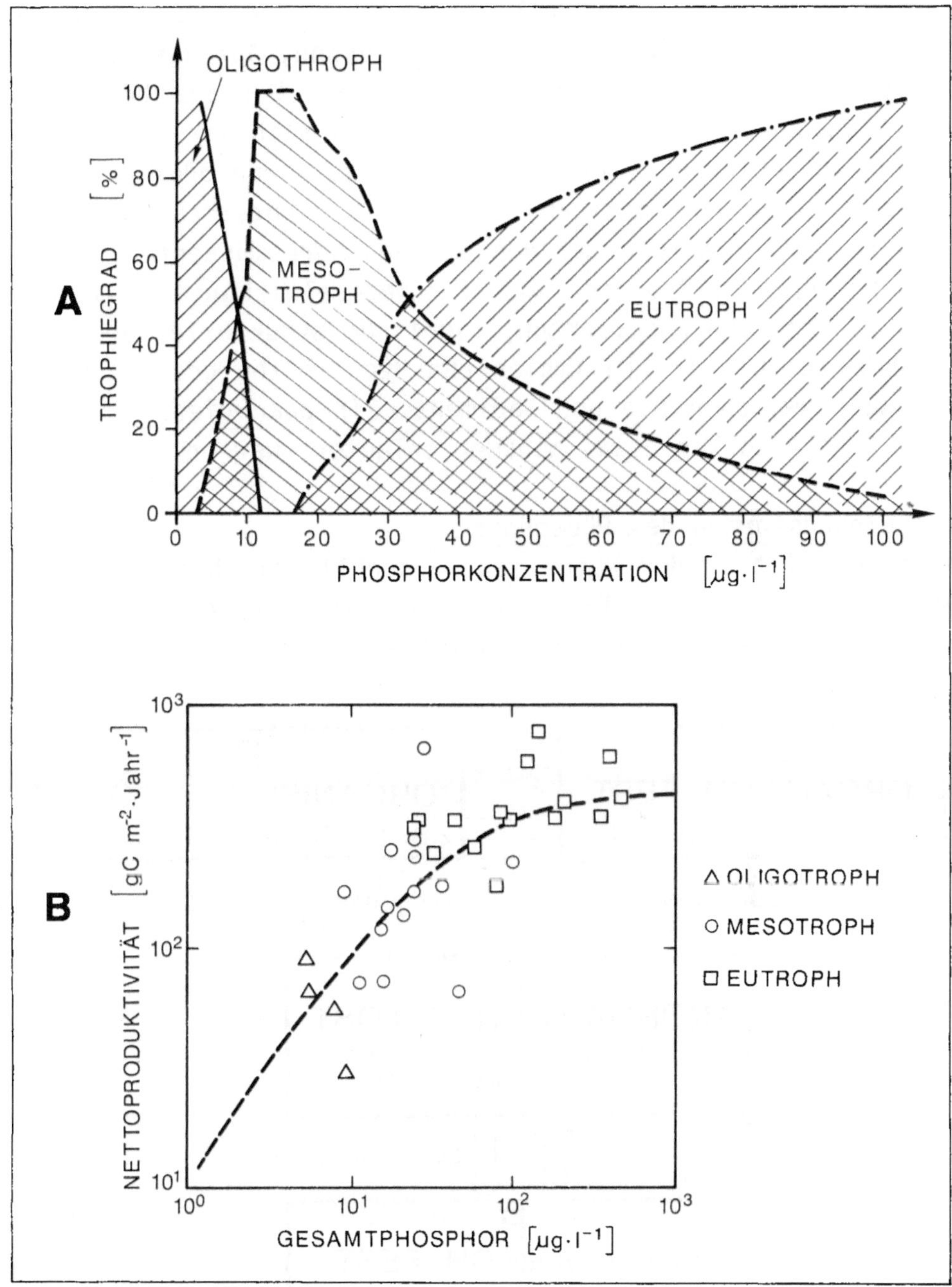

Abbildung 8.6

A) Zusammenhang zwischen trophischen Zuständen und der Phosphorkonzentration während der Frühlingszirkulation von 57 Alpenrandseen.

B) Zusammenhang zwischen Nettoproduktivität und Phosphorgehalt während der Frühlingszirkulation einiger Alpenrandseen.

Nach Fricker, 1980.

alle von einem Einbox-Modell ab, welches den See als vollständig durchmischten Reaktor mit Zuflüssen, Abflüssen, Sedimentationsraten und Aufenthaltszeiten des Wassers beschreiben. Ausgehend von diesem Modell ergeben sich viele Möglichkeiten, verschiedene Verfeinerungen einzuführen oder einzelne Prozesse zu berücksichtigen, sei dies die Unterscheidung von gelösten und organisch gebundenen Phosphorkomponenten, seien dies ökologische Prozesse wie die Wechselwirkungen zwischen Phytoplankton und Zooplankton, räumliche Strukturierungen wie die Unterteilung in Epilimnion und Hypolimnion oder Wechselwirkungen zwischen See und Sediment. Ein paar dieser Modelle und Prozesse sollen etwas genauer erläutert werden.

Erscheinungsformen des Phosphors

Phosphor tritt in der Natur fast ausschliesslich in der Oxidationsstufe +V auf, in Organismen beispielsweise als Nukleinsäure oder als gelöstes Glucose-I-Phosphat. Beim Abbau

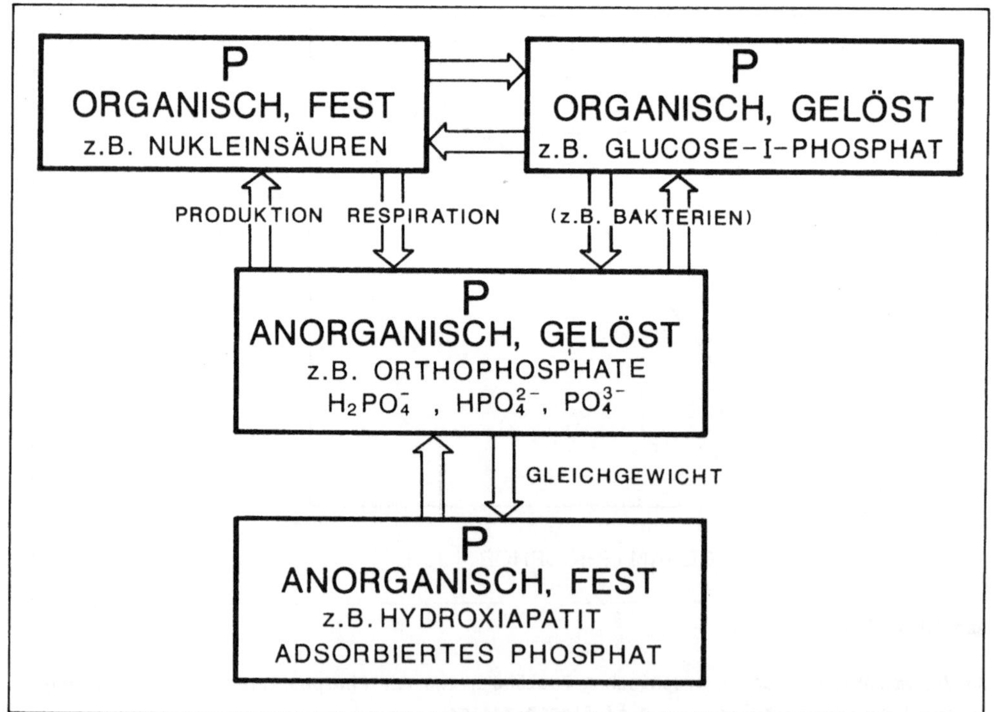

Abbildung 8.7

Erscheinungsformen des Phosphors.

entstehen lösliche Orthophosphate ($H_2PO_4^-$, HPO_4^{2-}, PO_4^{3-}), welche mit Mineralien im Gleichgewicht stehen (diverse Eisen-Phosphat-Verbindungen und an Eisenhydroxiden adsorbierte Phosphate). Waschmittel enthalten bzw. enthielten polymere Phosphate (z.B. Pentanatriumtriphosphat), welche in Gewässern zu Phosphaten hydrolysieren. Die Geschwindigkeit dieser Umwandlung hängt von der Temperatur, dem pH-Wert und der enzymatischen Reaktivität ab: In destilliertem Wasser beträgt die Halbwertszeit über 5000 Tage, in Gewässern beträgt sie 1 bis 20 Tage, in Abwasserreinigungsanlagen ist sie noch kürzer.

Massenbilanz

Um den Nährstoff Phosphor als limitierenden Faktor quantitativ auszudrücken, verwendet man für die Massenbilanz oft die Algenstöchiometrie gemäss der Gleichung nach Redfield (4.2). Unter der Annahme, dass die Algenbiomasse ein starres C:N:P-Verhältnis von 106:16:1 besitzt, entsteht aus einem Gramm Phosphor etwa 114 Gramm Trockensubstanz, bzw. 1 Kilogramm lebende Algenmasse; dabei werden 140 Gramm Sauerstoff freigesetzt. Für die Veratmung dieses Kilogrammes Algen werden demnach auch wieder 140 Gramm Sauerstoff benötigt.

Viele Untersuchungen und Messungen zeigen hingegen, dass diese erste Näherung zur Berechnung der Produktivität relativ

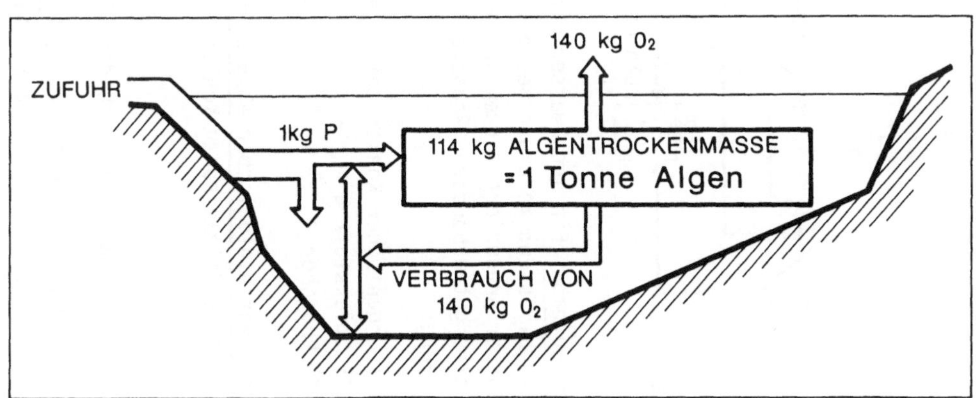

Abbildung 8.8

Einfache Algenstöchiometrie gemäss Gleichung (4.2).

In einem geschichteten See führt 1 kg Phosphor zu 114 kg Algentrockenmasse, welche bei der Mineralisierung im Hypolimnion 140 kg Sauerstoff verbraucht.

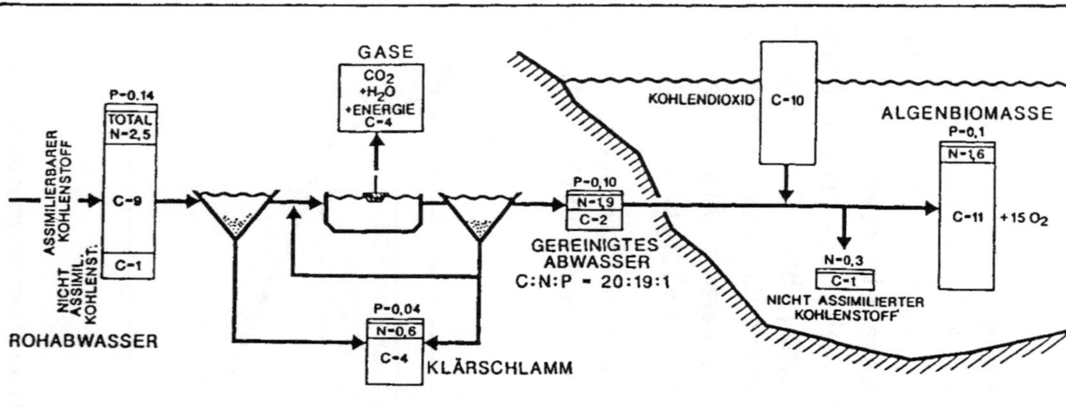

Abbildung 8.9

Phosphor-Massenbilanz.

<u>Ueberlegungsaufgabe</u>: Ein Rohabwasser wird in einer biologischen Kläranlage gereinigt und anschliessend in einen See geleitet. Wieviel Algenbiomasse kann pro Liter Rohwasser produziert werden und wieviel Sauerstoff wird dazu gebraucht? Ein kommunales gut abbaubares Rohabwasser habe die folgende durchschnittliche Zusammensetzung:

120	$mg \cdot l^{-1}$	organischer Kohlenstoff C	$= 10^{-2}\ mol \cdot l^{-1}$
35	$mg \cdot l^{-1}$	Stickstoff N	$= 2{,}5 \cdot 10^{-3}\ mol \cdot l^{-1}$
4,3	$mg \cdot l^{-1}$	Phosphor P	$= 0{,}14 \cdot 10^{-3}\ mol \cdot l^{-1}$

<u>Stöchiometrie der biologischen Abwasserreinigung</u>: In der biologischen Kläranlage werden ca. 80% des organischen Kohlenstoffs eliminiert. 40% durch Respiration:

$$\langle CH_2O \rangle + O_2 \rightarrow CO_2 + H_2O \qquad (4.1)$$

und 40% durch Schlammbildung nach der Gleichung

$$100 \langle CH_2O \rangle + 16\ NH_4^+ + 1\ HPO_4^{2-} \rightarrow \underbrace{\langle C_{100}H_{251}O_{104}N_{16}P_1 \rangle}_{\text{Klärschlammbiomasse}} + 14\ H^+ \qquad (8.1)$$

Durch die Biomassenbildung in der biologischen Kläranlage werden, nach obiger Gleichung berechnet, 25% des Stickstoffes und 28% des Phosphors eliminiert (vgl. die etwas höheren Werte in Kapitel 14.4). Das biologisch gereinigte Abwasser hat dann die Zusammensetzung

24 $mg \cdot l^{-1}$	organischer Kohlenstoff C	= $2 \cdot 10^{-3}$ $mol \cdot l^{-1}$
26,5 $mg \cdot l^{-1}$	Stickstoff N	= $1,9 \cdot 10^{-3}$ $mol \cdot l^{-1}$
3,1 $mg \cdot l^{-1}$	Phosphor P	= $0,1 \cdot 10^{-3}$ $mol \cdot l^{-1}$

Das Verhältnis C:N:P ist also 20:19:1.

Stöchiometrie des Algenwachstums im See: Das biologisch gereinigte Abwasser wird nun in einen See eingeleitet. Die Löslichkeit des CO_2 aus der Luft und das CO_2 als Produkt der Respiration sorgen dafür, dass in einem See genügend Kohlenstoff vorhanden ist, so dass sämtlicher Phosphor zur Biomassenbildung aufgebraucht werden kann. So entsteht im See Biomasse (Algen) der durchschnittlichen Zusammensetzung $C_{106}\ H_{263}O_{110}N_{16}P_1$ (Gleichung 4.2). Aus einem Liter Kläranlageabfluss, unter der Annahme, dass sämtlicher darin enthaltene Phosphor zur Algensynthese aufgebraucht wird, entstehen 10^{-4} mol bzw. 355 Milligramm Algenbiomasse. Nach dem Schema in Abbildung 8.8 brauchen die 355 mg Algen $355 \cdot \frac{140}{114}$ mg O_2 = 436 mg O_2. Ein Liter sauerstoffgesättigtes Seewasser bei 15°C enthält ca. 10 mg O_2. 1 Liter Kläranlageabfluss zehrt also den Sauerstoff von etwa 44 Litern gesättigtem Seewasser.

Stöchiometrie bei 100%iger Phosphorelimination: Enthielte der Kläranlageabfluss keinen Phosphor mehr, so würde der organische Kohlenstoff durch Respiration abgebaut. Der Kläranlageabfluss enthält noch $2 \cdot 10^{-3}$ $mol \cdot l^{-1}$ organischen Kohlenstoff. Nach Gleichung 4.1 braucht 1 mol organischer Kohlenstoff gerade 1 mol Sauerstoff (O_2), und $2 \cdot 10^{-3}$ mol organischer Kohlenstoff brauchen $2 \cdot 10^{-3}$ mol Sauerstoff (O_2), das sind 72 mg $O_2 \cdot l^{-1}$, also nur etwa 20% des Sauerstoffbedarfs der durch die Algenzersetzung gebraucht wird.

undifferenzierte Resultate liefert. Aus einer Zusammenstellung von Vollenweider (1983) geht hervor, dass das C:P-Verhältnis des Planktons (Phyto- und Zooplankton) von See zu See, je nach seinem trophischen Zustand, zwischen 100 und 40 variiert, das N:P-Verhältnis zwischen 12 und 6. Je nach Angebot an Nährstoffen oder physikalisch-chemikalischen Verhältnissen kann sich die Algenzusammensetzung der Situation anpassen. Die Berücksichtigung gegenseitiger Beeinflussung, einschliesslich der Beobachtung, dass Algenkulturen im Ueberschuss zugesetzte Phosphate schneller aufnehmen als Kohlenstoffverbindungen und dass vorübergehende Phosphorreserven geschaffen werden (sog. "luxury uptake"), erhöht die Komplexität eines Modells derart rasch, dass immer mehr Modellparameter bekannt sein müssen. Aus diesen Gründen werden für Eutrophierungsmodelle trotz weiterer Kenntnis meistens fixe stöchiometrische Verhältnisse angewendet.

Phosphorkreisläufe

Für Modellrechnungen müssen auf jeden Fall auch seeinterne Phosphorkreisläufe berücksichtigt werden. Die Veratmung und das Wiederzurverfügungstellen von Phosphor für die Photosynthese im Epilimnion ist ein solcher Kreislauf. Eine andere zyklische Erscheinung ist die jahreszeitliche Durchmischung, welche hypolimnischen Phosphor wieder in die trophogene Zone bringt. Diese Kreisläufe bewirken, dass bis zu zwei Drittel des für die Photosynthese verwendeten Phosphors nicht aus fremden (allochthonen) Quellen, sondern aus internen Zuflüssen stammt. Diese Tatsache wird besonders bei Sanierungsmassnahmen bemerkbar, wenn sich ein See auch nach völliger Unterbrechung der Phosphorzufuhr nur langsam erholt, weil ein grosser Anteil zirkuliert.

Vollenweidermodell

Die wohl bekannteste und für spätere Belastbarkeitsmodelle wertvollste Studie stammt von Vollenweider (1968, 1975). Das erste Modell, eine Darstellung der spezifischen Gesamtbelastung an Phosphor als Funktion der mittleren Tiefe eines Sees hatte eine klärende Wirkung auf das Verständnis von Belastungsmodellen. Eine Verbesserung ergab die Berücksichtigung der Aufenthaltszeit des Wassers in der Darstellung. Mit diesem erweiterten "Einbox"-Modell, welches den See als einen vollständig durchmischten Reaktor behandelt, lässt sich die Belastbarkeit, wie in Abbildung 8.10 dargestellt, ausdrücken.

Viele weitere Modelle, welche den Zusammenhang zwischen der Phosphorbelastung und der mittleren Phosphorkonzentration im See unter stationären Verhältnissen beschreiben, sind solche Einbox-Modelle. Alle diese Modelle dürfen aber niemals überschätzt werden und können höchstens als erste Näherung dienen, etwa zur Beantwortung der Frage: Wo steht ein See im Vergleich zu einem anderen, vorausgesetzt, er wäre ein durchschnittlicher Fall. Für eine detailliertere Sanierungsstudie oder Prognose hingegen sind alle diese einfachen Einbox-Modelle ungenügend.

Einige Unzulänglichkeiten seien kurz aufgeführt:

- Die Netto-Sedimentation ist nicht, wie in diesem Modell angenommen wird, proportional zur Phosphorkonzentration im See (Rücklösung aus dem Sediment).
- Der Phosphor ist im See nicht homogen verteilt (Schichtung des Sees).
- Der See ist bei variierender Nährstoffbelastung nicht in stationärem Zustand.

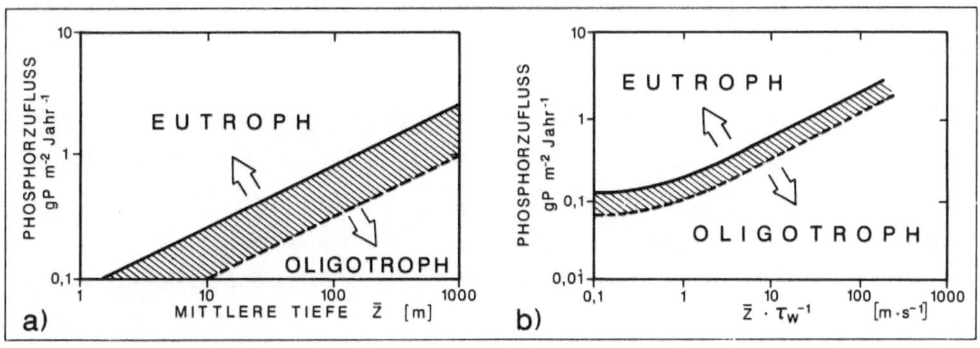

Abbildung 8.10

Vollenweider-Modell

A) Zusammenhang zwischen Phosphorzufluss und mittlerer Seetiefe $\bar{z}$

B) Verbessertes Modell unter Berücksichtigung der hydraulischen Aufenthaltszeit des Wassers (Auffüllzeit) τ_w. Nach Vollenweider, 1968 und 1975.

Neuere Modelle

Für die meisten Fälle von Belastbarkeitsstudien sind gründlichere, dynamische Modelle erforderlich, welche Stoffumsätze und Stoffbilanzen berücksichtigen. Dynamische Modelle erlauben auch Extrapolationen, also die Simulation des Seegeschehens unter veränderten Bedingungen. Für die Seesanierungen des Baldeggersees (Kanton Luzern) wurde von Imboden und Gächter ein Modell entwickelt, welches in Abbildung 8.11 dargestellt ist. Dieses eindimensionale Mischungsmodell wurde mit einem einfachen, auf stöchiometrischem Verhalten beruhenden Algenmodell kombiniert. Das Modell entspricht dem linearen Typus, der See wird als Abfolge aufeinander geschichteter Kompartimente betrachtet (Mehrbox-Modell), zwischen denen Austauschvorgänge stattfinden. Als Parameter wurden Phosphor, Primärproduktivität und Sauerstoffgehalt simuliert.

Bei der Perfektionierung solcher Modelle stösst man aber auch hier bald einmal an Grenzen. Je grösser die Anzahl der Zustandsvariablen in diesen verfeinerten Massenbilanz-Modellen ist, desto mehr und komplexere Daten müssen bekannt sein. Dabei darf aber das Modell nicht komplexer sein als die zugänglichen Daten. Zudem ist jeder See einzeln zu betrachten, Uebertragungen sind kaum möglich. Ja es muss sogar berücksichtigt werden, dass ein für einen bestimmten Seezustand angepasstes Modell nicht zur Prognose eines Zustandes verwendet werden kann, der weit vom kalibrierten Zustand entfernt ist.

Für eine Prognose über Gewässerzustände qualitativer Art sind alle bis heute entwickelten Seemodelle kaum brauchbar, weil sie nicht alle ökologischen Wechselwirkungen berücksichtigen können. Kein Modell kann voraussagen, welche Algenart zu welchem Zeitpunkt eine Algenblüte verursachen wird.

Resultate von Untersuchungen und Modellrechnungen

Als Phosphorquellen kommen vor allem Abwasser, Abschwemmungen aus dem Boden und Niederschläge aus der Luft in Frage. Das

Abbildung 8.11

Mehrbox-Seemodell von Imboden und Gächter, 1978.

GP bedeutet gelöster Phosphor
PP partikulärer Phosphor (Biomasse)

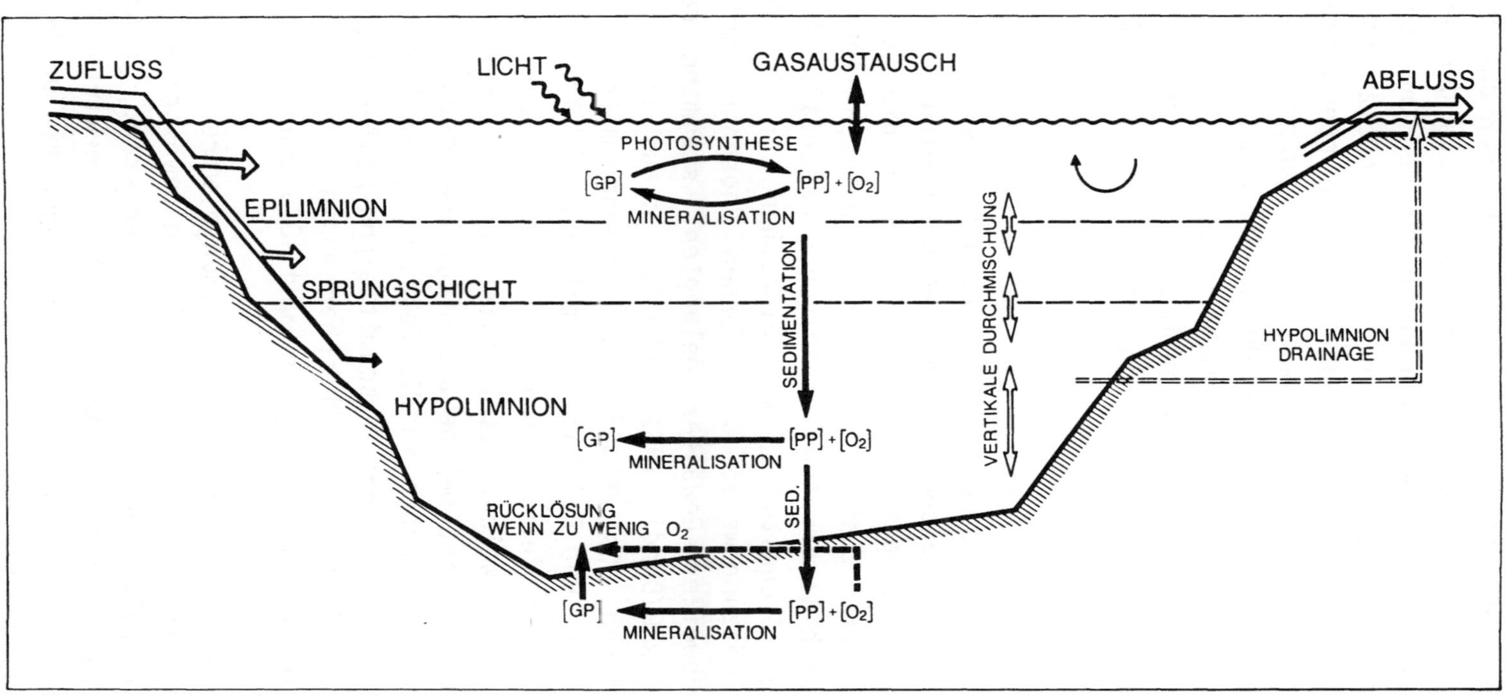

Abwasser enthält Phosphor aus den menschlichen Fäkalien (etwa 0,6 kg pro Einwohner und Jahr), aus der Nahrungsmittelzubereitung, aus gewissen Prozessen der Industrie und aus Wasch- und Reinigungsmitteln (in der Schweiz bis 1986 etwa 1,2 kg pro Einwohner und Jahr). Dieser hohe Gehalt erschwert die Elimination in den Abwasserreinigungsanlagen, da bei biologischen Reinigungsverfahren die Zusammensetzung des Klärschlamms aus stöchiometrischen Gründen limitiert ist. Zudem wird bei Hochwasserentlastungen durchschnittlich etwa zehn Prozent der Fracht ungereinigt in die Vorfluter (Seen, Flüsse) geleitet.

Durch die moderne intensive Bodenbewirtschaftung und als Nebenprodukt der Massentierhaltung wird viel Phosphor von den Böden abgeschwemmt. Aus Aeckern wird der Dünger auch durch Winde weggetragen und kann durch die Luft in die Gewässer kommen. Zusätzlich gelangen beträchtliche Mengen Phosphor durch Verbrennung organischen Materials, insbesondere fossiler Brennstoffe, via Atmosphäre in die Gewässer. Von den schätzungsweise 6000 Tonnen Phosphor, welche 1980 in die Schweizer Gewässer gelangten, stammten nach einer Studie (EAWAG/Bundi, 1981) 4800 Tonnen aus dem Abwasser, wobei 1600 Tonnen aus Fäkalien und Nahrungsmitteln, 2900 Tonnen aus Wasch- und Reinigungsmitteln und 300 Tonnen aus der Industrie kamen. Die restlichen 1200 Tonnen teilten sich auf in 700 Tonnen, welche aus landwirtschaftlich bearbeitetem Boden, und 500 Tonnen, welche aus nicht bewirtschaftetem Boden und über die Atmosphäre in die Gewässer gelangten. Unter der Annahme, dass durch das Waschmittelphosphatverbot von 1986 seither rund 2000 Tonnen Phosphor weniger in die Gewässer gelangen, bleibt ein Eintrag von rund 4000 Tonnen pro Jahr.

Diese anfallende Phosphatmenge wird natürlich nicht gleichmässig auf die schweizerischen Gewässer verteilt. So schwankt die Belastung der Alpenrandseen stark, je nachdem, ob der See ein intensiv landwirtschaftlich bewirtschaftetes Einzugsgebiet, ein stark besiedeltes oder ein unbewirtschaftetes Einzugsgebiet besitzt.

Abbildung 8.12

Möglichkeiten zur Reduktion des Phosphoreintrages in die schweizerischen Gewässer.
Nach Bundi und Näf in EAWAG/ Bundi, 1981.

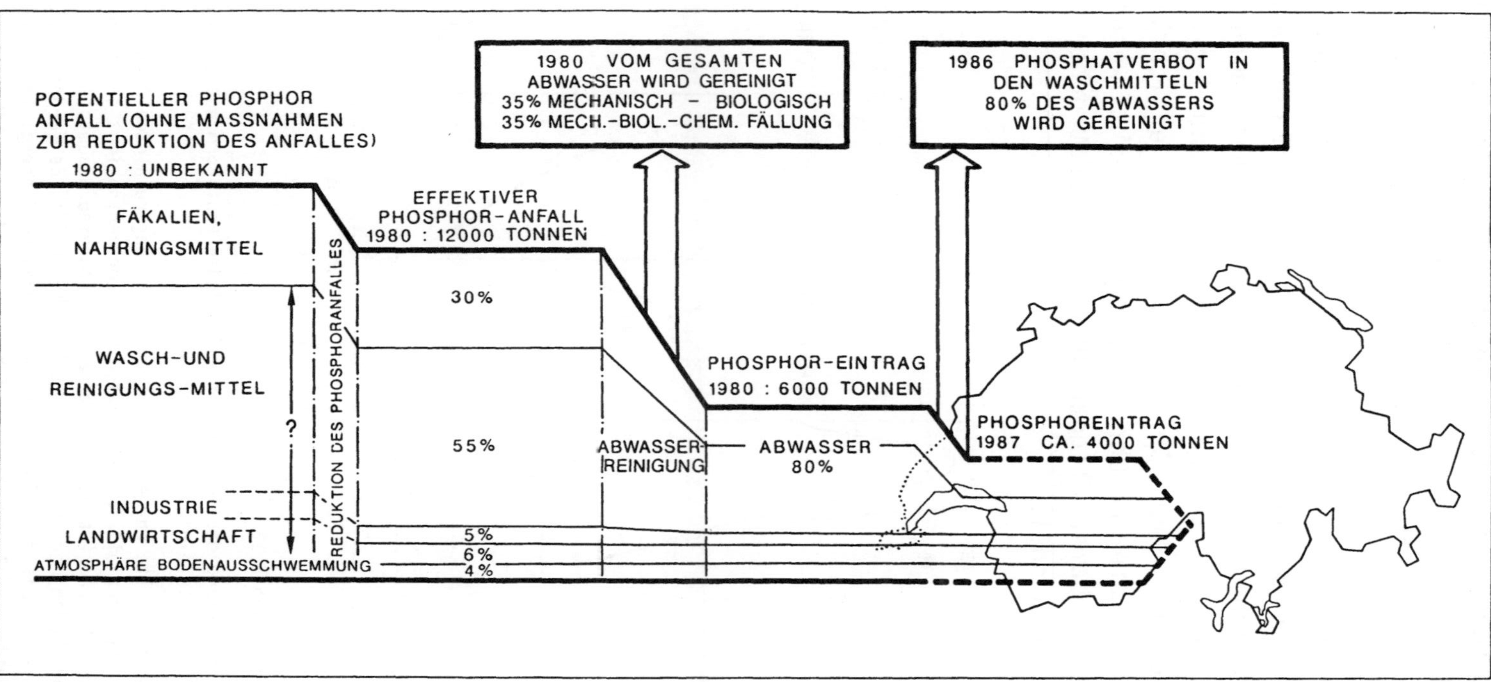

Aufgrund der beschriebenen Modelle lässt sich für einen See die tolerable Belastung, also die maximale Fracht an Phosphor, welche den See im oligotroph-mesotrophen Zustand halten würde, berechnen. Die meisten in der Literatur publizierten Daten wurden mit dem Vollenweider-Modell berechnet, weil nicht genügend Parameter-Daten bekannt waren. Als tolerable Phosphormenge wurde für die in Abbildung 8.13 dargestellten Seen 10 Mikrogramm pro Liter während der Frühjahrszirkulation gewählt. Aus den Diagrammen ist ersichtlich, dass für alle Seen die Zufuhr drastisch gesenkt werden muss, wenn ein wünschbarer oligotropher, bis mesotropher Seezustand erreicht werden soll.

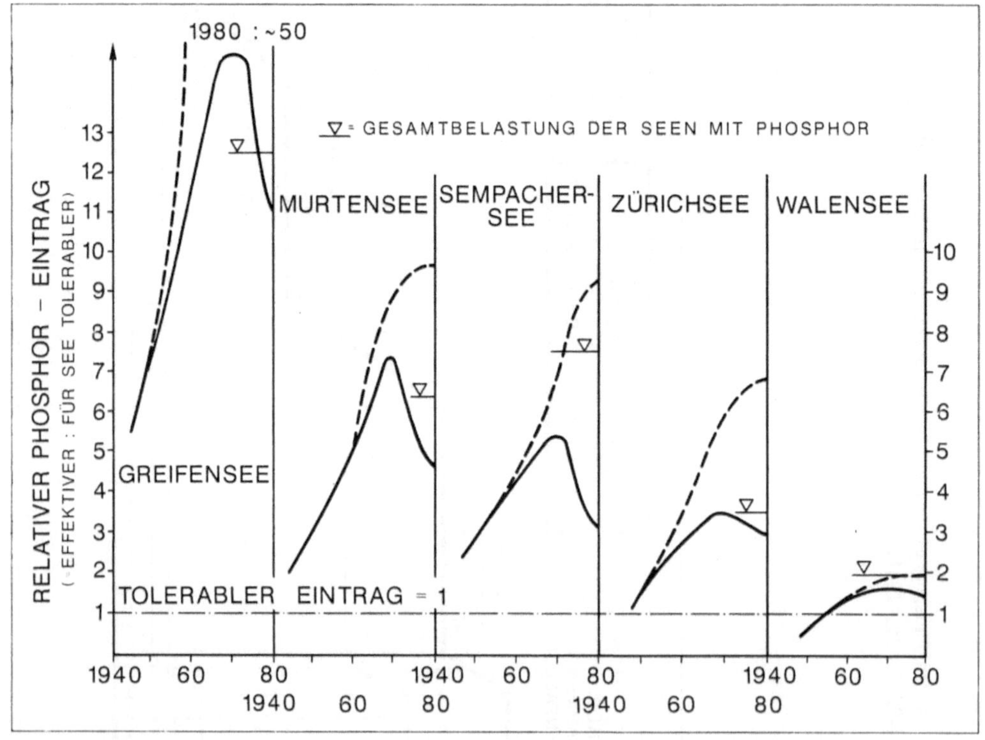

Abbildung 8.13

Entwicklung der im Abwasser anfallenden Phosphormengen, verglichen mit dem tolerablen Eintrag in einige Schweizer Seen.

Gestrichelte Kurve: Phosphoranfall im ungereinigten Abwasser. Ausgezogene Kurve: Phosphoranfall im gereinigten Abwasser, entspricht der in den See geleiteten Abwasser-Phosphorfracht. Bei der eingezeichneten Gesamtbelastung ist der diffuse Eintrag aus Böden und via Atmosphäre berücksichtigt. Es werden relative Mengen angegeben (Verhältnis des effektiven zum tolerablen Eintrag; letzterer wurde mit dem Vollenweidermodell berechnet). Nach Bundi und Näf in EAWAG/ Bundi, 1981.

Betrachten wir die Phosphatquellen, so kommen für die Reduktion in erster Linie die Wasch- und Reinigungsmittelphosphate in Frage. Durch ein Verbot derselben, wie es in der Schweiz für Waschmittelphosphate zustande gekommen ist, oder noch besser, durch Aendern unserer Waschgewohnheiten liessen sich diese Frachten relativ rasch eliminieren. Dabei muss natürlich berücksichtigt werden, dass ein Ersetzen des Phosphors durch einen anderen Stoff wie das stickstoffhaltige NTA ebenfalls ökologische Probleme verursachen kann. 1983 enthielten nach einer Studie des Bundesamtes für Umweltschutz (Bern) die Haushalt- und gewerblichen Produkte 4290 Tonnen Phosphor in Waschmitteln und 1190 Tonnen in Reinigungs- und Spülmitteln. Durch ein Verbot dieser Wasserenthärter allein wird nun aber kein See die tolerable Belastung erreichen. Es müssen gleichzeitig weitere Massnahmen ergriffen werden. Bei zusätzlicher Ausrüstung aller Abwasserreinigungsanlagen mit teuren Flokkungsfiltrationsanlagen (die Elimination eines Kilogramm Phosphors kostet in einer solchen Anlage über hundert Franken) würden für einige Seen wie den Zürich-, Boden- oder Genfersee die tolerablen Belastungen unterschritten.

Für andere Seen sind aber schon die diffusen Einträge aus der Landwirtschaft und der Luft grösser als die vom See zu verkraftende Menge, so dass für Seen wie den Baldegger-, Sempacher-, Pfäffiker- oder Zugersee zur Rettung zusätzlich noch direkte Restaurierungsmassnahmen wie Belüftung, Zwangsdurchmischung oder Tiefenwasserableitung ergriffen werden müssen.

Die Nahrungsmittelproduktion und somit die Landwirtschaft, ja sogar die Luftverschmutzung werden plötzlich zum wichtigsten Phosphorbelastungsfaktoren unserer Seen. Wir sehen hier deutlich, dass Gewässerschutz nicht von gesamtökologischen und ökonomischen Betrachtungen gelöst werden kann.

9. Verunreinigungsquellen

Aus den biogeochemischen Kreisläufen stammen alle Stoffe, welche in unbeeinträchtigten Gewässern anzutreffen sind. Oft machen diese auch den Hauptteil eines anthropogen belasteten Gewässers aus, denken wir beispielsweise an den Gehalt an Calciumhydrogencarbonat bzw. die Härte. Die aus menschlicher Tätigkeit stammenden Stoffe erreichen auf vielen Wegen die Gewässer. Gelangen sie über Abwassereinleitungen in den Fluss oder einen See, spricht man von punktförmigen, lokalisierbaren Verunreinigungsquellen. Dazu gehören Abwässer aus Haushalt, Gewerbe und Industrie sowie Abschwemmungen von Siedlungsgebieten und Verkehrsflächen. Sickerwasser von Mülldeponien oder eine aus einem Unfall stammende Verunreinigung werden ebenfalls zu den punktförmigen Quellen gezählt.

Viele Stoffe gelangen hingegen über nicht lokalisierbare Wege in die Gewässer. Zu diesen zählen alle Einträge, welche durch Emissionen aus Industrie, Verkehr, Hausfeuerungen und Kehrichtverbrennungsanlagen über die Atmosphäre in die Gewässer gelangen. Auch die durch landwirtschaftliche Bearbeitung und Düngung des Bodens über Grundwasser in die Gewässer verfrachteten Substanzen erreichen die Gewässer über diffuse Wege. Die Eintragsmengen dieser aus nicht punktförmigen Quellen stammenden Stoffe sind besonders schwierig abzuschätzen. Nicht nur deshalb, weil oft weder örtliche noch zeitliche Einwirkungen bekannt sind, sondern auch, weil durch eine Vielfalt von Prozessen und Umwandlungen der Stoffe Rückschlüsse aus Gewässer-Analysendaten problematisch sind. Zwischen Eintrag und Konzentration besteht meist kein linearer Zusammenhang (vgl. Kapitel 10), so dass beispielsweise aus der Phosphatkonzentration eines Sees nicht auf die von aussen zugeflossene Phosphatmenge geschlossen werden darf. Zudem sind Daten von unbeeinträchtigten Referenzgewässern kaum zugänglich, vor allem weil es solche meist gar nicht mehr gibt. Für die Dimensionierung und Berechnung von Abwasserreinigungsanlagen werden die aus diffusen Quellen stammenden

Verunreinigungen zusammen mit den natürlich vorhandenen Stoffen als sogenannte Grundkonzentrationen bzw. Grundfrachten bezeichnet. Für Modellberechnungen von Fliessgewässern sind solche Grundkonzentrationsangaben oft sinnvoll, weil bei Niederwasserführung daraus die kritischen Gewässerbelastungen definiert werden können. Bei Seen hingegen spielen vor allem die flächenspezifischen Jahresfrachten eine gewichtigere Rolle, wie wir dies bei den Phosphatbetrachtungen gesehen haben.

Im folgenden wollen wir eine Uebersicht über die wichtigsten anthropogenen Verunreinigungsquellen geben.

9.1 Punktförmige Quellen

Abwassereinleitungen

Der Grossteil der schweizerischen Haushalte und Betriebe ist heute an die kommunalen Schmutzwasserkanalisationen angeschlossen, welche die Abwässer aus Haushalten, Dienstleistungsbetrieben, gewerblichen und industriellen Arbeitsstätten sowie Regenwasserabläufe von Strassen und Dächern sammeln und in eine Abwasserreinigungsanlage leiten. Das mehr oder weniger gut gereinigte Abwasser fliesst sodann in ein Gewässer, die sogenannte Vorflut. Durchschnittlich verbraucht der Schweizer etwa 500 Liter Trinkwasser täglich, wobei die Hälfte in Haushalten und je ein Viertel in der Industrie, inklusive Gewerbe, und für öffentliche Zwecke verwendet wird. Zu diesen 500 Litern kommen in unregelmässigen Schüben durchschnittlich noch etwa 100 Liter Regen- und Schneeschmelzwasser pro Einwohner und Tag ins Mischkanalisationsnetz, so dass durchschnittlich pro Einwohner und Tag rund etwa 0,6 Kubikmeter teilweise gereinigtes Abwasser in unsere Gewässer fliessen. Dies ist etwa 2% der täglich von unseren Flüssen transportierten Wassermenge. In einem stark bevölkerten Einzugsgebiet kann die Abwassermenge aber bis 20% des Vorfluterwasserflusses ausmachen.

Häusliche Abwässer

Häusliches Abwasser besteht aus verbrauchtem Versorgungswasser der Städte und Gemeinden und stammt vorwiegend aus Haushaltungen, öffentlichen Gebäuden, Geschäftshäusern und Kleingewerben wie Gaststätten, Bäckereien oder Coiffeurbetrieben. Das häusliche Abwasser fällt also hauptsächlich durch menschliche Grundaktivitäten wie Körperpflege, Waschen und Speisezubereitung an. In früheren Jahren stellten die leicht abbaubaren organischen Stoffe beim direkten Einleiten in unsere Gewässer die bedeutendsten Belastungen dar. Pro Einwohner und Tag rechnete man mit etwa 40 Gramm gut abbaubarem organischem Kohlenstoff, etwa 12 Gramm Stickstoff in Form von Nitraten, Ammoniak und organischen Aminen sowie etwa 1,5 Gramm Phosphor. Sauerstoffdefizit in den Flüssen, Verfärbungen, Abtreiben von Fäkalien, Auftreten von Abwasserpilzen und Geruchsbelästigungen waren die Regel. Durch den Bau von mechanisch-biologischen Kläranlagen in den letzten vierzig Jahren konnten diese Belästigungen weitgehend behoben werden.

In der Zwischenzeit hat sich das häusliche Abwasser jedoch stark verändert. Die Nahrungszubereitung ist immer mehr durch Fertigprodukte einer immer gewichtigeren Nahrungsmittelindustrie ergänzt worden, so dass die gut abbaubaren organischen Verbindungen im Abwasser trotz reicherem Speiseteller nicht

ABWASSERMENGE 1981 : $1{,}75 \cdot 10^9\ m^3$ = 100%			
HÄUSLICHES UND AUS KLEINGEWERBE	INDUSTRIELLES	REGEN UND SCHMELZWASSER	FREMDWASSER
~25%	~20%	~15%	~40%

Tabelle 9.1

Menge und Herkunft des schweizerischen Abwassers, das in zentrale Abwasserreinigungsanlagen gelangt. Fremdwasser ist sauberes Wasser, das ständig zusammen mit dem verschmutzten Abwasser in die ARA (Abwasserreinigungsanlage) fliesst. Dieses stammt aus Bächen, Quellfassungen, laufenden Brunnen, Drainage- und Sickerleitungen usw. Je verdünnter das Abwasser ist, desto kleiner wird der Wirkungsgrad der Anlage.
Nach Bundesamt für Umweltschutz Bern, 1985.

zugenommen haben. Neue Wasch- und Abwaschgewohnheiten liessen den Waschmittelverbrauch auf über zehn Kilogramm pro Kopf und Jahr ansteigen, wobei ein zunehmender Verbrauch von synthetischen waschaktiven Substanzen beobachtet wird. Dieser Zuwachs ist, neben dem Phosphatproblem, zu einer von der Bevölkerung noch nicht richtig eingeschätzten Bedrohung für unsere Gewässer geworden.

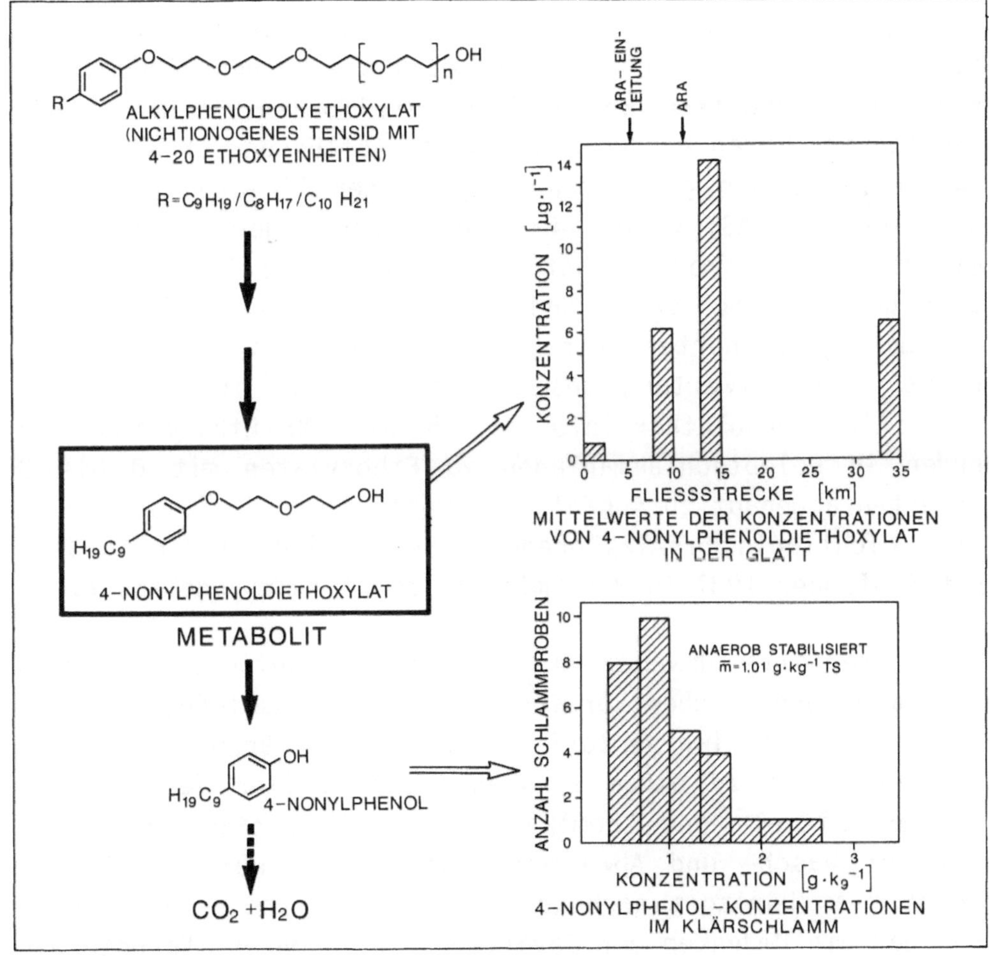

Abbildung 9.1

Tenside vermindern die Grenzflächenspannung und sind die aktiven Substanzen in Wasch- und Reinigungsmitteln.
Nichtionogene Tenside wie Alkylphenolethoxylate werden in Gewässern oder in der Kläranlage nur teilweise abgebaut. Man findet die Metaboliten in den Gewässern (Beispiel: im Fluss Glatt bei Zürich) und im Klärschlamm. Nach Giger, 1984.

In der Schweiz gelangen heute jährlich rund 15'000 Tonnen synthetische Tenside (waschaktive Substanzen) ins Abwasser, doppelt so viele wie vor 25 Jahren. Davon sind etwa 70% lineare Alkylbenzolsulfonate und etwa 10% nichtionische Alkylphenolderivate. Diese rund 8 Gramm synthetische Tenside pro Kopf und Tag sind nur teilweise biologisch abbaubar. Seitdem die sogenannt harten, nicht abbaubaren Tenside durch weiche, abbaubare ersetzt worden sind, und die Schaumberge in den Flüssen unterhalb der Kläranlagen verschwunden sind, hat sich die Lage vor allem optisch verbessert: Die waschaktiven Substanzen werden so weit abgebaut, dass sie keinen Schaum mehr erzeugen. Metaboliten der Alkylbenzolsulfonate wie die Sulfophenylcarbonsäuren werden aber in den Abflüssen der ARA nachgewiesen. Die als gut abbaubar geltenden linearen Alkylbenzolsulfonate (LAS) werden im Klärschlamm angereichert (Mittelwert 4 g/kg Trockensubstanz). Gegenwärtig ist wenig bekannt über das Schicksal und mögliche Auswirkungen im Klärschlamm angereicherter antropogener Stoffe bei der landwirtschaftlichen Verwertung des Schlammes. Auch die nichtionischen Alkylphenolethoxylate mit 5 bis 30 Ethoxyeinheiten werden in Belebtschlammanlagen zu Ethoxylaten mit 0 bis 3 Einheiten abgebaut zu schädlichen Metaboliten (vgl. Abbildung 9.1). Nichtionische Alkylphenolderivate sind in der Schweiz seit September 1987 in Waschmitteln nicht mehr zugelassen.

Die bakterielle Umwandlung solcher hydrophiler, teilweise abbaubarer organischer Verbindungen in fettlösliche, schlecht abbaubare und teilweise toxische Stoffe in Kläranlagen und in Gewässern wird zu einem ernsten Problem. Eine Verminderung der Waschmittel- und Chemikalienfracht ist nicht absehbar, weil der Wasch- und Abwaschmittelverbrauch weiter ansteigt und sich am Horizont noch keine waschtechnischen Aenderungen oder gar ein Umdenken der Bevölkerung abzeichnen. Verbote wie etwa das Phosphatverbot in Waschmitteln bewirken ein Ausweichen auf Ersatzstoffe und nicht eine signifikante Reduktion der Mengen. Bedenklich ist auch der Trend zu Vollwaschmitteln, bei deren Gebrauch aus Bequemlichkeitsgründen immer eine bestimmte Menge für den jeweils gewählten Waschvorgang unnützer Stoffe in die Gewässer gelangen.

Weiter wird in den Haushalten eine stetig wachsende Zahl chlorierter Kohlenwasserstoffe z.B. Trichlorethan als Lösungsmittel und anderer synthetischer Erdölprodukte) verwendet, welche in die Gewässer gelangen. Durch die Beschleunigung der Schwermetallkreisläufe nahm auch der Schwermetallgehalt der häuslichen Abwässer um das zehn- bis hundertfache zu. Der Frachtanteil an Schwermetallen aus menschlichen Exkrementen hingegen ist vernachlässigbar klein.

Abwasser aus Industrie und Gewerbe

Während die Zusammensetzung der häuslichen Abwässer von Gemeinde zu Gemeinde kaum variiert und sogar die Stadt-/Landunterschiede einigermassen überschaubar sind, gilt dies für industrielle Betriebe nicht.

Die meisten der 75'000 abwasserliefernden Betriebe in der Schweiz sind an kommunale Systeme angeschlossen, nur wenige Grossbetriebe der chemischen Industrie und der Zellstoffproduktion betreiben betriebseigene Vollreinigung. Da die Menge und die Zusammensetzung der Abwässer, aber auch der zeitliche Abwasseranfall von Branche zu Branche, häufig sogar auch von Betrieb zu Betrieb der gleichen Branche, stark variieren, ist die Ermittlung der Industriefrachten eine äusserst aufwendige Sache.

Differenzierte Angaben, welche sich auf Rohstoffe, Hilfsstoffe, Endprodukte und deren Emissionen einzelner Betriebe beziehen, sind in der Literatur nur selten anzutreffen. Es wäre dringend notwendig, neben den vorhandenen Betriebszählungen, Industriestatistiken und statistischen Angaben über die Wasserversorgung auch ergänzende Erhebungen im Hinblick auf Umweltschutzmassnahmen zu veranlassen.

In der Studie "Gewässerschutz 2000" (1977) wurde festgestellt, dass Industrie und Gewerbe gesamthaft etwa gleichviel biologisch abbaubare Stoffe produzieren wie die Haushalte, der Anteil an schwer abbaubaren organischen Substanzen erwartungsgemäss aber wesentlich grösser ist als in häuslichen Abwässern. Einen grossen Beitrag an solchen refraktären organischen Stoffen liefern vor allem die Chemische-, die Zellstoff- und die Papierindustrie sowie die gewerblichen Reinigungsbetriebe.

Für die chemische Reinigung von Textilien und die Metallentfettung im metallbearbeitenden Gewerbe wird Tetrachlorethylen verwendet, von welchem in der Schweiz pro Jahr mehr als 12'000 Tonnen verbraucht werden. Ein Grossteil dieses schwer abbaubaren Lösungsmittels geht als Verluste in die Atmosphäre (Siedepunkt 121°C), ein geringer Anteil ins Abwasser. Die breite Verwendung dieses in Gewässern nicht abbaubaren Stoffes bewirkt jedoch, dass in allen kommunalen Abwässern Tetrachlorethylen im Mikrogramm-pro-Liter-Bereich beobachtet wird. Aehnlich verhält es sich mit anderen chlorierten Lösungsmitteln, welche in ähnlichen Mengen verwendet werden. Für die Herstellung der über 65'000 Industrieprodukte wird eine riesige Menge an Edukten, Reinigungs-, Neutralisierungs- und Lösungsmitteln verwendet, wobei immer ein gewisser Anteil ins Abwasser gelangt. In der chemischen Industrie in Basel wird nach Bretscher, 1983, pro Tonne Nutzgut durchschnittlich eine Tonne Abfall produziert.

Hervorgehoben seien hier noch die Schwermetallfrachten. Rund 50% aller in der Schweizer Industrie Beschäftigten arbeiten in der metallbearbeitenden Branche, welche fast 45% aller Betriebe ausmacht. Aber erst ein paar hundert Betriebe sind mit einer Metallabscheideanlage ausgerüstet, welche die Schwermetalle als Hydroxide ausfällt. Auch das graphische Gewerbe sowie viele weitere Industriezweige liefern grosse Anteile an Metallfrachten ins Abwasser. Will man die genaue

---

Abbildung 9.2

Sedimente sind das Geschichtsbuch in bezug auf die anthropogene Mobilisierung von Metallen. Die Zinkkonzentrationsprofile in den Sedimenten des Bodensees und des Rheins zeigen zeitlich ähnliche Tendenzen wie die Produktionskurve dieses Schwermetalls.

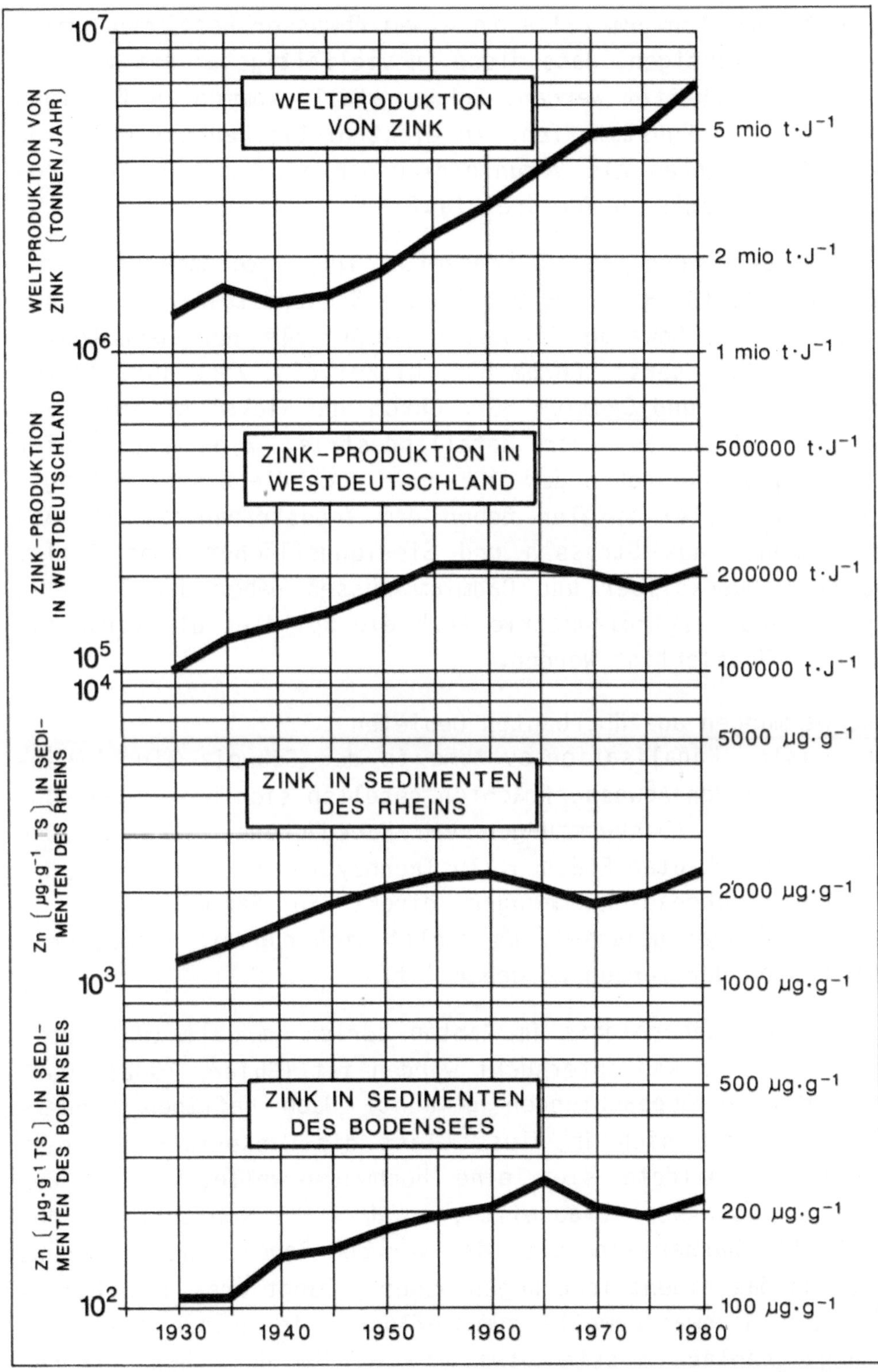
WELTPRODUKTION VON ZINK (TONNEN/JAHR)
WELTPRODUKTION VON ZINK
ZINK-PRODUKTION IN WESTDEUTSCHLAND
ZINK-PRODUKTION IN WESTDEUTSCHLAND
Zn (µg·g⁻¹ TS) IN SEDIMENTEN DES RHEINS
ZINK IN SEDIMENTEN DES RHEINS
Zn (µg·g⁻¹ TS) IN SEDIMENTEN DES BODENSEES
ZINK IN SEDIMENTEN DES BODENSEES
10^7
10^6
10^5
10^4
10^3
10^2
5 mio t·J⁻¹
2 mio t·J⁻¹
1 mio t·J⁻¹
500000 t·J⁻¹
200000 t·J⁻¹
100000 t·J⁻¹
5000 µg·g⁻¹
2000 µg·g⁻¹
1000 µg·g⁻¹
500 µg·g⁻¹
200 µg·g⁻¹
100 µg·g⁻¹
1930
1940
1950
1960
1970
1980

Herkunft der Schwermetalle in einem Abwasser bestimmen, muss man berücksichtigen, dass diese in vielfältigster Art verwendet und verarbeitet werden: Schwermetalle kommen in farbigen Pigmenten, in Kunststoffen, in elektrolytischen Lösungen vor oder sie gelangen als Verunreinigungen in die Industrieproduktion und somit in den Kreislauf.

Eine Untersuchung des Bundesamtes für Umweltschutz Bern, 1983, der Region Biel ergab folgende Schwermetallfrachten aus Industrie und Gewerbe (prozentuale Anteile der Gesamtbelastung des Abwassers): Chrom 80%, Nickel 65%, Zink 40%, Kupfer 40%, Blei 35% und Cadmium 35%. Chrom und Nickel stammen fast ausschliesslich aus der Metallindustrie. Zink und Kupfer haben als Quelle neben der Industrie auch die Wasserleitungsrohre. Beim Blei spielen neben dem Industrieanteil die Abschwemmungen aus Strassen und Siedlungsflächen eine Rolle, und beim Quecksilber und Cadmium müssen neben der Textil-, Papier- und Elektroindustrie auch die Spitäler als Verunreiniger berücksichtigt werden.

Abschwemmungen aus überbauten Gebieten

Die meisten Kanalisationssysteme in der Schweiz sind Mischsysteme. Zu den Abwasserfrachten gesellen sich bei Regen- und Tauwetter die Abschwemmungen von Hausdächern, Strassen und weiteren überbauten Flächen. In Trennsystemen hingegen werden die Oberflächenabschwemmungen direkt in Sammelkanälen in Flüsse und Seen geleitet. Es stellt sich nun die Frage, welchem System der Vorzug zu geben ist.

Bei einem Regenereignis im Kanton Zürich im Juli 1981, welches von der EAWAG untersucht worden ist (Gujer, 1982), wurden folgende Beobachtungen gemacht: Nach heftigen Niederschlägen hatte sich im Fluss Glatt die Wasserführung stark erhöht. Es bildete sich eine Hochwasserwelle, welche dem Regenabflusswasser vorauseilte, so dass der Kopfteil der Abflusswelle Wasser enthielt, das vor dem Regen schon im Fluss war, und das eigentliche Regenwasser gelangt erst nach Durchgang der Hochwasserwelle zum Abfluss. Die grosse Abwasserreinigungsanlage musste etwa die Hälfte der Abwassermenge nach dem Vorklärbecken zur Entlastung direkt in den Fluss ableiten, so dass die mit konzentriertem Abwasser gefüllten Vorklärbecken durch verdünntes Regenwasser ausgestossen wurden. Diese Ueberschwemmung mit ungereinigtem, altem Abwasser war für die Glatt die grösste Schmutzquelle. Dies führte im Fluss zu einem zehnfachen Anstieg der Fracht an partikulären Stoffen. Besonders der Anstieg der gemessenen Xylolfracht (Erdölbestandteil) von 1 auf 200 Milligramm pro Sekunde oder auch der Anstieg an chlorierten gelösten Kohlenwasserstoffen von 10 auf 500 Milligramm pro Sekunde unterstreichen diesen Ausstoss.

Das Aufwirbeln bereits sedimentierter Feststoffe und der daran adsorbierten Substanzen wie Schwermetalle lieferte einen weiteren beträchtlichen Anteil an der Belastung des Flusses. Eine dritte Verschmutzungsquelle war die zusätzliche Abschwemmung von Schmutzstoffen aus Strassen und der Kanalisation. Interessant ist, dass im Fluss bezüglich Blei zwei Fracht- und Konzentrationsspitzen beobachtet wurden. Die erste gleichzeitig mit der maximalen Abflussmenge, welche durch das Aufwirbeln bereits sedimentierten Bleis in der Glatt entstand, die zweite zusammen mit der Abwasserwelle, welche durch den mit dem Regenwasser abgeschwemmten Bleistaub verursacht wurde.

Zieht man die Bilanz dieses detailliert untersuchten Regenereignisses, kommt man zum Schluss, dass Vorklärbecken zwar wirksam sind für das Zurückhalten von suspendierten und daran gebundenen Stoffen, dass sie aber für organisch gelöste und in der Abwasserreinigungsanlage eliminierbare Stoffe eine negative Wirkung haben, falls der stärker konzentrierte Inhalt ausgestossen werden muss. In letzter Zeit ist es deshalb üblich geworden, zusätzliche Regenrückhaltebecken zu bauen, um Kläranlagen und Vorfluter zu entlasten. Die Wirksamkeit dieser Bauten wird aber oftmals angezweifelt, weil durch den Verdünnungseffekt die Reinigungsleistung der Anlage vermindert wird. Soll man somit die Oberflächenabflüsse direkt in den Vorfluter einleiten?

Untersucht man die Frachten der Abschwemmungen über eine längere Zeitspanne, wie dies in Arbeiten über einen Autobahnabschnitt zwischen Winterthur und Zürich (Dauber et al., 1979) sowie über ein städtisches Wohnquartier mit 50% überbautem und kanalisiertem Land geschehen ist (Roberts et al., 1976; Dauber und Novak, 1983), stellt man fest, dass die Abflüsse durchschnittlich dreissigmal mehr feste Schwebestoffe enthalten als das Regenwasser und auch die Konzentrationen von Phosphor, von totalem organischem Kohlenstoff sowie der chemische Sauerstoffbedarf im Abfluss signifikant grösser sind. Die Konzentrationen der Schwermetalle sind in der Nähe stark befahrener Autostrassen und bei der Autobahn etwa fünfmal grösser als in den Niederschlägen. Beim Meteorwasser der Autobahn sind einzig die Ammonium- und die Cadmiumkonzentrationen gleich gross wie im Niederschlagswasser, woraus man schliessen darf, dass durch den Verkehr diese beiden Stoffe nicht ausgestossen werden.

Die Jahresfrachten für Schadstoffe im gereinigten Abwasser aber sind ausser beim Blei in jedem Fall zehn- bis zweihundertmal höher als die Frachten aus Autobahn- und Siedlungsabschwemmungen, so dass die Abschwemmungen in der Kläranlage einen unerwünschten Verdünnungseffekt erzielen und man sich fragen muss, ob es nicht sinnvoll wäre, vermehrt Trennsysteme einzuführen. Bei Trennsystemen würden insgesamt weniger Schadstoffe in die Gewässer gelangen.

9.2 Diffuse Quellen

Das auf die Erdoberfläche in Form von Regen oder Schnee auftreffende Wasser versickert im Boden und speist, nach mehr oder weniger langer Aufenthaltszeit im Gestein, die Flüsse und Seen. Direkte Einträge in die Gewässer als Niederschlag oder Oberflächenabfluss machen höchstens einige Prozente der Gesamtflüsse aus, immerhin die gleiche Menge wie die Abwassereinleitungen. Die hauptsächlichen Eintragungsmöglichkeiten von diffus verteilten Schadstoffen sind somit diese direkten Niederschläge sowie die unterirdischen Quellen der Flüsse und Seen, welche oft aus landwirtschaftlich genutztem Gebiet stammen.

Niederschläge

Bis Mitte der siebziger Jahre wurden in der Schweiz praktisch keine Zusammensetzungen der Niederschläge gemessen. Die Luft galt als sauber, das Regenwasser wurde nicht als Verursacher von Gewässerverschmutzungen angesehen. Natürlich waren lokale Luftverschmutzungen wie der Londoner oder der Athener Smog bekannt. Auch die Versäuerung skandinavischer und kanadischer Seen durch sauren Regen hatte man schon beobachtet, aber dass Oekosysteme wie unsere gut gepufferten Seen oder Wälder ernsthaft durch die Luftverschmutzung gefährdet werden könnten, daran dachte man damals noch nicht. Die rasante Entwicklung der Luftverschmutzung erreichte 1984 in der Schweiz einen Höhepunkt, wobei heute vor allem der Ausstoss von Schwefeldioxid, Stickoxiden, Kohlenwasserstoffen und Blei durch Energieumsetzungen bei Feuerungen und Verkehr, von Chlorwasserstoff und Schwermetallen wie Cadmium in den Kehrichtverbrennungsanlagen sowie von unzähligen weiteren Stoffen aus Industrie und Gewerbe ins Gewicht fällt. Die Atmosphäre erweist sich als gutes Förderband für den Transport sämtlicher gasförmiger oder als Aerosol fein verteilter flüssiger oder an Feststoffpartikeln adsorbierter Stoffe. Diese Stoffe gelangen nach chemischen und physikalischen Transformationen in Form von flüssigen oder trockenen Niederschlägen wieder auf die Erdoberfläche. Dabei stellt man fest, dass das Regenwasser nur einen Bruchteil der Gesamtdepositionen ausmacht; der Rest wird in Form von trockenen Einwirkungen als Staub, direkt aus der Gasphase oder in Form von Nebel oder Schnee deponiert.

Untersuchungen der EAWAG (Zobrist, 1979/1983) über die Anteile der Schadstofffrachten in den Gesamtniederschlägen zeigen folgendes:

Schwermetalle wie Blei, Cadmium, Kupfer und Zink sind in den Niederschlägen in sehr viel höheren Konzentrationen vorhanden, als dies durch die natürlichen Kreisläufe zu erwarten wäre. In den Mittellandseen sind die Stoffeinträge dieser Metalle aus der Atmosphäre vergleichbar mit denjenigen aus den Flüssen. Blei gelangt zu mehr als 70% durch die Atmosphäre in unsere Seen. Die Zink-, Chrom-, Eisen-, Kupfer- und Cadmiumfrachten stammen zu 10-50% aus der Atmosphäre, während für Mangan, Natrium, Magnesium und Calcium die Niederschläge erwartungsgemäss eine untergeordnete Bedeutung haben. Für Blei, Zink und Kupfer misst man im Regenwasser bedeutend höhere Konzentrationen als im Rhein bei Basel, dem wichtigsten Abfluss der Schweiz. Den Grund für dieses Verhalten erklären wir im nächsten Kapitel.

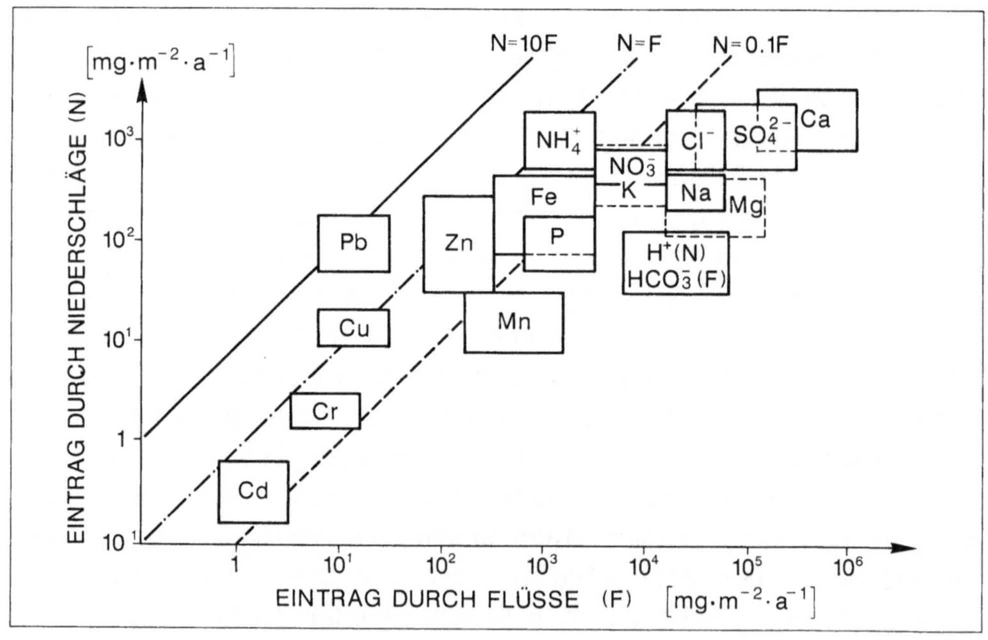

Abbildung 9.3

Grössenordnungsmässiger Vergleich des Stoffeintrages aus der Atmosphäre mit jenem der Flüsse für die schweizerischen Seen. Auf der 45°-Geraden (N=F) sind die beiden Einträge gleich gross. Während Blei vor allem über die Atmosphäre in die Seen gelangt, stammt Calcium aus den Flüssen. Nach Zobrist, 1983.

Saure Niederschläge: Durch die Verbrennung schwefelhaltiger fossiler Brennstoffe (global 5 Milliarden Tonnen pro Jahr) entsteht Schwefeldioxid, welches durch Oxidation mit Wasser zu Schwefelsäure wird. Bei Verbrennungsreaktionen mit genügend hohen Temperaturen, wie sie in Benzinmotoren oder in thermischen Kraftwerken vorkommen, wird Stickstoff aus der Luft zu Stickoxiden "fixiert", welche mit Wasser Salpetersäure bilden. Dabei bilden Regen- und Nebeltröpfchen ein günstiges Reaktionsmedium für diese Oxidations- und Säure-Base-Prozesse. Die drittwichtigste Säure in den Niederschlägen ist die Salzsäure, welche grösstenteils durch die Verbrennung chlorhaltiger organischer Verbindungen wie Polyvinylchlorid-Plastik in Müllverbrennungsanlagen entsteht.

Diese starken Säuren reagieren mit den in die Atmosphäre gelangenden Basen, welche meist natürlichen Ursprungs sind. Dies sind vor allem Kalk- und Magnesiumcarbonatstaub und Ammoniak, wobei letzteres wahrscheinlich zu einem guten Teil aus der Landwirtschaft stammt. Als Resultat dieser in der Atmosphäre stattfindenden Säure-Base-Reaktionen entsteht Regenwasser oder Nebel mit einem Ueberschuss an starken Säuren von etwa 50 Mikroäquivalenten pro Liter im Regenwasser, was einem Ueberschuss von 2,5 Milligramm Schwefelsäure pro Liter entspricht. Der pH-Wert des Regens schwankt zwischen 4 und 4,7. Ein von mineralischen Säuren unbeeinträchtigtes Regenwasser würde wegen seines Kohlendioxidgehaltes einen pH-Wert von 5,6 aufweisen. Nebel, welcher aus viel kleineren Tröpfchen mit einem Durchmesser von 10-50 Mikrometern besteht, kann zehn- bis hundertmal grössere Konzentrationen dieser Säuren und Basen aufweisen. Schätzungsweise die Hälfte bis zwei Drittel der Säuren wird durch Regen deponiert, der Rest durch Nebel und trockene Deposition abgelagert.

Die Auswirkungen dieser sauren Niederschläge auf die Gewässer sind unterschiedlich. Während die aus nicht kristallinem Gestein gespiesenen Flüsse und Seen relativ grosse Alkalinität, das heisst Karbonathärte besitzen und gegen sauren Regen gut gepuffert sind, weisen Bäche aus Einzugsgebieten mit

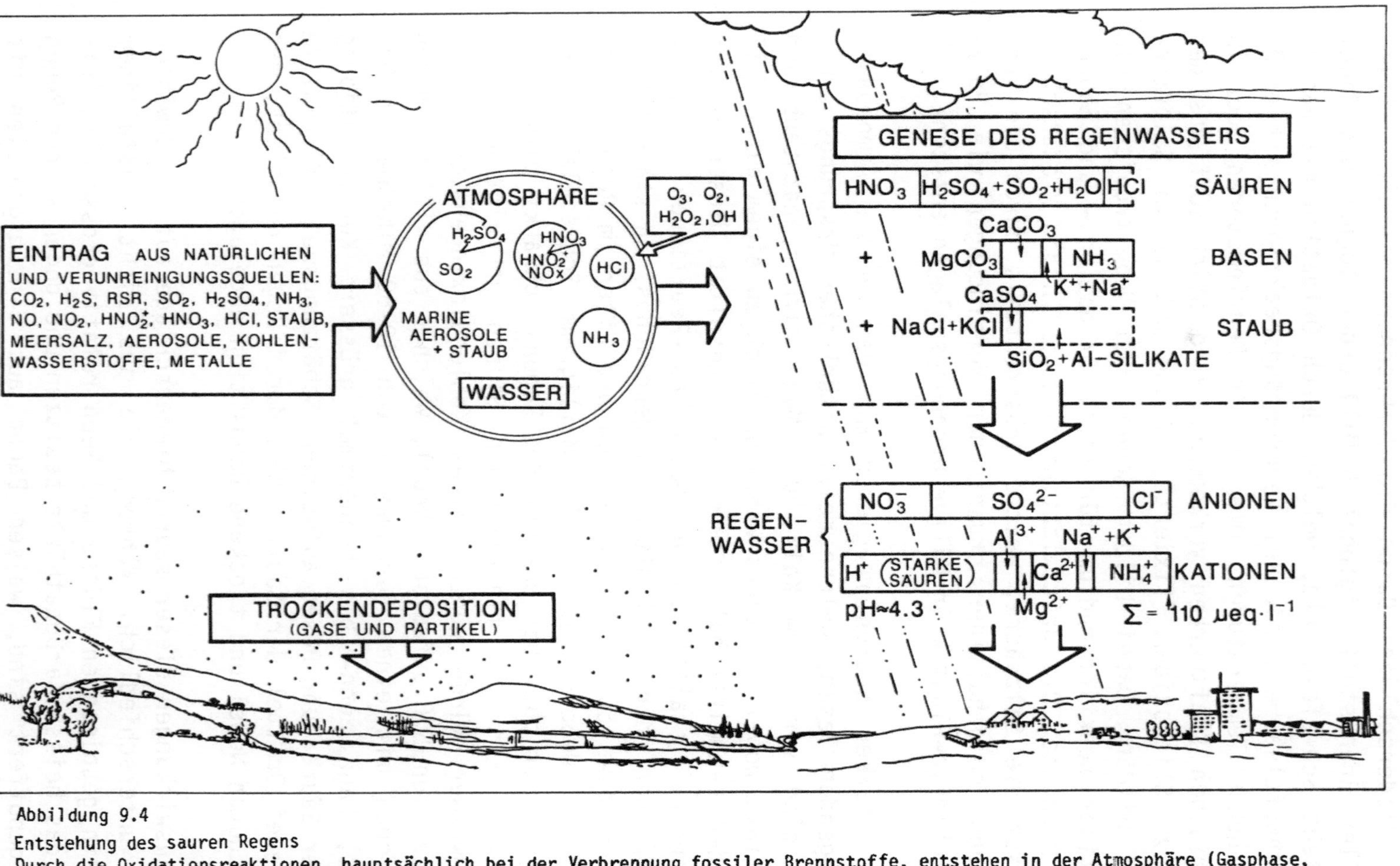

Abbildung 9.4

Entstehung des sauren Regens

Durch die Oxidationsreaktionen, hauptsächlich bei der Verbrennung fossiler Brennstoffe, entstehen in der Atmosphäre (Gasphase, Aerosole, Wassertröpfchen der Wolken und des Nebels) neben CO_2 schwefel- und stickstoffhaltige Oxide, welche nach teilweiser Oxidation zu einer Säure-Base-Wechselwirkung führen. Die Entstehung des sauren Regenwassers ist als Säure-Base-Titration dargestellt.

kristallinem Gestein und einer geringen Fliesszeit eine so kleine Alkalinität auf, dass die sauren Niederschläge nur teilweise neutralisiert werden und die Seen mit der Zeit immer saurer werden. Dies wird beispielsweise bei Tessiner Bergseen seit 10-15 Jahren beobachtet. Diese Versäuerung der Seen bringt weitere Probleme mit sich: Je saurer der See, desto grösser wird die Löslichkeit von Metallsalzen und Gesteinen. Im Tessiner Bergsee Laghetto inferiore sind die Zinn-, Cadmium- und Bleikonzentrationen 10-15 Mal grösser als im Bodensee, weil die Elimination der Metalle durch sedimentierende Schwebestoffe weniger wirksam ist. Dass Fische in sauren Seen sich nicht fortpflanzen können, ist wahrscheinlich auf die erhöhte Konzentration von gelösten Aluminiumionen (aus den Gesteinen) zurückzuführen und weniger auf die Konzentration an freier Säure.

Organische Stoffe: Viele schwer abbaubare flüchtige Stoffe, aber auch solche mit relativ niedrigem Dampfdruck werden als Gase in die Atmosphäre abgegeben. Dort werden sie, vor allem wenn sie einen niederen Dampfdruck haben, an die Aerosole adsorbiert und mit diesen, zusammen mit dem Niederschlag, wieder deponiert. Zum Beispiel werden in der Schweiz in nichtstädtischen Gebieten pro Jahr etwa 70 Gramm polyaromatische Kohlenwasserstoffverbindungen pro Hektare aus der Atmosphäre abgelagert. Diese stammen hauptsächlich aus fossilen Brennstoffen. Untersucht man irgendein Oberflächengewässer bezüglich der Zusammensetzung flüchtiger Substanzen, findet man nach einem Regenereignis sämtliche Benzinbestandteile in besonders grossen Mengen. Weitere, durch die Luft transportierte Kohlenstoffverbindungen sind Pestizide, chlorierte Biphenyle und viele andere (vgl. auch Abbildung 11.4).

Belastungen durch die Landwirtschaft

Die Entwicklung der Landwirtschaft in den letzten Jahrzehnten mit dem Ziel, immer grössere Erträge pro Hektare Land zu erreichen, bringt entsprechende Belastungen der Umwelt. Insbesondere auch die grössere Nachfrage der Konsumenten nach Fleischprodukten und die damit verbundene Entwicklung der

Intensivtierhaltung führten zu Ueberlastungen der Böden mit Dünger und Pestiziden, welche mit den Niederschlägen oder durch die Luft in die Gewässer gelangen können.

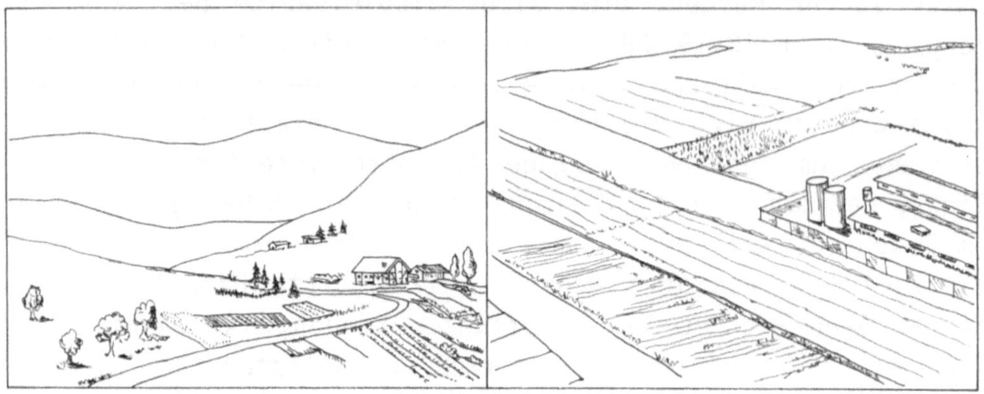

Abbildung 9.5

Kulturlandschaft mit naturnahen Elementen (links) und ausgeräumte Kulturlandschaft mit intensiv genutztem Boden (rechts).

Eine Grossvieheinheit entspricht (im Bezug auf organische Bestandteile und Phosphate) einem Einwohnergleichwert von 15. Mit anderen Worten: Eine Kuh produziert gleichviel Dünger wie 15 Menschen. In der Schweiz besteht ein Verhältnis von mehr als einer halben Grossvieheinheit pro Einwohner, das heisst, dass durch die Tierhaltung fast zehnmal mehr Dünger produziert wird als durch die Einwohner. Wenn die Viehhaltung aber konzentriert und industrialisiert wird und für die grosstechnischen Massentierhaltungsbetriebe entsprechend Futtermittel hinzugekauft werden müssen (der Futtermittelimport ist etwa gleich gross wie die Getreideproduktion in der Schweiz), dann können die Exkremente nicht mehr rezirkuliert werden. Aus arbeitstechnischen und wirtschaftlichen Gründen nimmt der Anteil aus Stallungen mit Schwemmentmistung und daher der Jauche gegenüber dem Mistanteil stetig zu. Da das Lagern von Jauche teuer ist, wird diese praktisch das ganze Jahr ausgebracht, auch ausserhalb der Vegetationszeit. Der Gülleanfall beträgt 30 bis 60 Mio. Kubikmeter pro Jahr. Ein Anschluss der Intensivtierhaltungsbetriebe an ein Kanalisationssystem würde die Belastung an Phosphor um einen Faktor 5 bis 10 erhöhen, so dass dessen Elimination auch mit modernsten Reinigungsanlagen nicht befriedigend gelöst werden könnte.

Die Phosphorbelastung der Gewässer durch landwirtschaftliche Betriebe wurde im Einzugsgebiet des Baldegger- und des Sempachersees von der EAWAG (Imboden, 1983; Gächter, 1983) untersucht: Der Schweinebestand ist seit dem letzten Weltkrieg um mehr als 500% angestiegen. Im Einzugsgebiet des Sempachersees werden jährlich 300 Tonnen Phosphor auf landwirtschaftliche Produktionsflächen ausgetragen, 20% davon als Mineraldünger. Aus genauen Bilanzen (den Phosphormengen wurde fast kiloweise nachgespürt) wurde der Phosphoreintrag in den See auf mindestens 4,2 und höchstens 8,0 Tonnen pro Jahr geschätzt, was einem Phosphorverlust des Bodens von 80-150 Kilogramm pro Quadratkilometer entspricht. Für das Schweizer Mittelland wurde 1972 ein durchschnittlicher Wert von 35 Kilogramm pro Quadratkilometer geschätzt. Austragungen aus Waldgebieten betragen um die 5 Kilogramm pro Quadratkilometer. Vergleicht man diese ins Gewässer gelangenden Mengen mit den ausgebrachten Düngermengen, sind dies weniger als 3%. Solche Düngerverluste sind aus landwirtschaftlicher Sicht natürlich vernachlässigbar klein, für den Sempachersee hingegen bedeutet diese Fracht aber gerade etwa die maximal tolerierbare Menge! Ein Gutachten hat zudem ergeben, dass bei der momentanen landwirtschaftlichen Praxis der Phosphatgehalt des Bodens jährlich um etwa 2400 Kilogramm pro Quadratkilometer zunimmt. Es besteht somit die Gefahr, dass der Boden auch ohne Düngung noch lange Phosphor in den Sempachersee abgeben wird.

Durch die Düngung der Felder gelangt auch Stickstoff in die Gewässer. Dieser kommt in organisch gebundener Form oder als Ammoniak bzw. Ammonium vor. Die organischen Stickstoffverbindungen werden im Boden zu Ammonium mineralisiert und dieses weiter zu Nitrat oxidiert (Nitrifikation). Ein kleiner Anteil des Ammoniums entweicht als Ammoniak in die Atmosphäre, für welche dieser Prozess jedoch die Hauptquelle an Ammoniak bedeutet. Bei Böden mit geschlossener Pflanzendecke und guter Durchwurzelung hat man durch zahlreiche Lysimeterversuche festgestellt, dass auch nach erhöhter Stickstoffdüngung kaum grössere Nitratmengen ausgewaschen werden. Aus nicht gedüngten Waldböden werden weniger als 500 Kilogramm Nitratstickstoff pro Quadratkilometer ausgewaschen, was im Grundwasser eine Konzentration von weniger als 1 Milligramm Stickstoff pro Liter ergibt. Bei fehlender oder nur teilweiser Durchwurzelung des Bodens hingegen, wie dies bei Mais- und anderem Getreideanbau mit Herbizidbehandlung und natürlich während der Brachezeit häufig der Fall ist, wird das Nitrat praktisch völlig ausgewaschen. In landwirtschaftlich genutzten Gebieten liegen die Auswaschungsverluste zwischen 1600 (Voralpen) und 2500 Kilogramm (Mittelland) pro Quadratkilometer. Die Schweizer Grundwässer mit landwirtschaftlichem Einzugsgebiet enthalten momentan im Mittel 20-25 Milligramm Nitrat pro Liter, es werden aber auch 60 Milligramm pro Liter und mehr beobachtet (Abbildung 9.6).

Neben der Düngemittelpraxis wird in der Landwirtschaft auch intensiv Schädlingsbekämpfung betrieben, um die Monokulturen in ihrer Aufbauphase vor Unkraut, Pilzen, Bakterien und Insekten zu schützen. 1981 wurden laut Schätzungen des Schweiz. Bauernsekretariates fast 2,1 Millionen Kilogramm Pestizide verwendet. Dies sind etwa 2 Kilogramm pro Hektare Nutzfläche oder 350 Gramm pro Kopf der Bevölkerung. Mehr als die Hälfte davon fallen auf Fungizide, etwa 40% auf Herbizide und der Rest auf Insektizide, Saatbeizmittel und andere.

Von den früher eingesetzten Chlorkohlenwasserstoff-Pestiziden, welche über Jahre hinweg im Boden stabil bleiben (DDT, Lindan etc.) ist man zu schneller abbaubaren Schädlingsbekämpfungsmitteln übergegangen, welche sich auch in Säugetieren nicht anreichern (z.B. Phosphorsäureester wie das Insektizid Parathion oder chlorierte Kohlenwasserstoffe wie das Herbizid 2,4-D). Diese rascher abbaubaren Stoffe können, zumindest bei unsachgemässer Handhabung, an Tonmineralien adsorbiert oder in Wasser gelöst, in die Gewässer gelangen. Leider werden diese Pestizide oft überdosiert verwendet, sei dies, weil der Bauer auf sicher gehen will oder aber, weil

Abbildung 9.6

Zunahme des Verbrauchs an Stickstoffdünger und Häufigkeitsverteilung der Nitratkonzentrationen im Trinkwasser.

Die verwendeten Nitratwerte stammen aus Messungen in Quell- und Grundwasserfassungen aus der ganzen Schweiz zwischen 1970 und 1980.

In Gebieten mit grossem Anteil an Ackerflächen sind die hohen Nitratkonzentrationen deutlich häufiger als in Gebieten mit weniger Ackerflächen. Nach Bundesamt für Umweltschutz Bern, 1985.

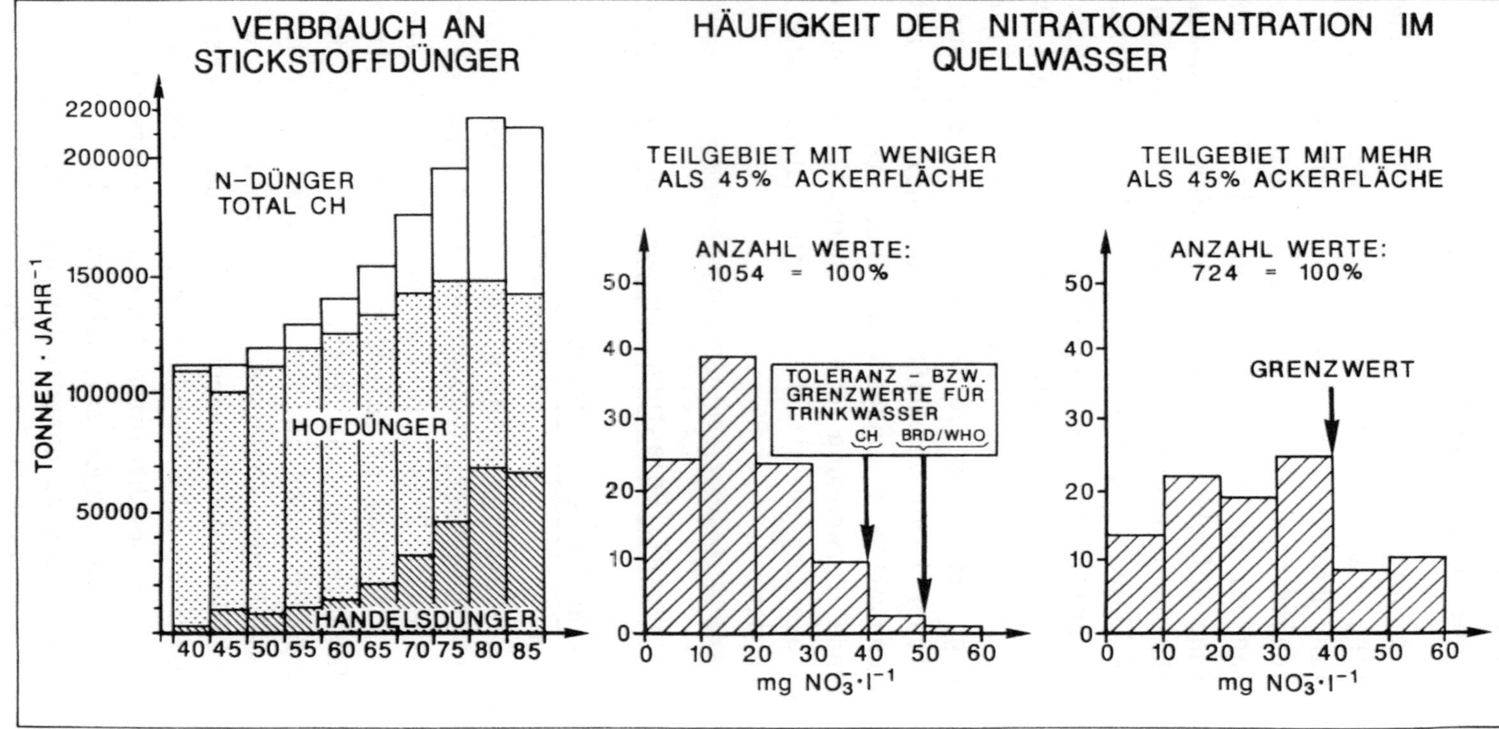

Bodenanalysen nicht die Metaboliten und die an Tonmineralien gebundenen Pestizide erfassen.

Anfangs der sechziger Jahre erweckte das Buch "Der stumme Frühling" der Biologin Rachel Carson in den Vereinigten Staaten grosses Aufsehen. Es war unter dem Eindruck eines millionenfachen Fischsterbens im Unterlauf des Mississippis entstanden. Seit die Autorin auf die Gefahr der Schädlingsbekämpfung aufmerksam machte, hat sich die weltweite Pestizidproduktion von etwa einer halben Million Tonnen (1963) auf 2,3 Millionen Tonnen (1980) knapp verfünffacht. Auch beim Sandoz-Brand in Schweizerhalle sind neben Quecksilberverbindungen Thiophosphorester-Pestizide in den Rhein gelangt, wobei die Makroinvertebraten (wirbellose Tiere) fast vollständig, die Fische vollständig vernichtet wurden. Obwohl bei uns sicher immer vernünftiger und gezielter mit Schädlingsbekämpfungsmitteln umgegangen wird, stellt die immer noch zunehmende Verwendung dieser Chemikalien und der verantwortungslose Umgang mit diesen eine Hauptgefahr für unsere Gewässer dar.

9.3 Beispiel: Belastung der Gewässer mit Schwermetallen

Eine gefährliche Entwicklung

"Schwermetalle und halogenierte Kohlenwasserstoffe bilden jene zwei Stoffgruppen, welche durch verstärkte Abgabe an die Umwelt die grösste Gefahr für die Lebewesen unseres Planeten darstellen." Dies stellte bereits 1971 die amerikanische National Academy of Sciences in einer Schrift zur Beurteilung der Gewässerqualität fest. Aufgeschreckt durch Umweltkatastrophen in Japan in den fünfziger und sechziger Jahren, wo cadmiumhaltige Abwässer, auf Reisfelder ausgebracht, die Itai-Itai-Krankheit verursachten oder Quecksilber in Fischen der Minamatabucht für Hunderte von Todesfällen und Tausende von schwer geschädigten Leuten verantwortlich war, hat man auch bei uns begonnen, Schwermetalle in Gewässern, Fischen und Sedimenten zu untersuchen und Grenzwerte für Fliessgewässer und Abwassereinleitungen festzulegen. So wurden etwa in

Fischen im eutrophen Bielersee durchschnittliche Quecksilberkonzentrationen von 0,2 Milligramm pro Kilogramm (WHO-Grenzwert 0,5 $mg \cdot kg^{-1}$) gefunden (Hegi und Geiger, 1979). Im Genfersee sind schon für einige Exemplare die Grenzwerte überschritten worden, immerhin liegen die Konzentrationen weit unterhalb derjenigen in den Minamatabucht-Fischen.

Offenbar gehört ein hoher Verbrauch an Schwermetallen zu den typischen Merkmalen einer modernen Industriegesellschaft. Viele Produkte des täglichen Bedarfs enthalten solche Elemente, oft in nicht erkennbaren Formen wie Salzen und organischen Verbindungen, etwa Bleitetraethyl im Benzin oder Cadmium als Stabilisator in Kunststoffen. Für solche Metalle sind die anthropogenen Beiträge an die Schwermetallkreisläufe mehr als hundertmal grösser als solche aus natürlichen Quellen.

Die Metallbilanz der Schweiz wird bestimmt durch die kommerzielle Ein- und Ausfuhr. Anhand der Jahresstatistik des Aussenhandels der Schweiz haben Brunner und Baccini (1981) errechnet, dass ein Importüberschuss zwischen 50% und 95% für die meisten Metalle besteht, das heisst, dass der Metallgehalt in der Anthroposphäre jährlich zunimmt. Je nach bevorzugter Erscheinungsform bzw. physikalisch-chemischem Verhalten reichern sich die Metalle letzlich in Böden und Sedimenten an und können zu zukünftigen Quellen von Schwermetallverunreinigungen werden.

Einteilung der Metalle nach ihrem physikalisch-chemischen Verhalten

Unter Schwermetallen versteht man diejenigen metallischen Elemente, welche eine Dichte von mehr als 6 Gramm pro Kubikzentimeter aufweisen. Unter ihnen befinden sich die essentiellen Metalle Eisen, Kupfer und Zink, welche für den Aufbau der Biosphäre unerlässlich sind, aber auch Metalle wie Cadmium, Quecksilber oder Blei, welche von Pflanzen und Tieren nicht benötigt werden. Sowohl essentielle als auch nicht essentielle Metalle können in leicht erhöhten Konzentrationen

Schäden wie Wachstumshemmungen und Stoffwechselstörungen bewirken.

Physiologische, ökologische und toxikologische Wirkungen eines Metalles sind in der Regel sehr strukturspezifisch, d.h. es kommt darauf an, in welcher Form (Spezies) das Metall vorliegt. So ist der Einfluss auf das Algenwachstum völlig unterschiedlich, je nachdem, ob Kupfer als freies Cu^{2+}-Ion, als $Cu_2(OH)_2^+$, schwerlösliches $CuCO_3$ oder als organischer Komplex vorhanden ist. Quecksilber wird durch Methylierung zu CH_3Hg^+, $(CH_3)_2Hg$ und CH_3HgCl lipophiler (fettlöslicher) und kann in dieser Form besser von Zellen aufgenommen werden und in die Nahrungskette gelangen.

In Abbildung 9.7 ist der physiologische Effekt (z.B. Wachstum oder Biomasseproduktion) von essentiellen und nicht essentiellen Metallen als Funktion der Konzentration schematisch dargestellt. Bei kleinen Konzentrationen wirken essentielle Metalle wie Kupfer (in Form von Cu^{2+}) wachstumslimitierend, bei einer bestimmten Konzentration wird ein Optimum erreicht (für (Cu^{2+}) bei etwa 10^{-12} $mol \cdot l^{-1}$); und bei höherer Konzentration beobachtet man toxische Effekte wie Wachstumsreduktionen.

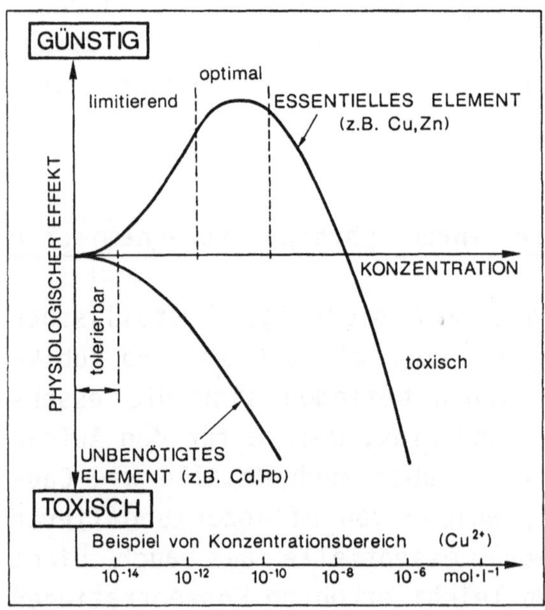

Abbildung 9.7

Beziehung zwischen der Konzentration eines Elementes und seines physiologischen Effektes. Um eine Vorstellung über den Konzentrationsbereich zu geben, wird für Cu^{2+} (benötigtes Element) und seine Wechselwirkung mit Algen ein möglicher (ungefährer) Konzentrationsbereich angegeben; doch ist darauf hinzuweisen, dass diese Konzentrationsskala von der Art der Alge und der Anwesenheit anderer (konkurrenzierender) Metalle abhängt und für jedes Metall verschieden ist.
Nach Baccini, 1984.

Die Erscheinungsformen (Spezies) eines Metalls bestimmen also, ob und wie es sich in der Natur verbreitet und wie es von Organismen aufgenommen wird. Die Erscheinungsform wiederum hängt vom koordinationschemischen Verhalten des Metalles ab. Man kann die Metalle nach ihrem Verhalten in drei Hauptgruppen einteilen. Die A-Metallkationen, zu denen vor allem die Leichtmetalle Calcium, Magnesium und Natrium gehören, liegen in Gewässern als freie Aquoionen vor. Die Uebergangsmetallkationen, zu denen Eisen, Mangan und Chrom gehören, bilden stabile Hydroxokomplexe oder Phosphatokomplexe in fester oder gelöster Form. Die B-Metallkationen, zu welchen Quecksilber, Cadmium, Zink und Blei zählen, bilden stabile Komplexe mit Carbonaten, schwefel- und chlorhaltigen und vor allem organischen Liganden. Was bedeutet dieses koordinationschemische Verhalten für die Umwelt?

Greifen wir zwei typische Vertreter heraus: Eisen als Uebergangselement und Quecksilber als B-Metall. Eisen, ein in der Erdkruste häufig vorhandenes Metall, bildet mit den im Wasser vorkommenden Anionen feste und gelöste Hydroxide wie FeOOH, $Fe(OH)_3$, $Fe(OH)_2^+$. Es bildet keine flüchtigen Komplexe, so dass der Transport durch die Atmosphäre ausser als Staubbestandteil ein vernachlässigbarer Faktor ist. Eisen ist somit ein lithophiles Element, welches durch die Flüsse erodiert wird und als Feststoff in den Gewässern sedimentiert. Die jährliche Ausbeute der Lithosphäre an Eisen durch den Menschen ist etwa gleich gross wie die globale Erosion, je etwa 400 Millionen Tonnen pro Jahr (Brunner, 1981). Quecksilber hingegen bildet stabile Komplexe wie schwefel-, iod- und stickstoffhaltige Verbindungen, aber auch leichtflüchtige organische Verbindungen mit kovalenten Bindungen wie Methylquecksilber. Dadurch kann dieses toxische Element sowohl in der Biosphäre angereichert werden als auch als flüchtige Verbindung in die Atmosphäre gelangen. Der Hauptfluss dieses von Menschen in Umlauf gesetzten atmophilen Elementes geht von der Kehrichtverbrennung oder durch bakterielle Umwandlung in Methylquecksilber über die Atmosphäre zurück auf den Boden, bzw. in die Gewässer. Aehnlich verhalten sich die ande-

Charakterisierung	A-Metalle				Uebergangsmetalle							B-Metalle					
Platz im Periodensystem	Na^+ *	Mg^{2+} *	Al^{3+}														
	K^+ *	Ca^{2+} *	Sc^{3+}	Ti^{4+}	V^{2+} V^{3+} *	Cr^{2+} Cr^{3+} *	Mn^{2+} Mn^{3+} *	Fe^{2+} Fe^{3+} *	Co^{2+} Co^{3+} *	Ni^{2+} *	Cu^{2+} o*	Cu^+ o*	Zn^{2+} o*			As *	Se *
*) essentielles Metall						Mo *					Ag^+		Cd^{2+} o		Sn^{2+} o*	Sb	
o) durch stark angestiegener Verbrauch umweltbelastendes Metall													Hg^{2+} o		Pb^{2+} o		
Elektronenkonfiguration Polarisierbarkeit Bindungstendenz	Edelgaskonfiguration gering ionische Bindung				1 - 9 Aussenelektronen						10 - 12 Aussenelektronen gross kovalente Bindung						
Bildet stabile Komplexe und Niederschläge mit	OH^-, CO_3^{2-}, PO_4^{3-}				F^-, O^{2-}, OH^-, CO_3^{2-}, PO_4^{3-}						S^{2-}, I^-, N und organische Liganden						
Beispiele	$CaCO_3$				$FeOH_2^+$, $FeOOH_{(s)}$, $Fe(OH)_{3(s)}$ $Mn^{2+}_{(aq)}$, $MnO_{2(s)}$						$Ag_2S_{(s)}$, $PbS_{(s)}$, $HgCH_3^+$, $CdCl^+$, $CuCl_2$, $(CH_3)_4Pb$, Metallorganische Verbindungen						
Umweltcharakteristik Transportmittel	lithophile Elemente durch die Flüsse										atmophile Elemente durch die Atmosphäre						

Tabelle 9.2.

Einteilung der Metallionen nach ihrem koordinationschemischen Verhalten.

Abbildung 9.8

Elementflüsse zweier Metalle durch die Schweiz. Linke Hälfte: Gesamtbilanz; rechte Hälfte: Fluss aus der Abfallbehandlung. Eisen, als lithophiles, schwerflüchtiges Uebergangsmetall gelangt direkt in den Boden. Quecksilber, als atmophiles B-Metall findet den Weg über die Atmosphäre und gelangt dispers verteilt auf den Boden und in die Gewässer. Nach Baccini, 1983.

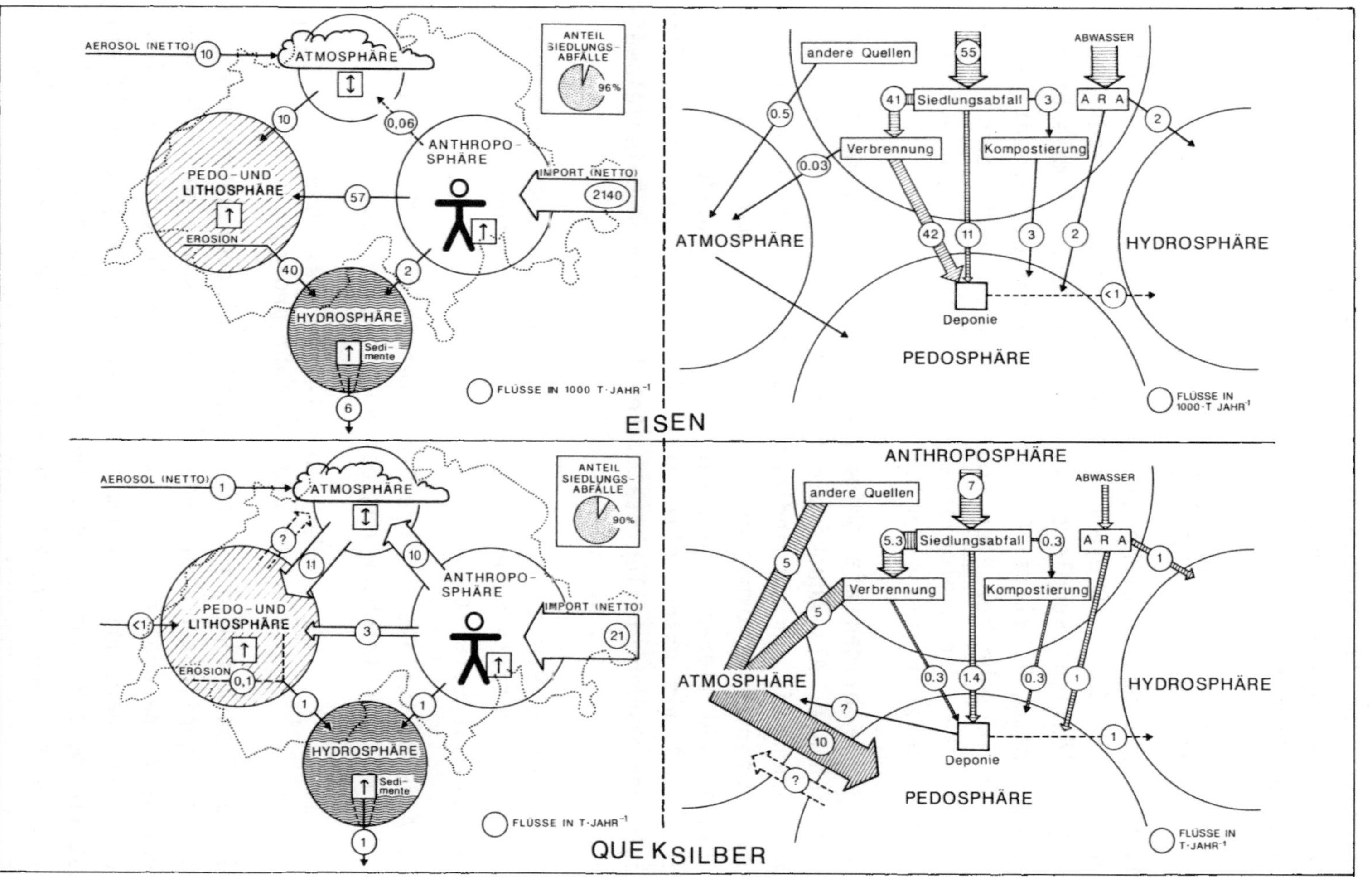
AEROSOL (NETTO)
ATMOSPHÄRE
ANTEIL
SIEDLUNGS-
ABFÄLLE
96%
PEDO-UND
LITHOSPHÄRE
ANTHROPO-
SPHÄRE
IMPORT (NETTO)
EROSION
HYDROSPHÄRE
Sedi-
mente
FLÜSSE IN 1000 T·JAHR⁻¹
andere Quellen
Siedlungsabfall
ABWASSER
A R A
Verbrennung
Kompostierung
ATMOSPHÄRE
HYDROSPHÄRE
Deponie
PEDOSPHÄRE
FLÜSSE IN
1000·T JAHR⁻¹
EISEN
AEROSOL (NETTO)
ATMOSPHÄRE
ANTEIL
SIEDLUNGS-
ABFÄLLE
90%
ANTHROPO-
SPHÄRE
PEDO-UND
LITHOSPHÄRE
IMPORT (NETTO)
EROSION
HYDROSPHÄRE
Sedi-
mente
FLÜSSE IN T·JAHR⁻¹
ANTHROPOSPHÄRE
andere Quellen
Siedlungsabfall
ABWASSER
A R A
Verbrennung
Kompostierung
ATMOSPHÄRE
HYDROSPHÄRE
Deponie
PEDOSPHÄRE
FLÜSSE IN
T·JAHR⁻¹
QUECKSILBER

ren toxischen Schwermetalle Cadmium und Blei. Kupfer, im periodischen System an der Grenze zwischen Uebergangsmetallen und B-Metallen stehend, verhält sich entsprechend ambivalent.

Schwermetalle in unseren Gewässern

In unseren Gewässern befinden sich als anorganische Komplexbildner in abnehmender Menge neben Wasser HCO_3^--, SO_4^{2-}-, Cl^--, CO_3^{2-} und OH^--Ionen. Diese können mit Metallionen Niederschläge oder lösliche Komplexe bilden. Organische Komplexbildner wie Glycinate, Fulviate, Oxalate oder Nitrilotriacetate (NTA) sind nur in sehr geringen Konzentrationen vorhanden. Lokal, an Sediment- oder biologischen Grenzflächen können natürlich grössere Konzentrationen auftreten.

Die Metalle bilden mit obigen Ionen lösliche Komplexe oder Niederschläge. Als Aquokomplexe oder auch mit anderen Liganden können sie an suspendiertem anorganischem oder organischem Material adsorbieren. Oft werden die Metalle auch von Pflanzen und Tieren inkorporiert. Diese Bioakkumulation findet sowohl mit essentiellen als auch mit nicht essentiellen toxischen Schwermetallen statt. Letztere werden beispielsweise als Analoge mit den essentiellen Metallen aufgenommen.

In Abbildung 9.9 sind die Transformationen und Kreisläufe, welche die Metalle in einem Gewässer durchlaufen können, vereinfacht dargestellt.

Die Aufenthaltszeit τ eines Elementes in einem Reservoir, das sich im Fliessgleichgewicht befindet, ist gegeben durch

$$\tau = \frac{\text{Menge des Elementes im Reservoir}}{\text{Zufuhr oder Wegfuhr pro Zeit}} \quad (9.1)$$

Die Sedimentation der ins Gewässer eingebrachten oder im Gewässer gebildeten suspendierten Stoffe sowie auch die durch Photosynthese gebildete Biomasse stellen ein kontinuierliches Förderband dar, mit welchem die Schwermetalle je nach Affinität (Tendenz zu Adsorption, Inkorporation oder Niederschlagsbildung) transportiert werden. Die Aufenthaltszeit der Metalle ist dabei umgekehrt proportional zu dieser Affinität.

Abbildung 9.9

Kreisläufe und Transformationen der Metalle in Gewässern.

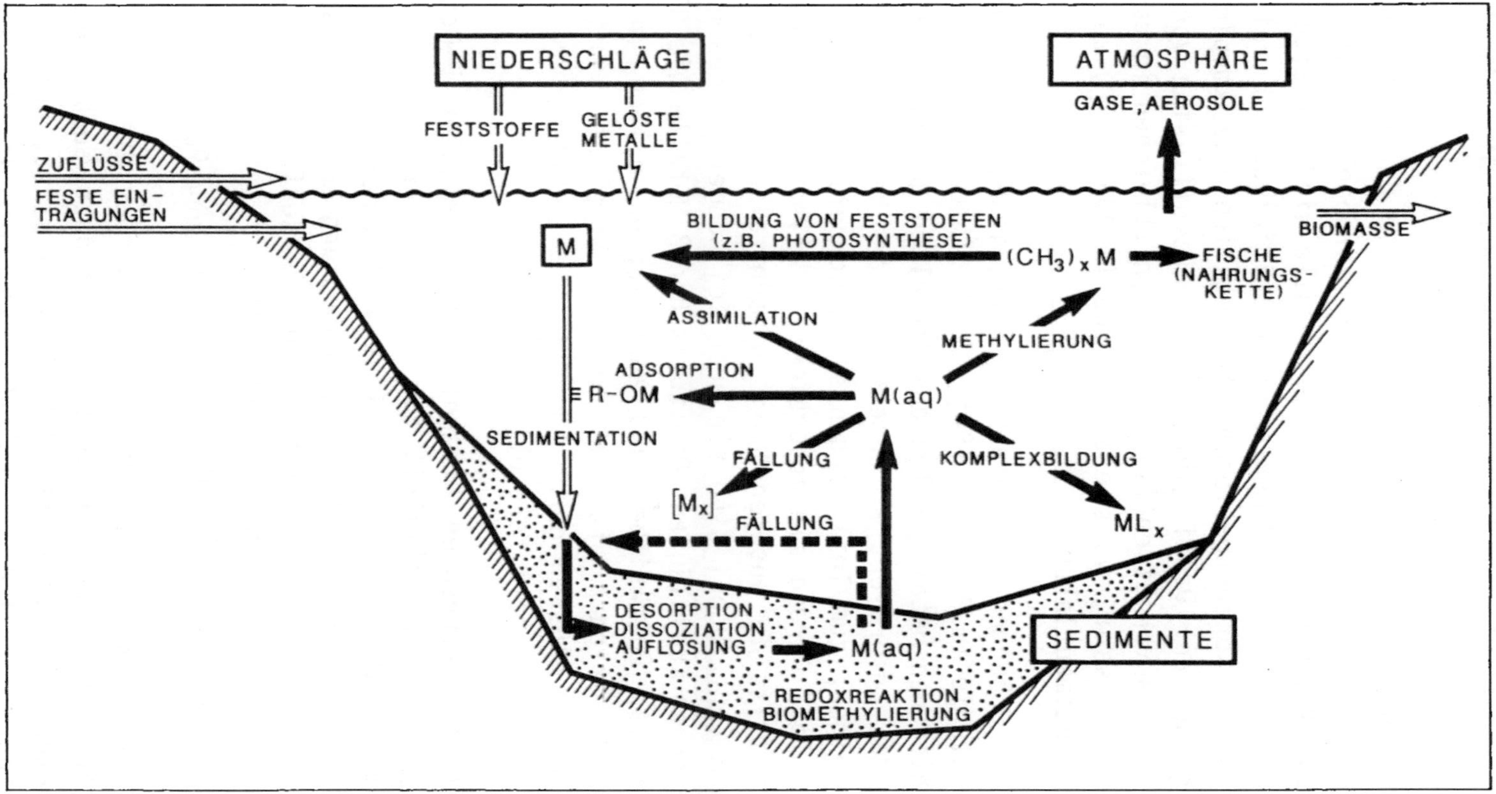

Durch Bildung löslicher Komplexe wird die Adsorbierbarkeit jedoch herabgesetzt.

Die sedimentierenden Algen werden in den tieferen Schichten und besonders in den Sedimenten mikrobiell oxidiert (mineralisiert), wobei ein Teil der Metalle wieder freigesetzt wird. Im Wasser der Sedimente (Interstitialwasser) reichern sich grössere Konzentrationen von Metallen und komplexbildenden Liganden an. Dabei gibt es eine Rückdiffusion von Metallen, besonders von Eisen(II)- und Mangan(II)-Ionen in das überliegende Wasser, wo sie als Oxide (FeOOH, MnO_x) ausfallen und neu sedimentieren.

Untersuchungen im Meer und in Seen, insbesondere eine grössere Studie im Bodensee (Sigg, 1985), haben dabei für die verschiedenen Metalle folgendes Verhalten gezeigt: Schwermetalle werden adsorbiert an absetzende Partikel, insbesondere auch an Algen; zum Teil werden sie inkorporiert in die Biomasse, zum Teil werden sie adsorbiert an allochthonem Material (Eisen tritt in unseren Seen zu mehr als 95% in partikulärer Form auf). Dabei sind sie auch Teilnehmer an den natürlichen internen Kreisläufen. Die toxischen B-Metalle wie Blei, Zink, Cadmium, Quecksilber und auch Kupfer bilden in niedrigen Konzentrationen oft eher lösliche Komplexe, werden aber in Seen und Flüssen durch Adsorption an - oder durch Einbau in die Biota fortlaufend eliminiert.

Die resultierenden Konzentrationen gelöster B-Metalle sind wegen dieser Affinität zur Biota in produktiven, eutrophen Seen relativ gering und nicht viel höher als in den Meeren. Die durchschnittliche Zusammensetzung der organischen Sedimente hat Sigg in Anlehnung an die Redfield-Formel (4.2) im Bodensee folgendermassen bestimmt:

$$C_{113}N_{15}P_{1}Si_{14}Cu_{0,008}Zn_{0,06}Pb_{0,004}Cd_{0,00005} \qquad (9.2)$$

In den unteren Regionen der Seen werden die B-Metalle wieder freigesetzt. In den Sedimenten findet auch die oft durch Bakterien katalysierte Methylierung statt, beispielsweise zu Methylquecksilber (CH_3HgOH), welches in Zooplankton und

Fischen akkumuliert werden kann. Die Beobachtung, dass die B-Metalle in Gewässern hauptsächlich durch Einbau in die Biota eliminiert werden, wird bestärkt durch die bis zehnmal höheren Konzentrationen gelöster Schwermetalle in weniger produktiven Seen wie den Tessiner Bergseen. Allerdings begünstigt dort der tiefe pH-Wert zusätzlich die Löslichkeit der Metalle. Auch die Eliminierungsraten von über 50% in mechanisch-biologischen Kläranlagen unterstützen diese Befunde. (Letzteres ergibt natürlich Probleme mit der Klärschlammbeseitigung.)

In Abb. 9.10 werden die Konzentrationen von Blei im Bodensee und im Pazifik miteinander verglichen (Sigg, 1985). Das Konzentrationsprofil kann in beiden Fällen folgendermassen erklärt werden: Ein wesentlicher Teil der Belastung des Pazifiks und des Bodensees erfolgt via Atmosphäre. Das in die

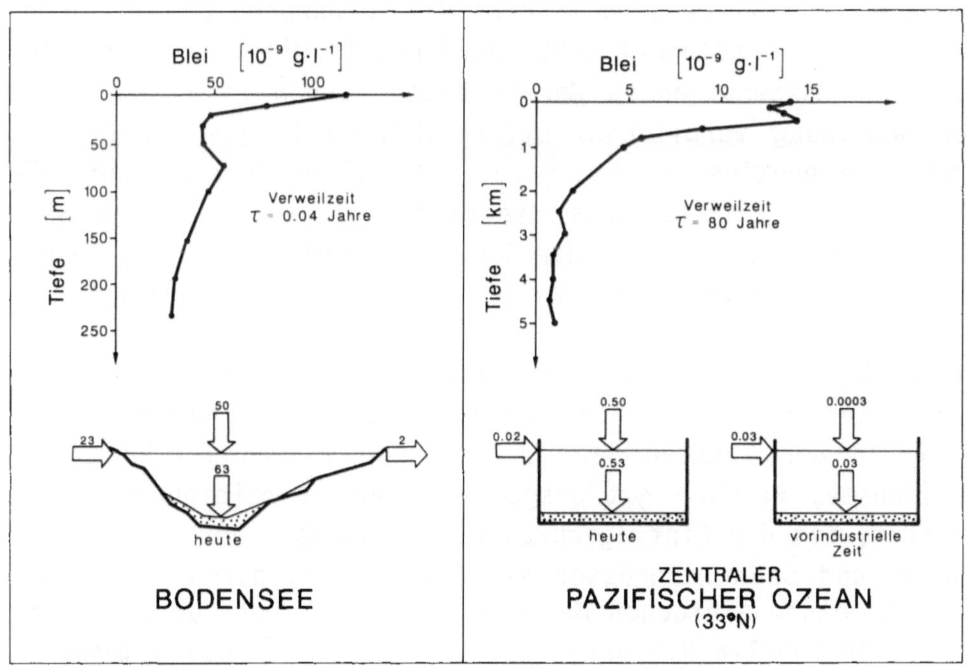

Abbildung 9.10

Konzentrationsprofile von Blei im Bodensee und im Pazifik.
Das Blei wird kontinuierlich durch sedimentierende Partikel (insbesondere Phytoplankton) aus dem Oberflächenwasser entfernt. Die Flüsse sind in mg Pb • m^{-2} • J^{-1} dargestellt.
Daten aus Flegal und Patterson, 1983; nach Sigg, 1985.

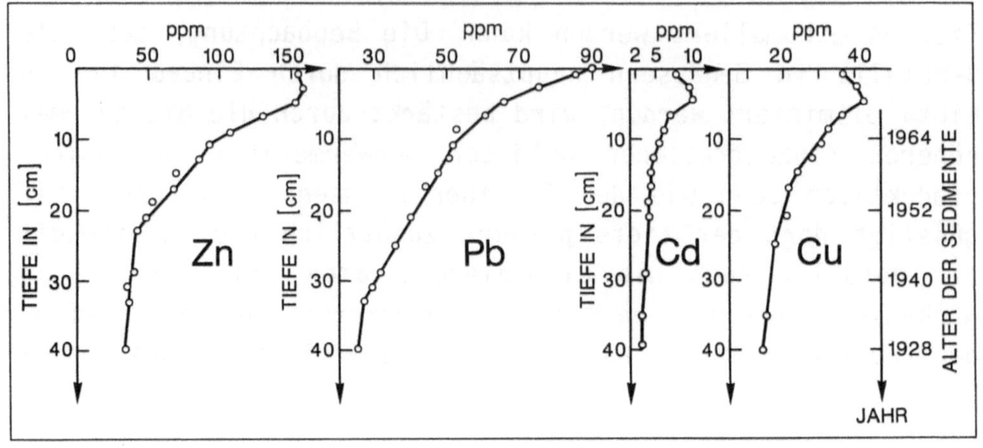

Abbildung 9.11

Sedimente als Indikatoren von Schwermetallverunreinigungen. Durchschnittliche Schwermetallgehalte in ppm ($mg \cdot kg^{-1}$) in Sedimentprofilen von sieben Probenahmestellen im Greifensee, Kanton Zürich. Nach Tschopp, 1979.

Gewässer eingetragene Pb wird an das Förderband der absinkenden Partikel angelagert (Abb. 9.9) und in die Tiefe verfrachtet. Die Massenbilanzen der Frachten werden im unteren Teil der Abbildung verglichen. Offensichtlich ist im Pazifischen Ozean die heutige Belastung ca. 100 Mal grösser als in prähistorischen Zeiten. Dass die Metallbelastung auch in Seen zugenommen hat, geht aus der Abb. 9.11 hervor, die das Resultat der Sedimentierung dieser Schwermetalle aufzeigt. Im "Gedächtnis" der Seesedimente widerspiegelt sich die Belastung des Sees mit Schwermetallen. Die Zusammensetzung der Sedimentproben aus verschiedenen Tiefen zeigt, wie die Belastung in den letzten paar Jahrzehnten zugenommen hat. Beim Greifensee, welcher gut ausgebaute Abwasserreinigungsanlagen besitzt, ist der Eintrag durch die Atmosphäre von Blei, Zink, Kupfer und Cadmium grösser als der Eintrag durch die Abwässer. In einem einfachen Massenbilanzmodell ist für den Greifensee in Tabelle 9.3 dargestellt, wie aus je zwei gemessenen Zu- und Abflüssen die Konzentration der Schwermetalle berech-

Tabelle 9.3

Für mathematisch Interessierte: Einfaches Massenbilanzmodell (1-Box-steady-state-model) für Schwermetalle im Greifensee, Kanton Zürich. Nach Imboden, 1980.

1-Box-Modell:

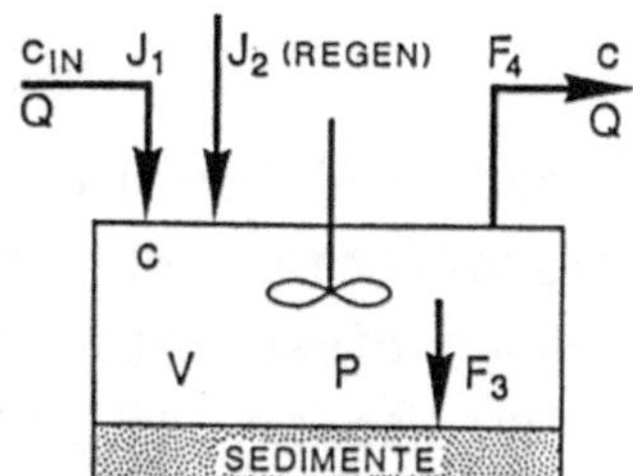

J_i = Fracht (Input) (kg a^{-1});
F_i = Fracht (Output) (kg a^{-1});
V = Seevolumen (m^3);
Q = Wasserdurchfluss ($m^3\ a^{-1}$);
c = Konzentration an gelösten Stoffen;
C = Konzentration in suspendierten Partikeln (mgkg^{-1});
D = Verteilungskoeffizient $= \frac{C}{c}$ ($m^3\ kg^{-1}$);
P = Sedimentationsrate (kg a^{-1})

Massenbilanz:

$$J_1 = Q\, c_{in};\ F_3 = CP = DcP;\ F_4 = Q\, c$$

$$V\frac{dc}{dt} = J_1 + J_2 - F_3 - F_4;\ \frac{dc}{dt} = \frac{Qc_i + J_2}{V} - c\left(\frac{Q + DP}{V}\right)$$

$$c\ (t) = c_o\ \exp\left(\frac{Q + DP}{V}\ t\right) + \frac{Qc_{in} + J_2}{Q + DP}\left[1 - \exp\left(-\frac{Q + DP}{V} t\right)\right]$$

Im steady state (Fliessgleichgewicht)

$$t \to \infty;\ c(t) = \bar{c};\ \bar{c} = \frac{Qc_{in} + J_2}{Q + DP}$$

Messbare Daten:

Metall	c_{in} mg m^{-3}	D m^3kg^{-1}	J_2 (Regen) kg a^{-1}
Zn	19.8	25	1316
Pb	3.2	120	1376
Cu	3.8	35	224
Cd	0.1	65	6

$V = 1.25 \times 10^8\ m^3$

$P = 3.7 \times 10^7\ kg\ a^{-1}$

$Q = 8.9 \times 10^7\ m^3\ a^{-1}$

Resultat und Vergleich mit gemessenen Konzentrationen:

$\bar{c}$ mg m^{-3}	Zn	Pb	Cu	Cd
Berechnet	3.1	0.4	0.4	0.01
Gemessen	4.1	0.6	1.0	0.06

net werden kann und wie diese recht gut mit der gemessenen übereinstimmt.

Auswirkungen auf die Biota

Essentielle Schwermetalle wie Kupfer und Eisen erfüllen wichtige Lebensfunktionen so z.B. den Sauerstofftransport in Wirbel- bzw. Weichtieren. Die Organismen nehmen diese Metalle nicht immer streng selektiv aus dem Nährmedium Wasser auf und sind in der Regel nicht in der Lage, die Regulation unabhängig von der Aussenkonzentration zu optimieren. Erhöhte Konzentrationen im Nährmedium ergeben höhere Konzentrationen im Organismus und ab einer gewissen Konzentration eine Schädigung der Körperfunktionen. Dabei ist nicht die Totalkonzentration im Nährmedium wichtig, sondern, wie wir bereits wissen, die Erscheinungsform des Metalls. Für viele aquatischen Lebewesen ist beispielsweise der toxische Konzentrationsbereich von Methylquecksilber wesentlich niedriger als jener eines Quecksilbersalzes.

Bekannt ist auch, dass die letale Kupferkonzentration eines Kupfersalzes durch Zugabe eines organischen Komplexbildners wie EDTA in eine optimale Konzentration umgewandelt werden kann.

Im Zusammenspiel einer Vielfalt von Lebewesen, Komplexbildnern und Metallen ist es äusserst schwierig, Voraussagen über die Reaktion der Biozönose auf Erhöhung der Schwermetallkonzentrationen zu machen. Allgemein kann jedoch gesagt werden, dass, wie bei jeder Stressituation, es zu einer Artenverödung kommen muss. Werden beispielsweise Konsumenten durch ein Schwermetall stärker geschädigt als die Produzenten, kann es zu einem Anstieg des Algenwachstums kommen, weil der Konsum reduziert wurde.

In einem künstlichen Flussystem wurde durch Zugabe von Kobalt, Kupfer und Zink in den von der Verordnung maximal zugelassenen Mengen von 50, 10 bzw. 200 Mikrogramm pro Liter Wasser die Veränderung von voll ausgebildeten Fliesswasserbiozönosen untersucht (Eichenberger, 1981). Es wurden tiefgreifende Veränderungen in den Artenzusammensetzungen der Algengemeinschaften beobachtet. Kieselalgen und Blaualgen verschwanden weitgehend, grüne Fadenalgen überlebten und wurden dominant.

In einem Grossexperiment (Melimex, 1979) wurden im stark eutrophen Baldeggersee (Kanton Luzern) drei Wasserkörper von 12 Metern Durchmesser und 10 Metern Tiefe durch Behälterwände vom übrigen See abgetrennt und mit Quecksilber, Kupfer, Cadmium, Zink und Blei auf die von der Verordnung erlaubten Maximalkonzentrationen angereichert. Die wichtigsten Resultate dieser Studie waren: Durch die erhöhten Schwermetallkonzentrationen wurden sowohl Phytoplankton, Zooplankton als auch die Bodenfauna negativ beeinflusst und Veränderungen in der Zusammensetzung der Lebensgemeinschaft festgestellt. Beim Phytoplankton wurden erhöhte Metallresistenz und verringerte Metallaufnahmekapazität beobachtet. Auch hier zeigte sich, dass für diese B-Metalle das Phytoplankton die hauptsächliche Senke darstellt und dass anorganische Fällungen bei den gewählten Konzentrationen keine Rolle spielten. Neben den Veränderungen der Organismenarten wurden auch Verschiebungen im Spektrum gelöster organischer Verbindungen beobachtet.

10. Verhalten und Transformationen von Belastungskomponenten

10.1 Belastung und resultierende Konzentration

Die Belastung eines Gewässers durch einen Schadstoff wird am besten als Fracht (Menge pro Zeit und Volumen oder Oberfläche) gemessen. Die Fracht ist ein sogenannter Kapazitätsfaktor. Nach dem Eintrag wird der Schadstoff durch verschiedene Prozesse verteilt und chemisch oder biologisch umgewandelt. Nach einer mehr oder weniger langen Aufenthaltszeit im Gewässer wird er wieder verschwinden. Wird der Schadstoff ständig zugeführt, resultiert im Gewässer eine von diesen Umwandlungsprozessen abhängige konstante Konzentration; eine - im Gegensatz zur Fracht - intensive Grösse, ähnlich der Temperatur oder der Produktivität. Diese Intensitätsfaktoren sind verantwortlich für den Gewässerzustand: Die einzelnen Organismen und natürlich auch das Oekosystem als Ganzes sind den Konzentrationen ausgesetzt. Das Produkt von Konzentration und Zeit, also die Exposition, bewirkt das Schicksal der Organismen.

Zur Beurteilung der Exposition und zur Bewertung des Gewässerzustandes ist somit die Kenntnis der Restkonzentrationen der potentiellen Schadstoffe notwendig. Die Aufgabe, effektiv wirksame Konzentrationen, sogenannte Aktivitäten, zu bestimmen, ist jedoch im Detail eine aufwendige Sache. Ein Weg besteht darin, zu versuchen, diese Konzentrationen mittels chemischer Analysen in repräsentativen Umweltproben zu bestimmen. Dies werden wir in Kapitel 11 beschreiben. Ein anderer Weg ist, die voraussichtliche Konzentration abzuschätzen, wobei für jede Substanz die Belastung, die möglichen Transportwege und die Geschwindigkeiten der Prozesse, welche den Stoff umwandeln oder aus dem Wasser entfernen, berücksichtigt werden müssen.

Dieser Transfer des Schadstoffes in die verschiedenen Reservoire Wasser, Atmosphäre, Biota, Sedimente und Boden, die Verteilung in diesen und die verbleibende Konzentration, sind abhängig von den physikalischen, chemischen und biologischen Eigenschaften der einzelnen Verbindungen und auch von den Eigenschaften der Umwelt. Brauchbare substanzspezifische Parameter sind beispielsweise der Dampfdruck, die Löslichkeit in Wasser, die Lipophilie, der Henry-Verteilungskoeffizient, die Adsorbtionsfähigkeit oder die chemische und biologische Abbaubarkeit. Eigenschaften der Umwelt können sein: die Fliessgeschwindigkeit des Wassers, physikalisch-chemische Eigenschaften der Grenzflächen, Schwebstoffgehalt, Ausmass der Sedimentation und der Photosyntheserate, die Nährstoffkreisläufe oder die Redoxverhältnisse sowie die Gegenwart anderer Substanzen.

Für Voraussagen solcher Transformationen bieten sich wieder die thermodynamischen Gesetze an: im Gleichgewichtszustand sind die Aktivitäten, oder besser ausgedrückt, die chemischen Potentiale einer Verbindung in allen Phasen (Wasser, Sedi-

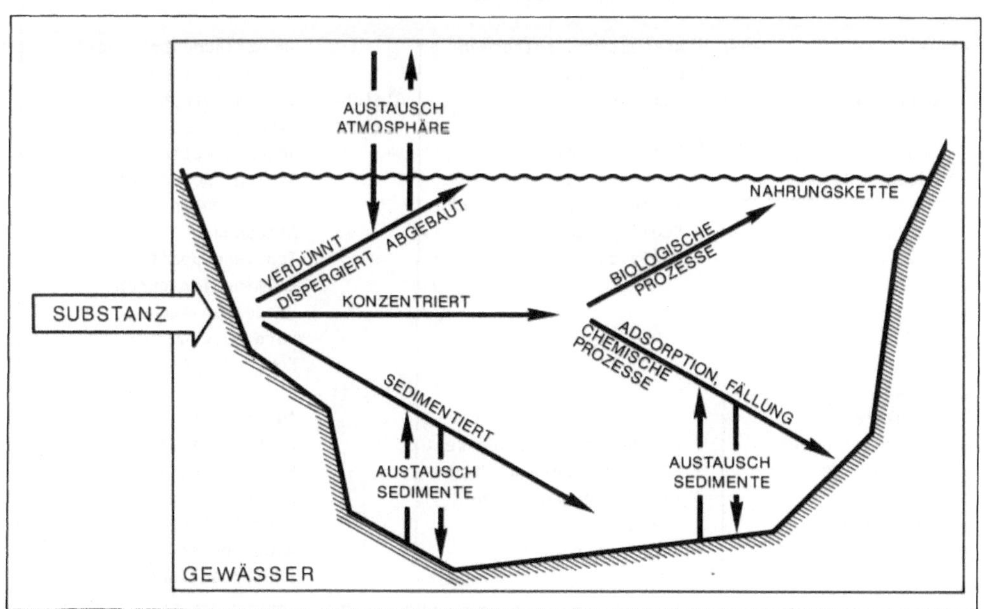

Abbildung 10.1

Die in das Gewässer eingebrachten Substanzen werden durch verschiedene chemische, biologische und physikalische Prozesse modifiziert.

ment, Organismus, Gasphase) gleich gross. Befindet sich ein System nicht im thermodynamischen Gleichgewichtszustand, so ist die Differenz der chemischen Potentiale, also der Aktivitäts- bzw. Konzentrationsgradient, die treibende Kraft für den Transfer der Substanz von einer Phase in die andere, zum Beispiel vom Wasser in den Organismus. (Daneben ist natürlich auch ein aktiver Transport ins Zellinnere möglich.)

Ausgehend von diesen Verteilungsgleichgewichten können die Art und Richtung der Transformation vorausgesagt werden. Berücksichtigt man zusätzlich die Kinetik (Reaktionsablauf unter Berücksichtigung der Geschwindigkeit) dieser Transformation von einem Reservoir ins andere, können die Aufenthaltszeiten und somit die resultierenden Konzentrationen in

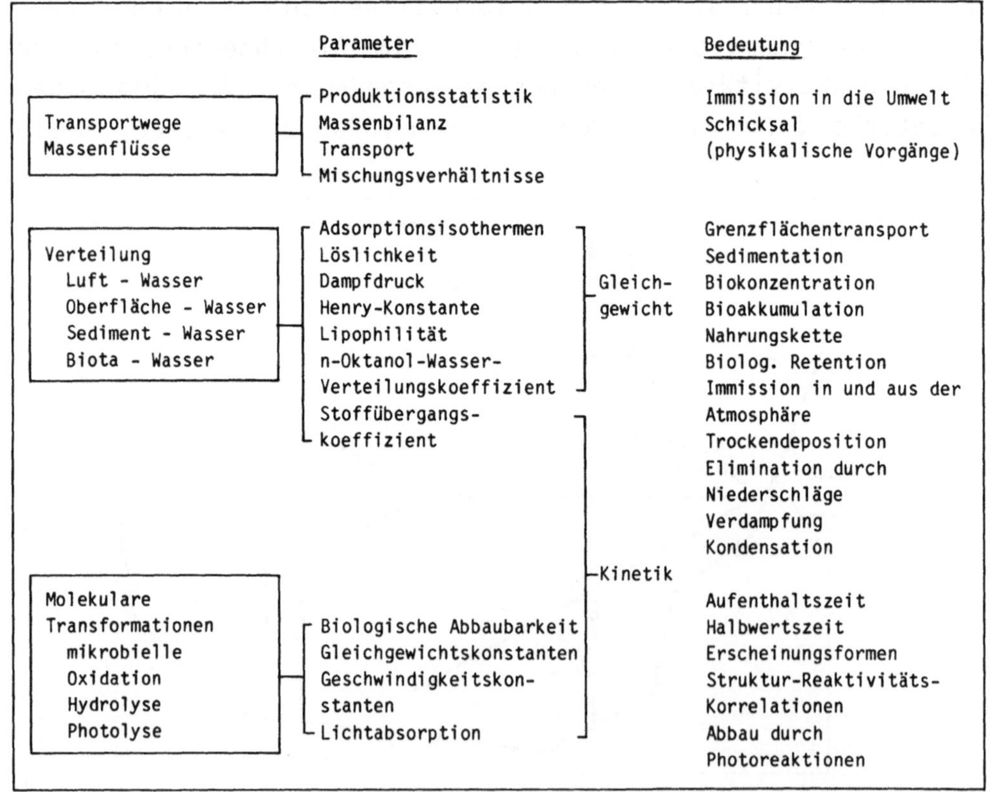

	Parameter		Bedeutung
Transportwege Massenflüsse	Produktionsstatistik Massenbilanz Transport Mischungsverhältnisse		Immission in die Umwelt Schicksal (physikalische Vorgänge)
Verteilung Luft - Wasser Oberfläche - Wasser Sediment - Wasser Biota - Wasser	Adsorptionsisothermen Löslichkeit Dampfdruck Henry-Konstante Lipophilität n-Oktanol-Wasser-Verteilungskoeffizient	Gleichgewicht	Grenzflächentransport Sedimentation Biokonzentration Bioakkumulation Nahrungskette Biolog. Retention Immission in und aus der Atmosphäre
	Stoffübergangskoeffizient	Kinetik	Trockendeposition Elimination durch Niederschläge Verdampfung Kondensation
Molekulare Transformationen mikrobielle Oxidation Hydrolyse Photolyse	Biologische Abbaubarkeit Gleichgewichtskonstanten Geschwindigkeitskonstanten Lichtabsorption	Kinetik	Aufenthaltszeit Halbwertszeit Erscheinungsformen Struktur-Reaktivitäts-Korrelationen Abbau durch Photoreaktionen

Tabelle 10.1

Wichtige Informationen zur Beurteilung des Schicksals und der Aufenthaltszeit von Verunreinigungssubstanzen.

einer ersten Näherung vorausgesagt werden. In Tabelle 10.1 sind einige Prozesse mit den für diese Berechnungen verwendbaren physikalisch-chemischen Parametern aufgeführt. Für einige ausgewählte Prozesse wollen wir im folgenden ein paar Beispiele geben.

10.2 Verdünnung und Verteilung

Chemisch konservative Stoffe, welche in Wasser löslich sind, verteilen sich in einem Gewässer gleichmässig aufgrund der physikalischen Verhältnisse. In einem Fluss, bei welchem die Durchmischung relativ schnell erfolgt, können folgende Ansätze gemacht werden:

Zwischen dem Eintrag L (Fracht) eines Schadstoffes und der resultierenden Konzentration $[A]$ besteht bei vollständiger Durchmischung der Zusammenhang:

$$L = [A] \cdot Q \qquad (10.1)$$

wobei Q die Wasserabflussmenge (Kubikmeter pro Sekunde) bedeutet. In der Annahme, dass die Fracht L aus einem Q-unabhängigen, konstanten zivilisatorischen Belastungsanteil Z (z.B. aus einer Abwassereinleitung stammend) und einem Q-abhängigen Frachtanteil N (welcher aus natürlichen Quellen wie durch Herauslösen aus dem Gestein stammen kann) zuammengesetzt ist, kann man folgende Beziehungen herleiten:

$$L = Z + N \qquad (10.2)$$

wobei $$N = [A_N] \cdot Q \text{ ist,} \qquad (10.3)$$

wird $$[A] \cdot Q = Z + [A_N] \cdot Q \qquad (10.4)$$

und die Konzentration

$$[A] = [A_Z] + [A_N] = \frac{1}{Q} \cdot Z + [A_N] \qquad (10.5)$$

In Figur 10.2 sind für gelöste organische Verbindungen (DOC) gemessene Konzentrationen nach diesen Ansätzen aufgeschlüsselt worden.

Sobald aber weitere Faktoren die Verteilung beeinflussen, müssen die Annahmen erweitert werden. Werden Stoffe infolge von Niederschlägen aus den Sedimenten oder als Oberflächenabschwemmung mitgerissen, wie dies bei partikulären Stoffen der Fall ist, muss dies im Berechnungsansatz berücksichtigt werden.

Noch viel komplizierter werden die Berechnungen, wenn die Quellen selbst Schwankungen unterliegen, seien dies jahreszeitliche, tageszeitliche oder nicht periodische Aenderungen, und, wie dies für die meisten Schadstoffe der Fall ist, die Substanzen noch weitere Transformationsreaktionen eingehen (vgl. auch das Beispiel in Abbildung 5.6).

In solchen Fällen lässt sich die Konzentration nicht exakt berechnen. Man begnügt sich dann mit empirischen Modellan-

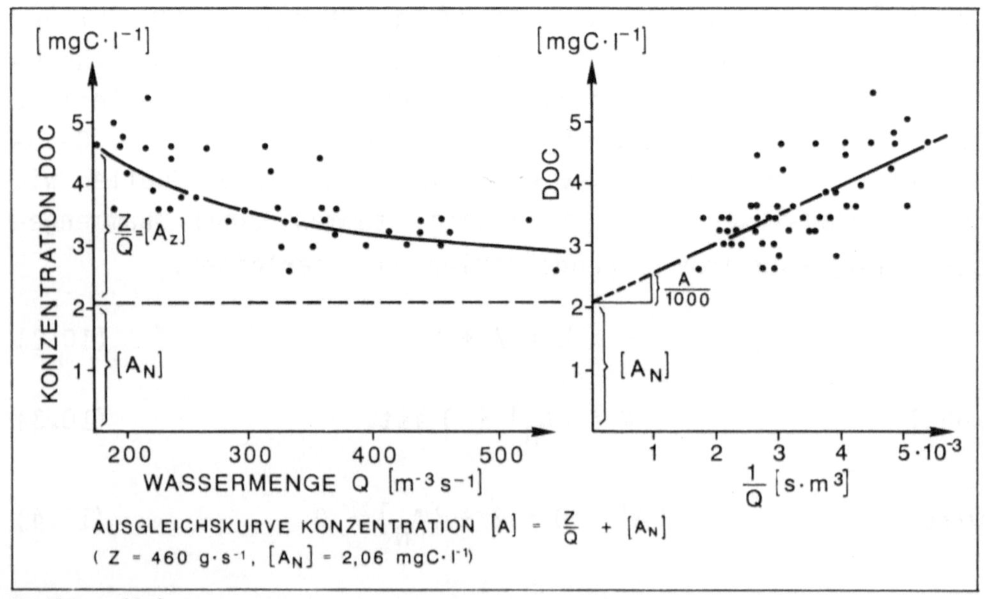

Abbildung 10.2

Abhängigkeit der Konzentration gelöster organischer Verbindungen (DOC) von der Abflussmenge in der Aare bei Brugg. Erklärung siehe Text. Nach Zobrist, 1977.

sätzen, d.h. in der Regel, dass man beobachtete Gewässerkonzentrationen oder gar -zustände und die entsprechenden Belastungssituationen gemeinsam statistisch auswertet. Derartige Modelle können bestimmte Verhältnisse recht gut beschreiben, da sie aber die massgebenden Prozesse im Gewässer nicht berücksichtigen, ist ihre Uebertragung auf andersartige Verhältnisse nur mit grossen Vorbehalten möglich.

10.3 Verflüchtigung

Der Austausch mit der Atmosphäre, also der Transfer einer flüchtigen Verbindung aus dem Wasser in die Luft oder umgekehrt, kann gut im Laboratorium untersucht und mit dem Henryschen Verteilungsgleichgewicht berechnet werden, wie dies für Gase in Kapitel 5 beschrieben wurde. Erinnern wir uns an die Gleichung 5.1., bei der das Verteilungsgleichgewicht zwischen Atmosphäre und Wasser durch den Henry-Koeffizienten K_H gegeben ist:

$$K_H = \frac{[A_g]}{[A_{aq}]} \tag{5.1}$$

wobei $[A_g]$ die Konzentration von A in der Gasphase und $[A_{aq}]$ diejenige in Wasser bezeichnet.

Der Gasfluss F, d.h. die pro Zeiteinheit und pro Flächeneinheit zwischen Wasser und Atmosphäre ausgetauschte Menge des Stoffes A, ist proportional zum Aktivitätsunterschied der beiden Phasen (1. Ficksches Gesetz). Unter der Annahme, dass die "treibende Kraft" des Gasaustausches proportional zur Abweichung der wirksamen Konzentrationen vom thermodynamischen Gleichgewichtszustand ist (letzterer wird mittels Gleichung 5.1 berechnet), kann der Gasfluss folgendermassen ausgedrückt werden:

$$F = K_L \cdot \left([A_{aq}] - \frac{[A_g]}{K_H}\right) \tag{10.6}$$

Der Proportionalitätsfaktor K_L heisst globaler Gastransferkoeffizient und ist für die meisten flüchtigen Verbindungen von gleicher Grössenordnung wie der Gastransferkoeffizient von Sauerstoff (0,5 bis 2 $cm \cdot s^{-1}$). Er ist abhängig von den hydrodynamischen Bedingungen und dem Moleküldurchmesser (Matter 1979).

In turbulenten Oberflächengewässern werden Substanzen mit Henry-Koeffizienten von grösser als ca. 0,1 (vgl. Tabelle 10.2) relativ schnell an die Atmosphäre abgegeben, weniger flüchtige Substanzen wie DDT haben bezüglich Gasaustausch eine grössere Aufenthaltszeit in Wasser; aber auch solche Verbindungen werden allmählich an die Atmosphäre abgegeben und dort über grosse Distanzen transportiert.

gelöste Komponente		K_H (dimensionslos)
Sauerstoff	O_2	32
Heptadekan	$C_{17}H_{36}$	2 - 5
Tetrachlorethylen	C_2Cl_4	1,06
1,3-Xylol	$C_6H_4(CH_3)_2$	0,25
1,4-Dichlorbenzol	$C_6H_4Cl_2$	0,14
DDT	$C_{14}H_9Cl_5$	0,0005

Tabelle 10.2

Einige Henry-Koeffizienten K_H
Nach Matter, 1979.

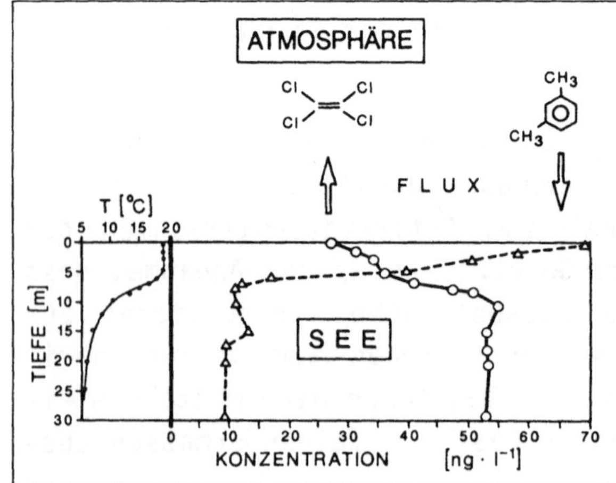

Abbildung 10.3

Konzentrationsprofile von Tetrachlorethylen und 1,3-Xylol im Zürichsee.

Für flüchtige organische Substanzen ist der Gasaustausch zwischen Oberflächengewässern und der Atmosphäre ein wichtiger Prozess.

Während Tetrachlorethylen im Zürichsee vom Wasser in die Luft abgegeben wird, weil in der Luft die Konzentration verschwindend klein ist, erfolgt im Falle der Benzinkomponente 1,3-Xylol ein Eintrag von der Atmosphäre in den See. Die "wirksame" Konzentration ist in diesem Fall in der Luft grösser als im Wasser.
Nach Schwarzenbach, 1986.

Ist die wirksame Konzentration des Schadstoffes hingegen in der Gasphase grösser als im Wasser, wie dies in Abbildung 10.3 bei der Benzinkomponente Dimethylbenzol (1,3-Xylol) der Fall ist, erfolgt der Eintrag aus der Luft in die wässerige Phase.

10.4 Adsorption an Feststoffen

Suspendierte Partikel sind wichtige Adsorbentien, welche Schadstoffe aus dem Wasser entfernen. Alle Substanzen, die an Schwebstoffen adsorbieren können, haben eine kürzere Aufenthaltszeit im Gewässer als das Wasser selbst. Viele xenobiotische, hydrophobe Verbindungen wie polychlorierte Kohlenwasserstoffe, aber auch polare Verbindungen wie die aus der Papierindustrie stammenden Ligninsulfonate sind in natürlichen Gewässern zu einem guten Teil an den Schwebstoffen adsorbiert. Offensichtlich beruhen auch die relativ effizienten Eliminierungsmechanismen für einige Schwermetalle in Seen darauf, dass sedimentierende Partikel und eingebrachte Mineralteilchen Träger für den Transport der Metalle in die Sedimente sind (vgl. Kapitel 9.3).

Das Ausmass der Adsorption kann oft anhand oberflächenchemischer Theorien vorausgesagt werden. Häufig kann die Verteilung zwischen der festen Phase und der Lösung durch eine Gleichgewichtskonstante K_p

$$K_p = \frac{[A_{ads}]}{[A_{aq}]} \qquad (10.7)$$

charakterisiert werden. Für polare Verbindungen oder Ionen sind viele Adsorptionsgleichgewichte experimentell ermittelt worden und können als Stabilitätskonstanten in Elektrolytlösungen abgeschätzt werden, so dass die Abhängigkeit von pH und Lösungsbedingungen vorausgesagt werden kann. Die (Ad-) Sorption hydrophober Verbindungen an suspendierten Stoffen, Sedimenten, Biota oder an Grenzflächen in Böden kann häufig in Beziehung zur Lipophilie (Fettlöslichkeit, welche umgekehrt proportional zur Wasserlöslichkeit der Substanzen ist), und zum Gehalt an organischem Kohlenstoff der (ad)sorbierenden Feststoffe gesetzt werden: Je grösser der Gehalt an organischem Kohlenstoff, desto mehr wird adsorbiert (Abbildung 10.4).

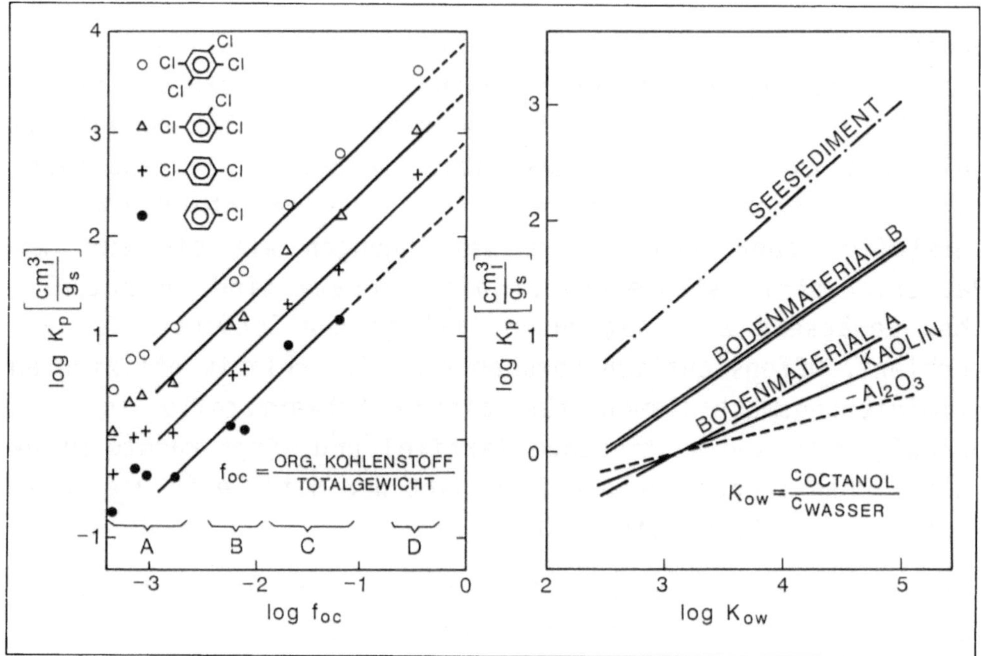

Abbildung 10.4 (links)

Korrelationen zwischen Adsorptionskonstanten Kp und organischem Kohlenstoffgehalt verschiedener Feststoffe f_{oc}.

A: Erdmaterial aus dem Grundwasserträger

B: Fluss-Sediment

C: See-Sediment

D: Belebtschlamm

Je grösser der Kohlenstoffgehalt des Feststoffes, desto besser werden Chlorbenzole adsorbiert. Je mehr Chloratome ein Benzolring enthält, desto lipophiler ist die Substanz.

Abbildung 10.5 (rechts)

Korrelation zwischen Adsorptionskonstanten und Octanol/Wasser-Verteilungs-Koeffizienten. Je grösser die Löslichkeit eines Stoffes in Oktanol, desto besser adsorbiert er an den verschiedenen Feststoffen. Nach Giger et. al., 1983.

Als Mass für die Lipophilie wird heute verbreitet der Verteilungskoeffizient einer Substanz in einem Gemisch von Octanol und Wasser K_{ow} verwendet:

$$K_{ow} = \frac{[A_{oc}]}{[A_{aq}]} \qquad (10.8)$$

Octanol wird als Referenz verwendet, weil dieses organische Lösungsmittel wegen der Hydroxylgruppe ähnliche Eigenschaften aufweist wie typische, in der Natur vorkommende organische Stoffe (beispielsweise Huminsäuren).

10.5 Biologische Anreicherung

Die Frage, ob eine Substanz in die Biomasse inkorporiert wird, ist für die Bewertung von Umweltchemikalien von ganz besonderer Bedeutung, da die Inkorporation zum Verbleib eines Schadstoffes und dessen Akkumulation in der Nahrungskette führen kann.

Die Tendenz zur Akkumulation von Schadstoffen in der Nahrungskette ist beim aquatischen Oekosystem viel grösser als beim terrestrischen, weil in den Gewässern die Primärproduzenten zu einem grösseren Teil durch Herbivoren verzehrt werden als an Land, wo der grösste Teil durch Mikroorganismen mineralisiert wird.

Die Tendenz einer Substanz zur Akkumulation ist oft proportional zur Lipophilie und kann ebenfalls durch den Octanol-Wasser-Verteilungs-Koeffizienten K_{ow} charakterisiert werden:

Je lipophiler ein Stoff ist, desto grösser ist seine Tendenz, sich in Fettgewebe und Lipiden anzureichern.

Nehmen wir als Beispiel wieder chlorierte Kohlenwasserstoffe: Diese reichern sich beispielsweise im Klärschlamm proportio-

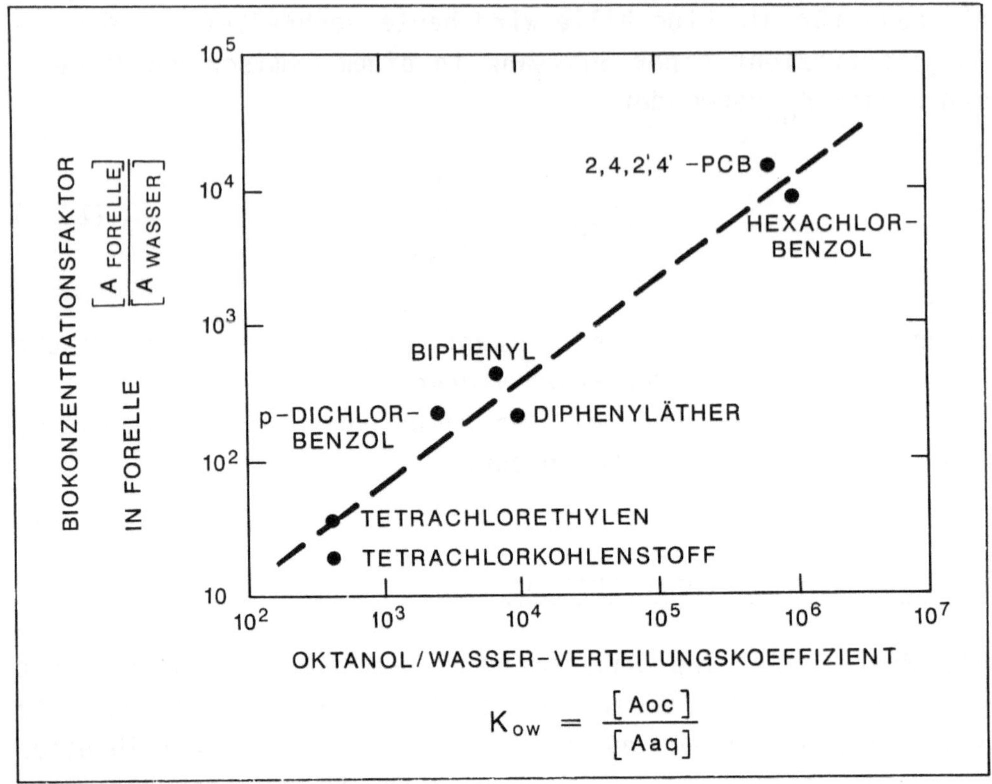

Abbildung 10.6

In Regenbogenforellen gemessene Konzentrationen lipophiler Schadstoffe sind oft proportional zum Oktanol/Wasser-Verteilungskoeffizienten. Nach Chiou, 1977.

nal zum Verteilungskoeffizienten K_{OW} an (Matter, 1979). In den letzten Gliedern der Nahrungskette, den Fischen, werden entsprechend grosse Konzentrationen gefunden.

10.6 Mikrobieller Abbau und Selbstreinigung

Unter biologischem Abbau oder Biodegradierung versteht man jegliche Umwandlung gelöster oder fester Stoffe durch Organismen in andere Verbindungen. Neben der Assimilation mittels Photosynthese, bei welcher gelöste Stoffe in die Biota aufgenommen werden, ist der biologische Abbau organischer Verbindungen durch Mikroorganismen wie Bakterien und Pilze der wichtigste Prozess. Dabei werden die organischen Substrate oxidiert, wobei die Mikroorganismen einen Teil der freiwerdenden Energie für die Reproduktion verwenden. Diese Art von Respiration (oft auch Mineralisation genannt) verbraucht Sauerstoff oder, falls dieser nicht vorhanden ist, andere Oxidationsmittel wie Nitrate, Sulfate oder bereits teilweise oxidierte organische Verbindungen in der Reihenfolge, wie sie in Abbildung 10.7 dargestellt ist. Vereinfacht können wir diese Vorgänge folgendermassen formulieren:

Aerobe Respiration: Organische Substanzen werden oxidiert, Sauerstoff wird reduziert. Im Idealfall führt die Oxidation zu Kohlendioxid und Wasser:

$$\langle CH_2O\rangle + O_2 \rightarrow CO_2 + H_2O \qquad (A+L) \qquad (10.9)$$

Anaerobe Respiration: Organische Substanzen werden oxidiert zu Kohlendioxid, Kohlendioxid wird reduziert zu Methan (Methangährung):

$$\langle CH_2O\rangle + \tfrac{1}{2}\,CO_2 \rightarrow CO_2 + \tfrac{1}{2}\,CH_4 \qquad (H+L) \qquad (10.10)$$

oder

$$\langle CH_2O\rangle \rightarrow \tfrac{1}{2}\,CO_2 + \tfrac{1}{2}\,CH_4 \qquad (10.11)$$

mit Nitrat oder Sulfat:

$$4\langle CH_2O\rangle + NO_3^- + 2H^+ \rightarrow 4CO_2 + NH_4^+ + 3H_2O \quad (B+I+L) \qquad (10.12)$$

$$2\langle CH_2O\rangle + SO_4^{2-} + 2H^+ \rightarrow 2CO_2 + H_2S + 2H_2O \quad (G+L) \qquad (10.13)$$

Diese Reaktionsabläufe sind gut untersucht worden und werden beispielsweise für die biologische Abwasserreinigung (Kapitel 14) verwendet. Dort werden bei der aeroben Respiration etwa 50% des organischen Substrates für den Energiegewinn oxidiert, der Rest wird in Bakterienmasse (Klärschlamm) umgewandelt. Bei der Methangärung hingegen werden lediglich etwa 10% des Substrates in Bakterienmasse umgewandelt. Die in Abbildung 10.7 dargestellte Redoxsequenz kann auch in eutrophen Seen oder sehr schön in Seesedimenten beobachtet werden. Untersuchungen von Sedimentproben im Zürich- und im Genfersee durch das Institut für Pflanzenbiologie der Universität Zürich zwischen 1984 und 1987 ergaben, dass in der obersten,

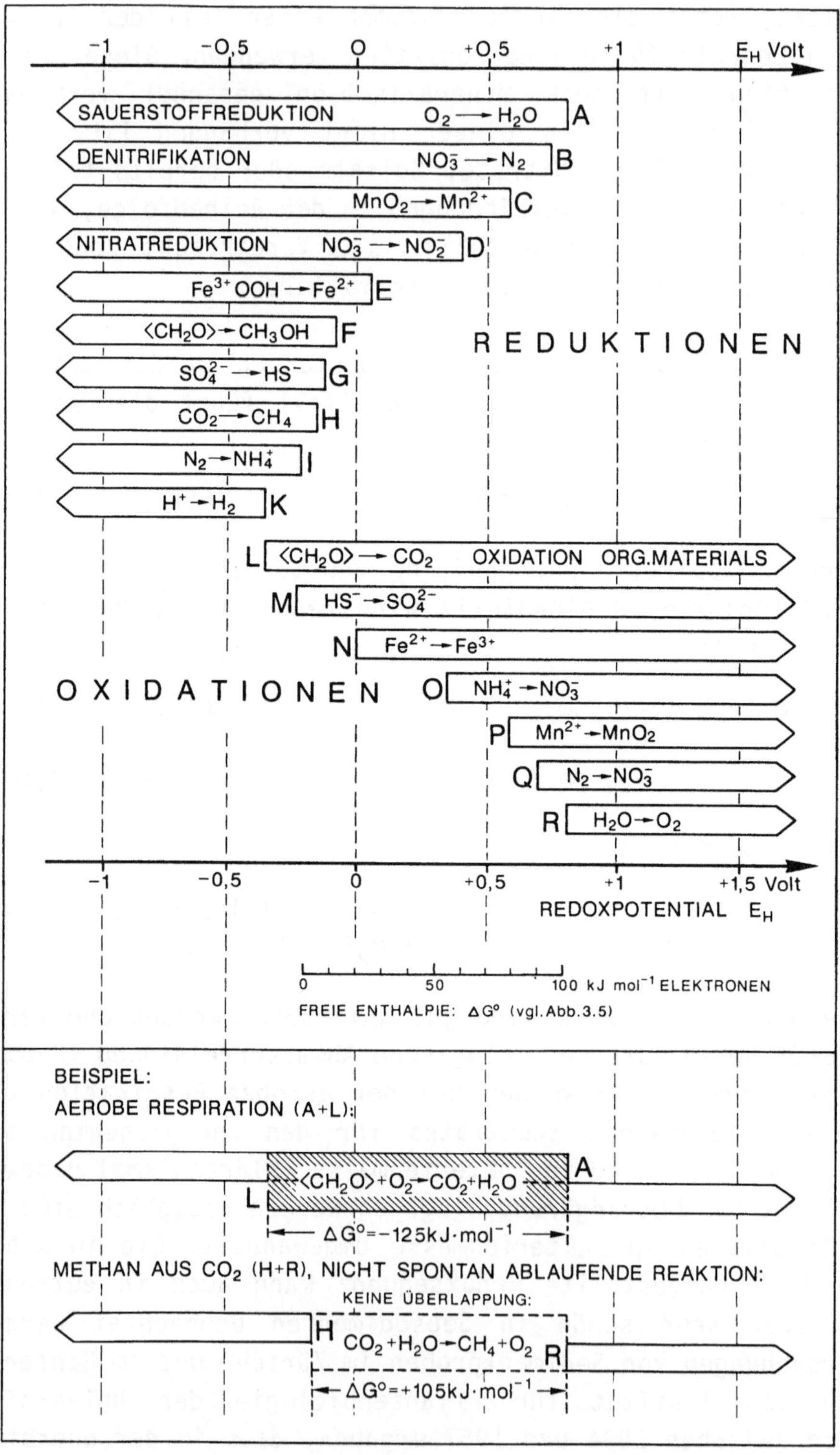

-1 -0,5 0 +0,5 +1 E_H Volt
SAUERSTOFFREDUKTION $O_2 \rightarrow H_2O$ A
DENITRIFIKATION $NO_3^- \rightarrow N_2$ B
$MnO_2 \rightarrow Mn^{2+}$ C
NITRATREDUKTION $NO_3^- \rightarrow NO_2^-$ D
$Fe^{3+}OOH \rightarrow Fe^{2+}$ E
$\langle CH_2O \rangle \rightarrow CH_3OH$ F
$SO_4^{2-} \rightarrow HS^-$ G
$CO_2 \rightarrow CH_4$ H
$N_2 \rightarrow NH_4^+$ I
$H^+ \rightarrow H_2$ K
R E D U K T I O N E N
L $\langle CH_2O \rangle \rightarrow CO_2$ OXIDATION ORG.MATERIALS
M $HS^- \rightarrow SO_4^{2-}$
N $Fe^{2+} \rightarrow Fe^{3+}$
O X I D A T I O N E N
O $NH_4^+ \rightarrow NO_3^-$
P $Mn^{2+} \rightarrow MnO_2$
Q $N_2 \rightarrow NO_3^-$
R $H_2O \rightarrow O_2$
-1 -0,5 0 +0,5 +1 +1,5 Volt
REDOXPOTENTIAL E_H
0 50 100 kJ mol^{-1} ELEKTRONEN
FREIE ENTHALPIE: ΔG^o (vgl. Abb. 3.5)
BEISPIEL:
AEROBE RESPIRATION (A+L):
A
L
$\langle CH_2O \rangle + O_2 \rightarrow CO_2 + H_2O$
$\Delta G^o = -125 kJ \cdot mol^{-1}$
METHAN AUS CO_2 (H+R), NICHT SPONTAN ABLAUFENDE REAKTION:
KEINE ÜBERLAPPUNG:
H
$CO_2 + H_2O \rightarrow CH_4 + O_2$
R
$\Delta G^o = +105 kJ \cdot mol^{-1}$

sauerstoffreichen Schlammschicht aerobe Bakterien leben. Darunter, mit zunehmend reduzierendem Milieu, fand man Mikroben, welche über Nitrat, Manganoxid, Eisenoxid und Sulfat atmen. Unterhalb dieser zehn bis fünfundzwanzig Zentimeter starken biologisch geschichteten Zone mit abnehmendem Redoxpotential folgte bis in grosse Tiefen die Vielzahl der Methanbakterien, die nur noch wenig verschiedene Substrate, etwa Essigsäure, aufnehmen können und dabei Methan produzieren. Von diesen Methanbakterien wurden bisher über dreissig wichtige Arten identifiziert.

Im Zürichsee wurden bei Tauchversuchen auf dem Seegrund weisse Flecken beobachtet, welche aus Schwefelwasserstoffbakterien (Beggiatoa) bestehen. Schwefelbakterien brauchen sowohl Schwefelwasserstoff als auch Sauerstoff und sind Anzeiger für das Vorkommen beider Stoffe nebeneinander. Das in den tieferen Sedimentschichten unter anaeroben Bedingungen entstandene Schwefelwasserstoffgas diffundiert zur Wasserschicht hinauf, wo es im aeroben Millieu den Bakterien der Gattung Beggiatoa als Nahrung dient.

Abbildung 10.7

Sequenzen mikrobieller Redoxprozesse.

Wenn ein ursprünglich sauerstoffhaltiges System belastet wird mit organischen Komponenten (L) aus häuslichem Abwasser, findet folgende Reaktion statt:

(A+L) Aufzehrung des Sauerstoffs. Sobald aller Sauerstoff aufgebraucht ist, laufen in der nachfolgenden Sequenz (Abnahme der freien Enthalpie ΔG) anaerobe Abbaureaktionen ab:
(B+L) Nitratreduktion (Denitrifikation)
(C+L) Reduktion von Manganoxid
(D+L) Nitratreduktion
(E+L) Reduktion von Eisenhydroxiden
(F+L) Fermentation (z.B. Alkoholgärung)
(H+L) Methangärung

Die gleichen Reaktionssequenzen beobachten wir auch in der Tiefe eines Sees während der Stagnationsperiode, wo Plankton, welches durch Photosynthese gebildet wird, in die unteren Schichten absinkt. Weitere Redox-Reaktionen sind auch die Stickstoffixierung (I+L) und die Nitrifikation (A+O). Die meisten Reaktionen werden durch Mikroorganismen (Bakterien, Pilze) mediiert (katalysiert). Letztere sind ubiquitär (überall verbreitet) und vermehren sich, sobald die geeigneten Reaktionsbedingungen vorhanden.

Im Zusammenhang mit dem biologischen Abbau steht auch der als Selbstreinigung eines Gewässers bezeichnete Prozess. Man versteht darunter die Summe aller Prozesse, welche die Fracht bzw. die Konzentration von Verunreinigungssubstanzen in einem Gewässer vermindert. Sobald biologisch abbaubare Verunreinigungen in ein Gewässer gelangen, erhöht sich die Respirationsrate durch die Vermehrung der überall vorhandenen Mikroorganismen. Dabei vermindert sich die Fracht, bzw. die Konzentration der Schadstoffe. Eine Abfolge von sich abwechselnden Organismen bildet sich, wie dies in Abbildung 8.2. vereinfacht für die Fliessgewässer dargestellt ist. Diese heterotrophe Aktivität bezeichnet man als Saprobität (Intensität der Zersetzung organischer Substanz). Es ist auch versucht worden, mittels Artenanalysen in Fliessgewässern Rückschlüsse auf den Verschmutzungsgrad des Gewässers zu ziehen (Kapitel 11.2).

Schwer abbaubare (refraktäre) Verbindungen beeinflussen die Organismen in anderer Weise. Obwohl schon einige grundsätzliche Zusammenhänge zwischen Konstitution der Verbindung und biologischer Abbaubarkeit bekannt sind, fehlen uns leider noch weitgehend detaillierte Kenntnisse über die Mikrobiologie, den Mechanismus und die Kinetik von xenobiotischen Verbindungen in natürlichen Gewässern. Ein partieller Abbau von sogenannt "abbaubaren Substanzen" kann zum Auftreten neuer, persistenter Verbindungen führen, wie wir dies bei den nichtionogenen Tensiden gesehen haben (Abbildung 9.1).

10.7 Physikalisch-chemische Umwandlungsprozesse

Es würde zu weit führen, eine Aufzählung der physikalisch-chemischen Reaktionsmöglichkeiten der vielen tausend in die Gewässer gelangenden Verunreinigungssubstanzen anzugeben. Dazu müssen wir auf Lehrbücher der Chemie wie etwa Aquatic Chemistry (Stumm, 1971 und 1983) verweisen und uns mit ein paar repräsentativen Beispielen begnügen, welche in den Fallbeispielen "Phosphor", "Schwermetalle" oder "Organische Verbindungen" beschrieben werden.

Im Zusammenhang mit der Reinigung von Abwässern in Kapitel 14 werden wir einige weitere wichtige Prozesse natürlicher Gewässer wie die Fällungs- und Nukleierungsreaktionen, die Koagulation (Flockung) und die Filtration noch im Detail besprechen.

10.8 Beispiel: Schicksal organischer Verbindungen bei der Infiltration ins Grundwasser

Bedeutung des Grundwassers

In der Schweiz wird der Trink- und Brauchwasserbedarf zu mehr als 70% aus Quell- und Grundwasser gedeckt. Aus diesem Grund ist der Schutz dieser Gewässer vor infiltrierenden Verunreinigungssubstanzen eine wichtige Aufgabe. Insbesondere auch deshalb, weil in diesen eingeschlossenen Systemen viele in Oberflächengewässern ablaufende Reinigungsprozesse, wie etwa die Abgabe an die Atmosphäre, nicht stattfinden können. Grundwasserverschmutzungen durch organische Chemikalien sind in den letzten Jahren auch in der Schweiz immer häufiger beobachtet worden. Neben Heizöl und Benzin trifft man im Grundwasser seit Ende der siebziger Jahre immer öfter chlorierte Lösungsmittel wie Tetrachlorethylen oder Trichlorethan an (Giger, 1977). Besonders gefährdet sind dabei Trinkwasserversorgungen, welche Grundwasser aus Industrie- und Gewerbezonen nutzen. Aber auch durch Infiltration verschmutzter Fliessgewässer ins Grundwasser gelangen grosse Mengen Schadstoffe aus zivilisatorischen Quellen in den Boden.

Prozesse bei der Grundwasserinfiltration

In Tabelle 10.3 aus Wuhrmann (1977) sind fünf mögliche Fälle aufgeführt, welche das Verhalten unterschiedlicher Wasserinhaltsstoffe von der Infiltration bis zur Wasserentnahme bzw. Quelle beschreiben. Die ersten beiden Fälle haben wir bereits in Kapitel 6.3 beschrieben:

1. Im Idealfall, der Versickerung von reinem Niederschlag im Lösungsgleichgewicht mit der Atmosphäre, entsteht ein mehr

	Infiltrat (Ursache) →	Primär-Reaktion	Folgen	Sekundär-Reaktion	Brunnen (Wirkung)
			Untergrund →		
1	H_2O (O_2, CO_2) O_2, CO_2 im Gleichgewicht mit Atmosphäre	Mineral-Lösung	"Aufhärtung" bis Lösungsgleichgewicht	Fe^{2+} (Spuren) $\xrightarrow{O_x}$ Fe^{3+} / Mn^{2+} (Spuren) $\xrightarrow{O_x}$ Mn^{4+} } als unlösl. Verb.	O_2-haltiges "Gleichgewichts"-Grundwasser
2	H_2O (O_2, CO_2) + lösliche, abbaubare organische Verbindungen	mikrob. Abbau → ↓+ Respi-ration →	Konz.-Abnahme → / CO_2 (Sättg.) → CO_2 (Uebersättg.) → / O_2 (Sättg.) → O_2 = 0 →	Verstärkte Minerallösung → / biol. Reduktionen: NO_3^- → NO_2^- → N_2 → NH_4^+; SO_4^{2-} → HS^- / Ausbleiben der Oxidation von gelöstem Fe^{2+} Mn^{2+} →	Spuren v. Orig. Subst. + event. Intermediärverbindung / Aufhärtung, event. CO_2-Uebersättigung (Aggressivität) / NO_2^- / NH_4^+ / HS^- / Fe^{2+} / Mn^{2+}
3	H_2O (O_2, CO_2) + lösl. nicht abbaubare organische Verbindungen	↓+ Adsorption / keine Adsorption →	Oberflächensättigung →	Durchbruch →	↓+ Kontamin. m. Origin.-Substanz in Sättig.-Konzentration

4	H_2O (O_2, CO_2) + anorganische Salze ($NaCl$, KCl, Na_2SO_4, $CaCl_2$) etc.	1+ erhöhte Konzentration entspr. Ionen	⟶	⟶	1+ zusätzl. Ionen-Konzentration
5	Organische Flüssigkeiten: - nicht-H_2O lösl. Anteil ⟶	in Residual-Sättg. stationäre Phase - abbaubar - nicht abbaubar	2 ⟶ –	2 ⟶ –	wie 2 –
	- H_2O-lösl. Anteil ⟶	bewegl. Phase - abbaubar - nicht abbaubar	1+2 ⟶ 1+3 ⟶	2 ⟶ 3 ⟶	wie 2 1+ Orig. Subst. in Sättig. Konz.

Tabelle 10.3

Uebersicht von Reaktionen bei der Grundwasserbildung und der Einstellung chemischer Zustände in Grundwasserfassungen. Erklärungen im Text.
Nach Wuhrmann, 1977.

oder weniger hartes, eisen- und manganfreies, sauerstoffhaltiges "Gleichgewichtsgrundwasser".

2. Versickert Wasser, welches mit organischen, mikrobiell angreifbaren Inhaltsstoffen angereichert ist, entsteht ein Wasser, welches mit dem schlechten sprachlichen Ausdruck "reduziertes Grundwasser" bezeichnet wird und das eventuell noch kohlensäureagressiv sein kann (vgl. Abb. 6.4).

3. Im dritten Beispiel sind lösliche, aber biologisch schlecht abbaubare organische Verbindungen ins Grundwasser infiltriert. Viele chlorierte oder nitrierte organische Syntheseprodukte, aber auch gewisse Pestizide, gehören dazu. Ihre Rückhaltung ist von abiologischen Wechselwirkungen mit der Gesteinsoberfläche abhängig. Erfolgt keine Adsorption, so werden diese Stoffe von der Infiltrationsstelle bis zum Brunnen verfrachtet. Die Konzentration wird dann lediglich durch Verdünnung und hydrodynamische Dispersion bestimmt. Ist eine Adsorption am Gestein möglich, wird die Konzentration der Lösung in Fliessrichtung solange abnehmen, bis die adsorbierende Oberfläche gesättigt ist und ein Durchbruch erfolgt. Die übrigen Zustandsänderungen des Grundwassers bleiben gleich wie im ersten Fall. Beispiele zu diesem Fall werden wir gleich anschliessend besprechen.

4. Als nächstes betrachten wir die Versickerung anorganischer, nicht metabolisierbarer Salze (Beispiel 4), wie dies etwa durch Abschwemmungen bei der Strassensalzung geschieht. Die Infiltration wird wie im Fall 1 verlaufen; zusätzlich werden Konzentrationsänderungen der Salze auf der Transportstrecke neben Verdünnungs- und Durchmischungseffekten durch Ionenaustausch an der Gesteinsoberfläche erfolgen. Der Zustand des geförderten Wassers wird sich vom "Gleichgewichtsgrundwasser" durch Erhöhung der Konzentration einzelner Ionen unterscheiden.

5. Als letzten Fall (Beispiel 5) betrachten wir die Versickerung organischer Flüssigkeiten, die mit Wasser nicht mischbar sind, etwa bei einem Leck in einem Heizöltank. Die Flüssigkeit kann in einem wassergesättigten Untergrund nicht ein-

dringen, in einem ungesättigten Lockergestein breitet sie sich bis zum Erreichen der Residualsättigung aus. In beiden Fällen werden diese Flüssigkeiten also eine stationäre Phase bilden. Sofern sie wasserlösliche Komponenten enthalten, was bei Heizöl oder Benzin der Fall ist, oder wenn die Flüssigkeiten eine gewisse Löslichkeit besitzen, werden Bestandteile ins Wasser übergehen und damit beweglich werden. Die Distanz der Verschleppung dieser Anteile wird bestimmt durch die Geschwindigkeit ihres mikrobiellen Abbaus sowie ihrer adsorptiven Wechselwirkungen mit dem Untergrundmaterial.

Lösliche Komponenten von Erdölprodukten sind zum Teil ziemlich gut abbaubar, der mikrobielle Angriff ist aber streng an aerobe Bedingungen und die Anwesenheit von Stickstoffverbindungen wie Ammonium und organischen stickstoffhaltigen Verbindungen gebunden. Diese beiden Bedingungen begrenzen im Grundwasser das Wachstum der für den Abbau der Kohlenwasserstoffe notwendigen Bakterienpopulationen. Die oft schon niedrigen Sauerstoffgehalte der Grundwasser werden im unmittelbaren Bereich einer Kohlenwasserstoffkontamination völlig aufgebraucht und der weitere biologische Abbau unterbrochen. Die Verschleppungsdistanz einer Erdölkontamination ist somit in erster Linie eine Frage des Sauerstoffnachschubes in die Kontaminationsfahne.

Verhalten organischer Verbindungen

In einer grossangelegten Feldstudie wurde im Rahmen eines nationalen Forschungsprogrammes des Schweizerischen Nationalfonds zur Förderung der wissenschaftlichen Forschung (Giger, 1983) die Infiltration gelöster organischer Verbindungen aus dem stark belasteten Fluss Glatt ins Grundwasser untersucht. Die Infiltration geschieht im untersuchten Gebiet etwa senkrecht zum Flussufer (Abbildung 10.8a). Die Konzentration gelöster organischer Verbindungen (DOC) im Fluss betrug durchschnittlich 4 Milligramm pro Liter. Dieser Gehalt wurde bereits innerhalb der ersten Meter Infiltrationsstrecke deutlich reduziert auf unter 3 Milligramm pro Liter. Diese Elimination betraf Substanzen aus dem ganzen Molekulargrössenbereich. Eine Fraktionierung der organischen Wasserinhaltsstof-

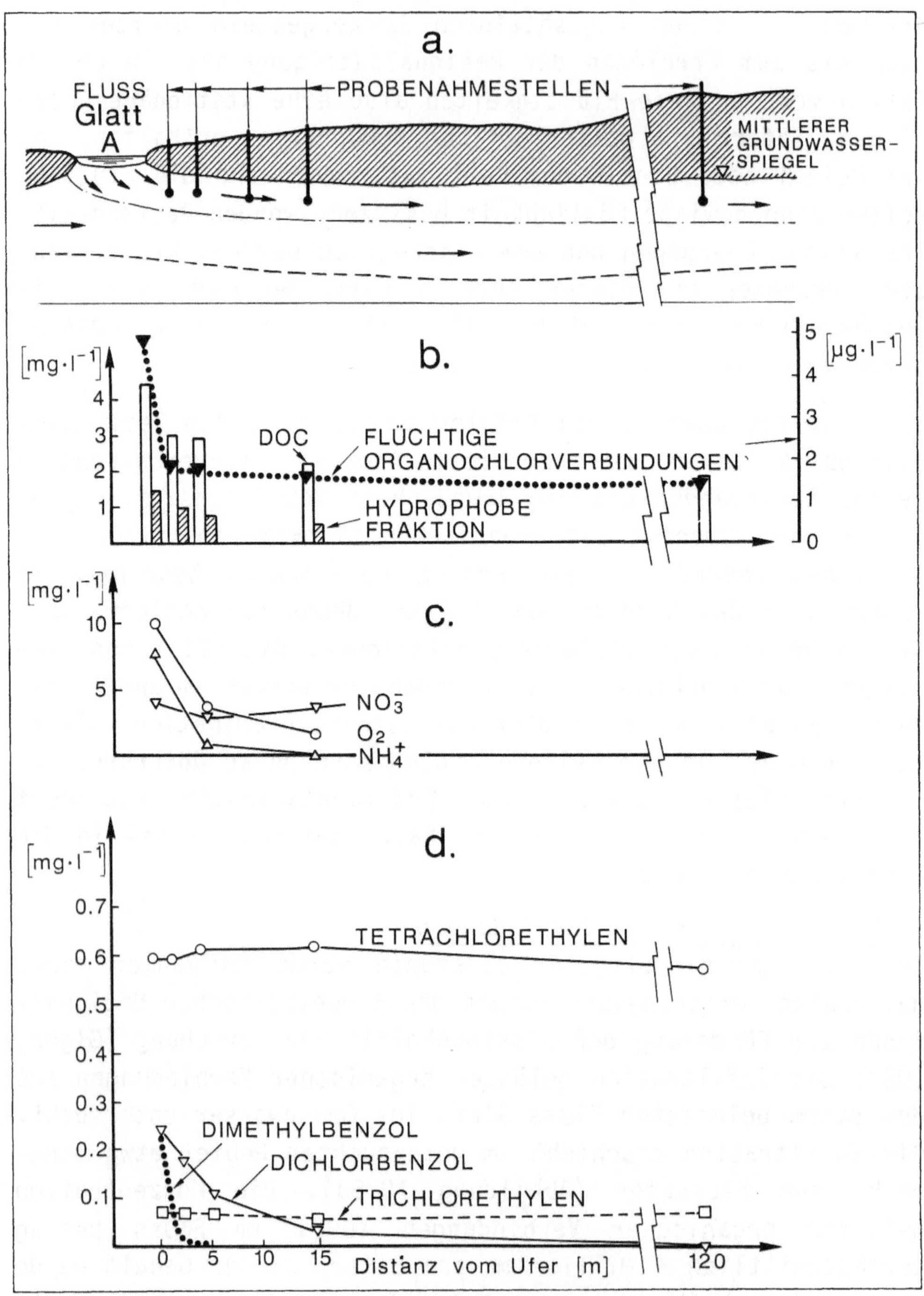

Abbildung 10.8

Verhalten organischer Verbindungen bei einer Grundwasserinfiltration. Erklärung siehe Text. Nach Hoehn 1983, Giger 1983 und Schwarzenbach 1983.

fe ergab drei etwa gleich grosse Anteile: einen im ganzen pH-Bereich wasserlöslichen Anteil, einen ebenfalls wasserlöslichen, beim Ansäuern jedoch hydrophob werdenden Anteil und einen hydrophoben bzw. lipophilen dritten Anteil.

Die erste, hydrophile Fraktion, welche polare organische Verbindungen enthielt, wurde in der ufernahen Zone teilweise eliminiert, der nicht eliminierbare Anteil bildete in den entfernteren Grundwasserschichten den Hauptanteil des DOC (etwa 70%). Die bei pH=8 hydrophile, bei pH=2 hydrophobe Fraktion enthielt die sogenannten Fulvinsäuren (vgl. Kapitel 5.4). Sie wurde auf der Infiltrationsstrecke langsam aber kontinuierlich abgebaut. Die hydrophobe dritte Fraktion wurde zu Beginn der Infiltrationsstrecke rasch, und nach längerer Infiltrationsdistanz fast vollständig abgebaut (Figur 10.8b).

Parallel mit der Konzentrationsabnahme der Kohlenstoffverbindungen sank auch der Sauerstoffgehalt und der Ammoniumgehalt (Abbildung 10.8c), woraus geschlossen werden kann, dass die in den ersten zehn Metern eliminierten Substanzen mikrobiell abgebaut wurden. Fast die Hälfte der gelösten organischen Verbindungen (DOC) wurden aber auf dieser Fliessstrecke nicht abgebaut (Abbildung 10.8b). Die Fliesszeit des Wassers für diese Distanz beträgt zwischen einem und neun Tagen.

Da zum hydrophoben Anteil des DOC, welcher von 1,5 Milligramm pro Liter auf 0,1 Milligramm pro Liter reduziert wurde, auch die flüchtigen organischen Halogenverbindungen (FOCl) gehören, wurden diese auch als Einzelkomponenten untersucht. Von einer durchschnittlichen Konzentration von 5 Mikrogramm pro Liter in der Glatt sank der Gehalt auf etwa 2 Mikrogramm nach bereits zweieinhalb Metern Fliessdistanz bzw. wenigen Stunden Verweilzeit im Boden. Auf dem weiteren Infiltrationsweg blieben diese Konzentrationen unverändert (Figur 10.8b).

Als Einzelkomponenten wurden unter anderen die in Tabelle 10.4 zusammengestellten Lösungsmittel und Pestizide ermittelt. Die Analyse geschah durch Ausblasen der Substanzen aus

Tabelle 10.4

Uebersicht über einige der untersuchten organischen Verbindungen.
Aus Giger, 1983.

Name trivial	Name IUPAC a)	Summen-formel	Wasser-löslichkeit	Oktanol/Wasser-Verteilungs-koeffizient	Verwendung Herkunft
			(mg/l)	$\log K_{ow}$	
Chlorierte Kohlenwasserstoffe					
Tetrachlorethylen Perchlorethylen	Tetrachlorethen	C_2Cl_4	150	2.88	Lösemittel (für die drei Verbindungen zusammen, durch Klammer)
Trichlorethylen	Trichlorethen	C_2HCl_3	1'100	2.20	
Trichlorethan	1,1,1-Trichlorethan	$C_2H_3Cl_3$	1'600	2.17	
Tetrachlorkohlenstoff	Tetrachlormethan	CCl_4	800		
Chloroform	Trichlormethan	$CHCl_3$	8'200	1.97	Lösemittel, Produkt der Wasserchlorung
Methylenchlorid	Dichlormethan	CH_2Cl_2	13'700	1.25	Lösemittel

Aromatische Kohlenwasserstoffe					
Benzol	Benzol	C_6H_6	1'780	2.13	Lösemittel
Toluol	Methylbenzol	C_7H_8	535	2.69	Lösemittel
m-Xylol	1,3-Dimethylbenzol	C_8H_{10}		3.15	wasserlösliche Bestandteile der Mineralöle und Benzine
Naphtalin	Naphtalin	$C_{10}H_8$	32	3.30	
Chlorierte Benzole					
Chlorbenzol	Chlorbenzol	C_6H_5Cl	460	2.71	Lösemittel
p-Dichlorbenzol	1,4-Dichlorbenzol	$C_6H_4Cl_2$	80	3.38	Deodorant
HCB	Hexachlorbenzol	C_6Cl_6	0,005	6.06	Fungizid
Chlorierte Phenole					
	Chlorierte Phenole			2.6-4.87	Produkte der Wasserchlorung
	Pentachlorphenol	C_6HOCl_5	14	5.25	Holzschutzmittel Fungizid Bakterizid

a) IUPAC = International Union for Pure and Applied Chemistry dem Wasser und anschliessender Auftrennung im Gaschromatographen (Abbildung 10.9). Die meisten der halogenierten Industriechemikalien sind chemisch inert, d.h. sie werden im Untergrund nicht durch chemische Reaktionen wie Hydrolyse oder Oxidation umgewandelt. Eine Ausnahme bilden gewisse

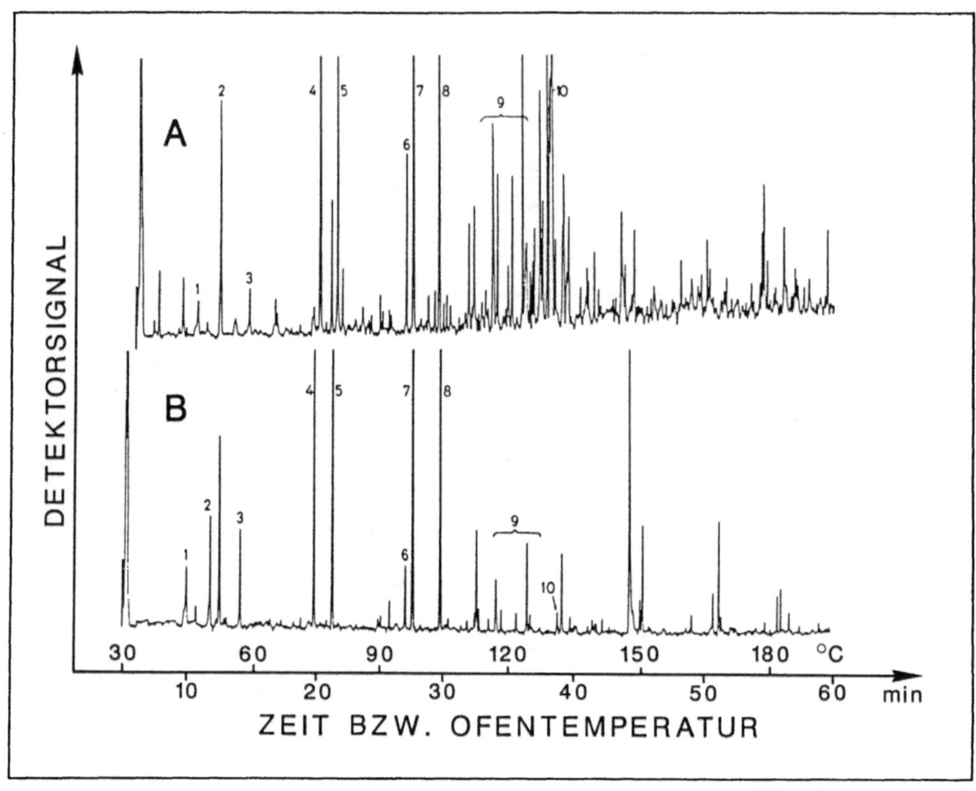

Abbildung 10.9

Gaschromatogramme der ausblasbaren Wasserverunreinigungen.
A: Glatt
B: Grundwasser bei Glattfelden

Identifizierte ausblasbare Wasserverunreinigungen
1: 1,1,1-Trichchlorethan
2: Benzol
3: Trichlorethylen
4: Toluol
5: Tetrachlorethylen
6: Ethylbenzol
7: m/p-Xylol
8: o-Xylol
9: C_3-Benzole
10: 1,4-Dichlorbenzol

Nach Giger, 1983.

Alkylhalogenide wie tertiäres Butylchlorid, welches in wenigen Sekunden mit Wasser reagiert, oder Ethylbromid, welches eine Hydrolysehalbwertszeit von 30 Tagen besitzt. Für Methylenchlorid hingegen wurde eine Halbwertszeit von über 700 Jahren errechnet (Schwarzenbach, 1983).

Das Schicksal von Einzelkomponenten bei der Grundwasserinfiltration ist in Abbildung 10.8d eingezeichnet. Da die untersuchten Stoffe über Jahre schon im Flusswasser anzutreffen waren, konnte die Elimination aus dem Grundwasserleiter nicht durch Adsorption an der Gesteinsoberfläche erklärt werden. Der Durchbruch war für alle untersuchten Stoffe bezüglich Adsorptionskapazität schon längst geschehen; die Sättigung des Bodenmaterials war erreicht. Betrachtet man den Konzentrationsverlauf der wichtigsten Verunreinigungssubstanzen Tetrachlorethylen, Trichlorethylen und Dichlorbenzol, stellt man fest, dass die ersten beiden Stoffe überhaupt nicht eliminiert werden und nach 120 Metern Fliessstrecke in gleicher Konzentration wie im Fluss auftreten. Dichlorbenzol hingegen verschwindet nach etwa 15 Metern Infiltrationsstrecke aus dem Wasser. Noch rascher eliminiert wird die Erdölkomponente Dimethylbenzol. Alle diese vier Verbindungen haben bezüglich Mobilität (Wasserlöslichkeit, Verteilungskoeffizient K_{oc}) im Boden ähnliche Eigenschaften. Die Elimination der beiden letzten Komponenten kann deshalb durch biologische Abbauvorgänge im Infiltrationsbereich erklärt werden. Es kann aber nur gefolgert werden, dass ein sogenannter Primärabbau erfolgt sein muss. Mit anderen Worten, Dichlorbenzol und Dimethylbenzol werden in ein oder mehrere Folgeprodukte (Metaboliten) transformiert. Es ist bekannt, dass beim mikrobiellen Abbau von chlorierten Benzolen als Zwischenprodukte chlorierte Phenole und Katechole (1,2-Dihydroxybenzole) gebildet werden. Solche Metaboliten wurden bei den angewendeten Analysenmethoden nicht erfasst. Chlorierte Phenole wie Pentachlorphenol, ein 1980 noch häufig verwendetes Holzschutzmittel wurden auch untersucht und dabei kam heraus, dass diese ebenfalls bei der Infiltration allmählich eliminiert werden. Stark lipophile Substanzen wie etwa das Fungizid Hexachlorbenzol wurden hingegen überhaupt nicht abgebaut und nach 120 Metern wie das besser wasserlösliche Tetrachloräthylen in unveränderter Konzentration gefunden.

Die Vermutung, dass bei kontinuierlicher Zufuhr von lipophilen Substanzen nur der mikrobielle Abbau eine Konzentrationsverminderung bewirkt, wurde in Laborversuchen bestätigt. Kolonnen wurden mit Bodenmaterial gefüllt und mit Flusswasser infiltriert. Zuerst wurde eine Elimination durch Adsorption am mit organischem Material belegten Sand beobachtet. Nach zwei Tagen erreichte die Auslaufkonzentration von Tetrachlorethylen den Einlaufwert (Abbildung 10.10). Dichlorbenzol und Dimethylbenzol wurden nach wenigen Tagen Adaptationszeit von der auf dem Gestein sich bildenden Mikroorganismenpopulation abgebaut. Wurde nach etwa 50 Tagen die Sauerstoffzufuhr gestoppt, war die Auslaufkonzentration vorübergehend wieder gleichgross wie die Einlaufkonzentration. Nach weiteren hundert Tagen konnte für die Erdölkomponente eine erneute Elimination beobachtet werden, was durch die Ausbildung einer nitratreduzierenden Bakterienpopulation erklärt werden konnte: bei Nitratentzug wurde auch diese Eliminationswirkung wieder gestoppt.

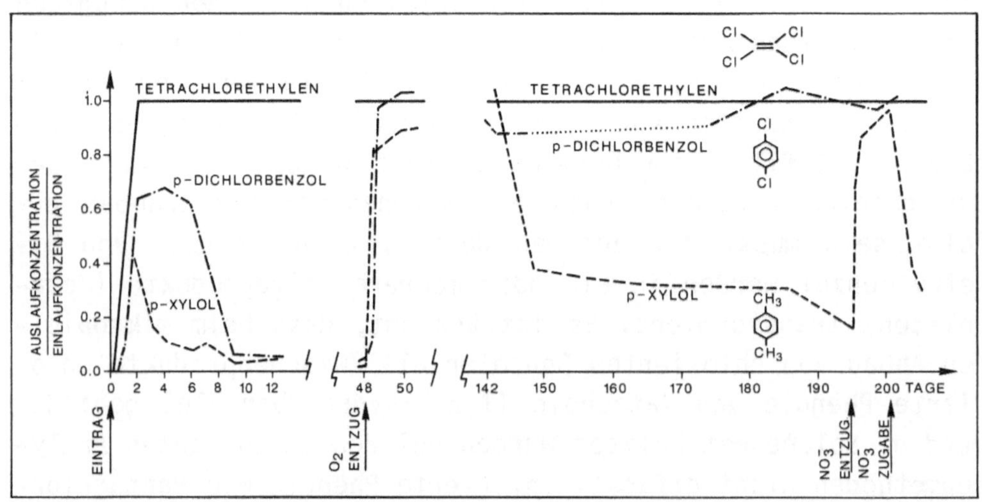

Abbildung 10.10

Biologische Abbauversuche in mit wassergesättigten Grundwassermaterialien gefüllten Kolonnen: zeitlicher Verlauf der relativen Auslaufkonzentrationen von Tetrachlorethylen, p-Dichlorbenzol und p-Xylol. Während des ganzen Versuches waren die Einlaufkonzentrationen konstant. Nach Kuhn, 1983.

Die Autoren dieser Grundwasserinfiltrationsstudie zogen aus den Erkenntnissen, die im Verlaufe ihrer Arbeiten gewonnen wurden, folgende Schlüsse (Zitat aus Schwarzenbach et al., 1983):

"(1) Es bestehen einfache mathematische Beziehungen zur Abschätzung des Retentionsverhaltens unpolarer organischer Verbindungen im Untergrund. Bei bekanntem organischem Kohlenstoffgehalt des Bodenmaterials kann der Verteilungskoeffizient Boden/Wasser für viele halogenierte Verbindungen aufgrund des Oktanol/Wasser-Verteilungskoeffizienten vorausgesagt werden. Dabei muss jedoch betont werden, dass es sich bei solchen Voraussagen nicht um exakte, sondern um grössenordnungsmässige Abschätzungen handelt.

(2) Unter den halogenierten Kohlenwasserstoffen gibt es Verbindungen, welche bei der Flussinfiltration ungehindert ins Grundwasser gelangen und sich dort rasch und über weite Distanzen ausbreiten. Zu dieser Gruppe von Substanzen gehören die chlorierten Lösemittel Tri- und Tetrachlorethylen, 1,1,1-Trichlorethan und Chloroform, welche in belasteten Fliessgewässern vielerorts als Spurenverunreinigungen auftreten. Durch die ständige Präsenz dieser Verbindungen in Flüssen können via Infiltration grosse Grundwassergebiete kontaminiert werden. Die Uferfiltration ist für diese Schmutzstoffe kein wirksamer "Reinigungsprozess". Gelangen solche Chemikalien durch Havarien direkt in einen Grundwasserkörper, so muss mit sehr langzeitigen und unter Umständen grossräumigen Verunreinigungen gerechnet werden.

(3) Auch sehr lipophile, persistente Substanzen, wie z.B. Hexachlorbenzol, können im Grundwasser über weite Distanzen transportiert werden, falls die grundwasserführende Schicht wenig organische Substanz enthält, was vielerorts der Fall ist.

(4) Die mikrobielle Umwandlung von organischen Spurenverunreinigungen bei der Flussinfiltration findet hauptsächlich auf den ersten Metern der Infiltrationsstrecke statt. Bei-

spiele von halogenierten Verbindungen, welche unter aeroben Bedingungen biologisch "eliminiert" werden, sind 1,4-Dichlorbenzol und 1,2,4-Trichlorbenzol. Die biologische "Elimination" solcher Verbindungen erfolgt aerob auch bei sehr kleinen Konzentrationen (<0,1μg/l). Es gibt hingegen einige klare Hinweise dafür, dass chlorierte Benzole unter anaeroben Bedingungen biologisch persistent sind.

Zusammenfassend kann gesagt werden, dass viele halogenierte Verbindungen wegen ihrer hohen Mobilität und Persistenz im Untergrund bezüglich Grundwasserverschmutzung als äusserst kritisch angesehen werden müssen. Es müssen daher vermehrte Anstrengungen unternommen werden, den Eintrag solcher Stoffe in die Umwelt einzudämmen, was vor allem durch Massnahmen an der Quelle (z.B. Reduktion des Gebrauchs, grössere Vorsicht bei der Lagerung, Anwendung und Abfallbeseitigung) geschehen sollte."

11. Gewässerzustand und Gewässerqualität

11.1 Funktionelle Zusammenhänge und Definitionen

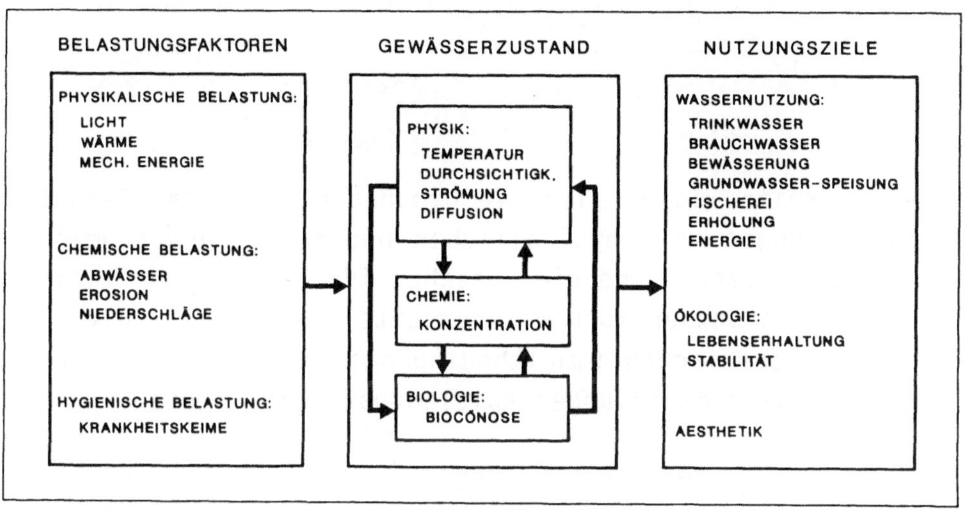

Abbildung 11.1

Zusammenhänge zwischen Gewässerbelastungen, Gewässerzustand und Nutzungszielen.

Als Produkt aller Einflüsse auf ein Gewässer resultiert der Gewässerzustand. Man hat auf viele Arten versucht, insbesondere im Hinblick auf die Nutzung der Gewässer als Trink- oder Fischgewässer, diesen zu charakterisieren. In der Literatur finden wir deshalb oft auch neben dem Ausdruck Gewässerzustand die Bezeichnung Gewässerqualität. Wir wollen versuchen, diese Bezeichnungen zu definieren. Dazu stützen wir uns im folgenden auf Definitionen und Argumentationen, die von Wuhrmann (1975) formuliert worden sind:

Der Gewässerzustand ist gegeben durch die Gesamtheit aller physikalischen, chemischen und biologischen Faktoren, welche einen See oder einen Flussabschnitt charakterisieren.

Eine genaue Quantifizierung oder Qualifizierung ist jedoch wegen der Komplexität eines Gewässers unmöglich. Hingegen lässt sich der Zustand in bezug auf Einzelkriterien beschreiben:

Der Gewässerzustand wird durch objektive, messbare Daten chemischer, physikalischer und biologischer Grössen wie beispielsweise Stoffkonzentrationen, Temperatur, Biomasseproduktivität oder Fliessgeschwindigkeiten, beschrieben.

Wie wir bereits wissen, ist die Biozönose immer das Resultat der Einwirkungen von physikalischen und chemischen Umweltbedingungen. Letztere sind die Ursachen für biologische Aktivitäten. Die Biozönosen können ihrerseits sekundär die physikalischen und chemischen Umweltbedingungen verändern, Rückkopplungen und Wechselwirkungen spielen natürlich stets.

Im Gegensatz zu dem durch objektiv messbare Grössen bestimmten Gewässerzustand sind Angaben über die Gewässerqualität subjektive Festlegungen. Dabei wird ein effektiver Gewässerzustand mit einem zum voraus bestimmten Referenzzustand verglichen.

Die Basis für solche Referenzzustände bilden Anforderungen an das Wasser, die sich aus bestimmten Nutzungszielen wie Trinkwasserversorgung, Ausbeutung bestimmter Fischarten oder ästhetischen Forderungen (Badequalität) ergeben. Gewässerqualitäten sind somit dimensionslose Grössen (Verhältniszahlen) oder noch besser in Worten auszudrücken, unter gleichzeitiger Nennung des Referenzzustandes.

Aus diesem Grunde sind Klassifikationen von Gewässern willkürliche Stufeneinteilungen gemäss einem frei gewählten Gradienten von Gewässerqualitäten. Abgesehen von der "Bonifikation" von Fischgewässern sind solche Klassifikationen kaum praktisch nützlich oder objektivierbar. Auch die manchmal verwendeten Gewässer-"güte"-klassen im Sinne ganzheitlicher Eigenschaften eines Gewässers sind, wie wir gleich sehen werden, kaum brauchbar.

Als Referenzzustand für die Gewässerqualität ist die Klimax, also die Schlussgesellschaft ökologischer Sukzessionen, nicht verwendbar, da diese, selbst wenn ein Gewässer durch unsere Zivilisation nicht beeinflusst würde, nicht erreicht wird. Unsere Gesellschaft lässt in unserem Raum auch keine unbeeinträchtigten Gewässer zurück, welche als idealisierte Referenzzustände verwendet werden könnten.

Als Basislinie zur objektiven Beurteilung der Wasserqualitäten mögen deshalb zwei Referenzzustände dienen: das Meer und Vergleichsgewässer. Die Zusammensetzung der Atmosphäre und das Klima werden in den Meeren geregelt; ebenso finden die geschwindigkeitsbestimmenden Schritte der hydrogeochemischen Kreisläufe vieler Elemente in den Meeren statt. Die Untersuchungen über die Akkumulation von vielen Schadstoffen in den Ozeanen haben eindeutig gezeigt, dass die Meere keineswegs unendliche Senken für Verunreinigungen sind. Wir können nicht Qualitätskriterien für unsere Seen und Flüsse aufstellen, ohne zu bedenken, dass das Meer als diversifiziertes und stabiles Lebenserhaltungs- und Oekosystem erhalten werden muss.

Eine objektive Beurteilung der uns direkt betreffenden Wasserqualität erfolgt wohl am besten auf Grund von Vergleichen. Je nach hydrographischem, morphologischem und geographischem Typus des Gewässers, sollten Vergleichsgewässer ausgewählt werden, die auf Grund verschiedener ökologischer Gesichtspunkte (die ästhetischen Bedürfnisse des Menschen können ebenfalls als ökologischen Faktor gewertet werden) als wünschbare natürliche Gewässersysteme erscheinen. Der Zustand dieser ausgewählten, besonders zu schützenden Systeme sollte in Bezug auf seine Transformationsfunktion (Abbildung 11.1) kontinuierlich und eingehend biologisch, chemisch und physikalisch untersucht werden. Der Zustand anderer Gewässer kann dann als Abweichung vom Zustand des entsprechenden Vergleichsgewässers gemessen werden.

11.2 Saprobiensystem

Vor etwa achzig Jahren untersuchten Kolkwitz und Marrson (vgl. Kolkwitz, 1950) die Besiedlungsverhältnisse mehr oder weniger verschmutzter Fliessgewässer und entwickelten aus den beobachteten Zusammenhängen zwischen Artenzusammensetzung der auf dem Flussgrund lebenden Tier- und Pflanzengesellschaften und des Verschmutzungsgrades des Gewässers das sogenannte Saprobiensystem. Daraus entwickelten sich viele weitere, verfeinerte Verfahren, welche aus Indikatororganismen oder Arten-Diversitäten und Biozönosenzusammensetzungen auf quantitative Grössen wie Belastungen mit organischem Kohlenstoff, Ammonium oder Sauerstoffschwund zu schliessen versuchen.

Die Verwendung von Biozönosen als Indikatoren der Gewässerqualität beruht auf einer weiteren, interessanten Ueberlegung: Da die Organismen, deren Entwicklung im Gewässer bis zu einem Jahr oder länger dauern kann, ständig den Verhältnissen ihres Gewässers ausgesetzt sind, kann aus einer einzigen Probenahme eine Art integraler Zustand des Gewässers beobachtet werden. Ueberlebt eine Art, so wurde die "Toleranzgrenze" eines Schadstoffes nie überschritten, oder die Organismen fanden besonders günstige Lebensbedingungen vor. Ein Vorteil dieser Methode besteht darin, dass die Organismen im Benthal (z.B. an der Unterseite der Steine) erfasst werden. Der Benthalraum ist für den örtlichen Zustand eines Gewässers von besonderer Wichtigkeit, da dort die Lebensgemeinschaft auf Grund des Geschehens im oberen Teilabschnitt des Flusses gebildet wird.

Da früher die Belastung fast ausschliesslich auf Zufuhr organisch leicht abbaubaren Abwassers zurückzuführen war, konnten gute Korrelationen für Fliessgewässer mit ähnlichen physikalisch-geographischen Verhältnissen gefunden werden. Heute ist dieses Verfahren trotz bestechender Einfachheit leider kaum mehr tauglich, weil "a) die Belastungen oft so schwach sind, dass die direkten Kausalbeziehungen nicht wirken, b) nichtbiogene Verbindungen eine latente Toxizität aufweisen können, so dass eine intakt angetroffene Biozönose die Anwesenheit dieser Stoffe nicht anzeigt, c) primäre chemische Einwirkungen auf Organismenentwicklungen (Autökologie) vermischt sind mit internen Wechselwirkungen in der Biozönose (Synöko-

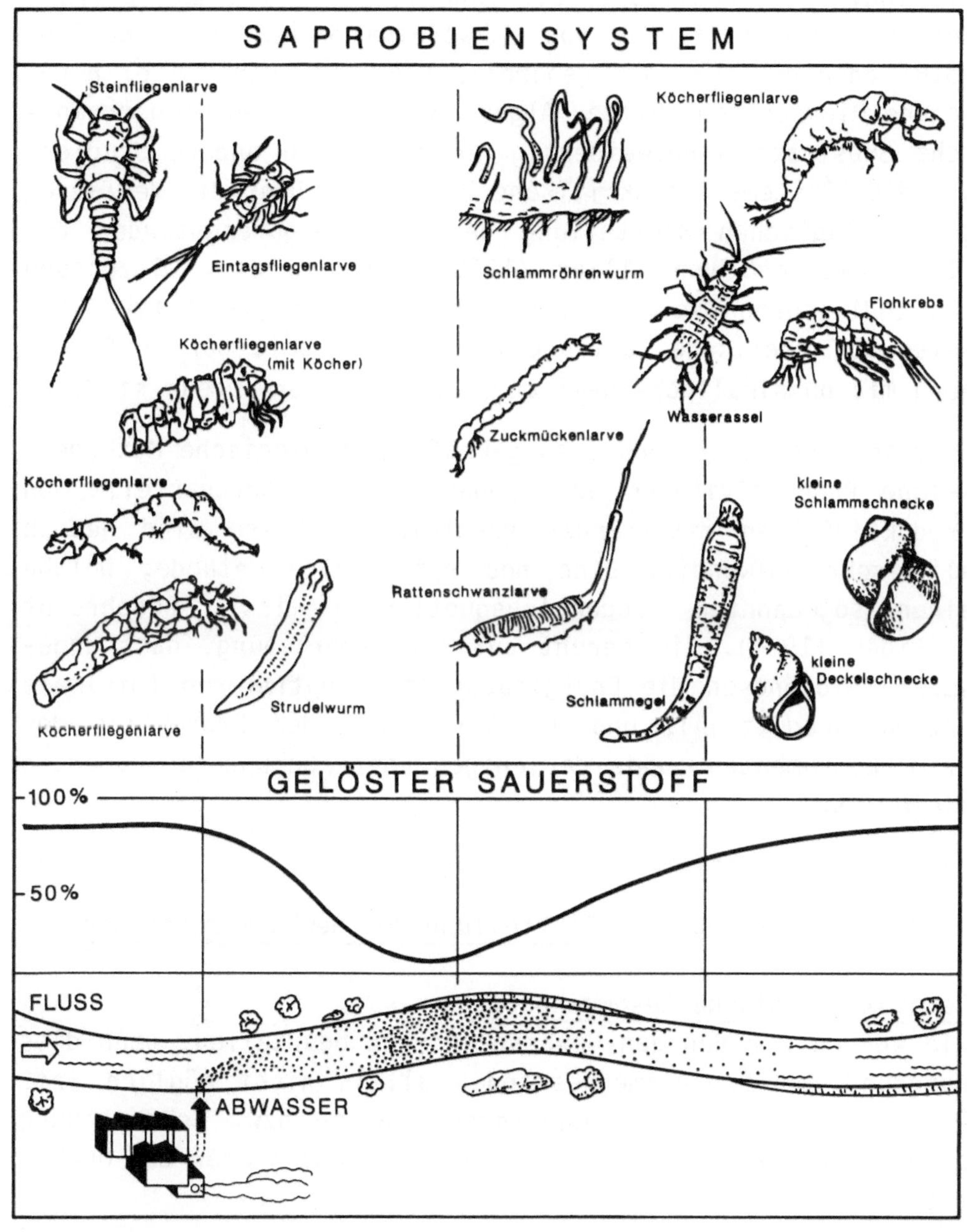

Abbildung 11.2

Indikatororganismen geben einen Hinweis auf den saprobischen Zustand des Gewässers.

logie der Arten), d) exogene Oekofaktoren wie die Fliessgeschwindigkeiten nicht berücksichtigt werden." (Zitat aus Wuhrmann, 1975).

Die Indikation chemischer Zustände ist nur in einzelnen Fällen wie beim Auftreten von Schwefelbakterien (vgl. Kapitel 10.6) oder nur für ganz generelle Beurteilungen - wie: heterogene Microphyten (Pilze, Algen, Bakterien) bedeuten organische Substrate - unzweideutig möglich. Auch andere Studien, wie die "Systematisch kritische Uebersicht über die Verfahren der biologischen Beurteilung des Gewässergütezustandes der Fliessgewässer" von Illies (1980), zeigen, dass Biozönosen als Indikatoren wie das Saprobiensystem nur qualitative Hinweise auf chemische Zustände geben, und somit nur in Ergänzung mit physikalisch-chemischen Analysen verwendbar sind.

Es existieren zwar auch aussagekräftige biologische Methoden, welche Produktivitäten oder sogar relative Artenanteile von Produktivitäten miteinander vergleichen. Diese sind jedoch alle sehr aufwendig. Eine neu entwickelte Methode, welche einen sogenannten Produktionsquotienten misst, beschreibt Frutiger (1984). Sie beruht auf der Ueberlegung, dass ungestörte Biozönosen die Energieausnützung optimieren (minimale Entropieproduktion), und das Verhältnis der Produktion der Primärkonsumenten und derjenigen der Sekundärkonsumenten klein ist.

11.3 Gesamtökologische Beurteilung des Gewässerzustandes

Oekotoxikologische Zusammenhänge

Wie können wir nun den Gewässerzustand beurteilen, wenn dies aufgrund des Organismenbestandes allein nicht möglich ist? Genügt vielleicht eine chemische Analyse bzw. Ueberwachung eines Gewässers zur Beurteilung des Zustandes oder der Qualität?

Dazu müssen wir zuerst auf das Gebiet der Oekotoxikologie hinweisen, denn es ist die Aufgabe dieses Wissensgebietes,

Abbildung 11.3

Gewässerzustand und Oekotoxikologie: Funktionelle Zusammenhänge in einem aquatischen Oekosystem.

Effekt des Oekosystems auf die Chemikalie: eine in das System importierte Substanz wird verdünnt und dispergiert; sie kann aus dem Wasser entfernt werden durch Adsorption an absetzbare suspendierte Stoffe oder durch Verflüchtigung in die Atmosphäre; sie kann auch chemisch oder biologisch umgewandelt oder abgebaut werden.

Effekt der Chemikalie auf das Oekosystem: die Restkonzentrationen (Aktivitäten) der verschiedenen chemischen Bestandteile charakterisieren den chemischen Gewässerzustand und beeinflussen die biologischen und soziobiologischen Effekte an Organismen bzw. Organismengemeinschaften.

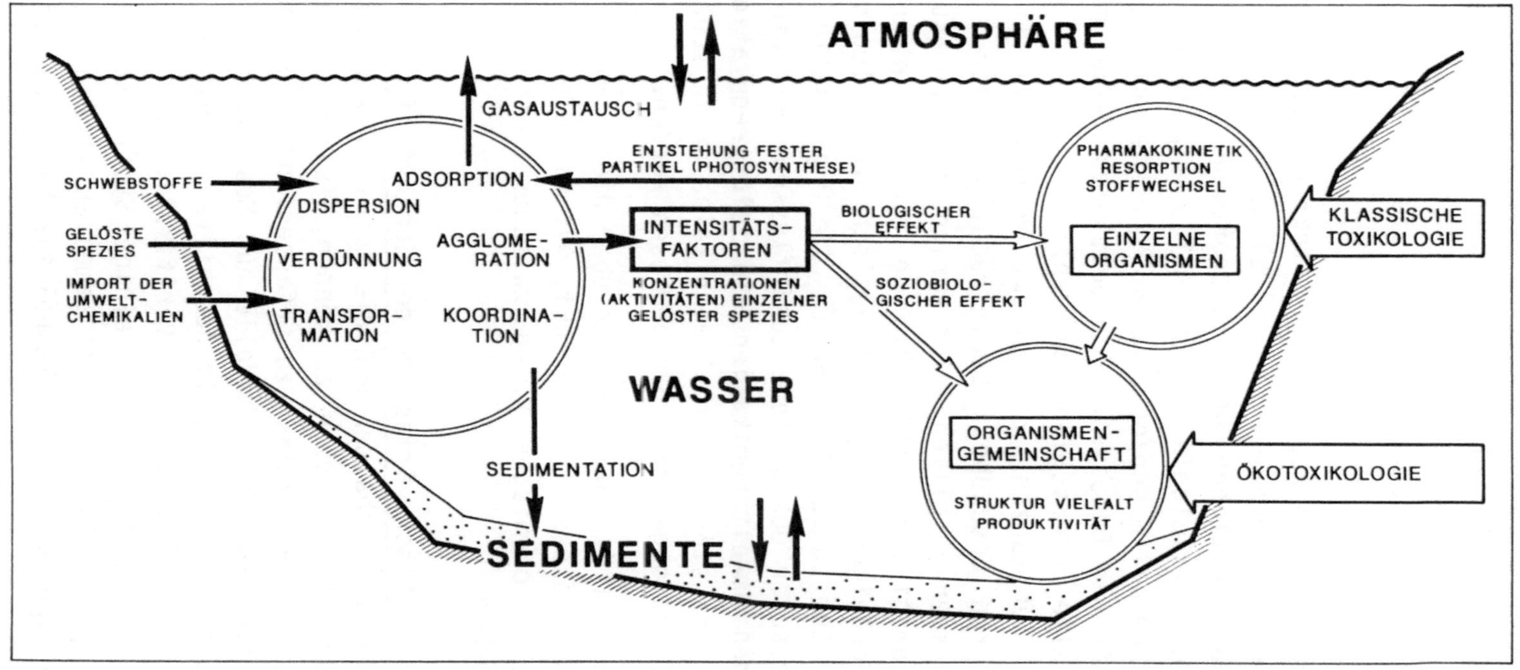

die Risiken von Umweltchemikalien, insbesondere ihr ökologisches und hygienisches Schadpotential zu erforschen. Vor allem zwei Aspekte sind von Bedeutung: einerseits die Auswirkungen der Chemikalie auf die Umwelt, andererseits die Klärung der Einwirkung der Umwelt auf den Schadstoff.

Den zweiten Aspekt, den Effekt des Oekosystems auf die Chemikalie, haben wir in Kapitel 10 behandelt. Nach Abklärung der Modifikationen und Transportwege des Schadstoffes ist die Oekotoxikologie vor die Aufgabe gestellt, die Auswirkung der Chemikalie und/oder deren Produkte auf die Struktur und Dynamik des Oekosystems zu bestimmen. Dabei müssen wiederum zwei Fälle unterschieden werden:

- Substanzen, die direkt Mensch und Tier gefährden, d.h. deren Gesundheit beeinträchtigen oder einzelne Wasserorganismen vergiften. Hier spricht man von akuter, subakuter oder chronischer Toxizität, je nachdem in welchem Zeitraum die Schädigung erfolgt (klassische toxikologische Substanzen).
- Substanzen, die primär die Organisation und Struktur aquatischer Oekosysteme beeinflussen. Bei dieser Einwirkung können Umweltchemikalien die Selbstregulationsfunktion des Systems stören, selbst wenn keine akute schädigende Wirkung auf Einzelorganismen nachgewiesen werden.

Leider ist unser Wissen über diese zweite Art von Chemikalien noch äusserst beschränkt, wie wir dies bereits in Kapitel 8.2 (Der chemische Krieg zwischen den Organismen) dargestellt haben.

Analytische Erfassung der Schadstoffe

Um das Verhalten und die Auswirkungen von Chemikalien in der Umwelt verstehen zu können, ist es notwendig, die komplexe Umwelt analytisch zu erfassen und zu beschreiben. Beim induktiven Vorgehen (Modelle aus Messungen ableiten) ist dies der erste Schritt, beim deduktiven Vorgehen der letzte und wichtigste Schritt: die Verifikation der Modelle. Dies bedeutet unter anderem, dass einige Stoffe selektiv und mit grosser Empfindlichkeit exakt gemessen werden müssen. Diese Anforderungen an die Umweltanalytik hat dazu geführt, dass die analytische Chemie in den letzten Jahren enorme Fortschritte gemacht hat. Einzelne Verbindungen können in Wasser bis hinunter zu Konzentrationen von 0,1 Nanogramm pro Liter bestimmt werden. Für die in Kapitel 5.4 aufgeführten Hauptkomponenten unserer Gewässer (Bikarbonat, Sulfat, Chlorid, Phosphat, Kalcium, Magnesium, Sauerstoff, DOC, etc.) wurden Routinemethoden entwickelt, mit denen innert kurzer Zeit grosse Mengen von Proben quantitativ erfasst werden.

Für Konzentrationen im Mikrogrammbereich und darunter sind für Schwermetalle und organische Verbindungen ebenfalls quantitative Methoden entwickelt worden. Normalerweise besteht eine solche Methode aus der Probenahme, einem Anreicherungs-

Parameter	Mittleres Rohabwasser (CH)	Rheinwasser (Holland)	Zürichsee-wasser	Trinkwasser Stadt Zürich
TOC $mg \cdot l^{-1}$	110	5.5	-	-
DOC $mg \cdot l^{-1}$	43	-	1.4	1.1
CSB mg $O_2 \cdot l^{-1}$	330	20.0	-	-
BSB_5 mg $O_2 \cdot l^{-1}$	123	-	-	-
TSS $mg \cdot l^{-1}$	220	31.0	15.0	<0.11
Phytoplankton				
>20 µm $Zahl \cdot ml^{-1}$	-	-	5700	2
2-20 µm $Zahl \cdot ml^{-1}$	-	-	7500	16
<2 µm $Zahl \cdot ml^{-1}$	-	-	16500	437
NH_4^+ N $mg \cdot l^{-1}$	17	0.9	<0.005	0.006
NO_2^- N $mg \cdot l^{-1}$	<0.2	0.3	0.0006	0.0006
NO_3^- N $mg \cdot l^{-1}$	<0.2	18.0	0.8	0.8
org.N $mg \cdot l^{-1}$	12.0	0.8	-	-
N_{tot} $mg \cdot l^{-1}$	30.0	20.0	-	-
Gel.P $mg \cdot l^{-1}$	5.2	-	-	-
Ges.P $mg \cdot l^{-1}$	8.0	2.1	-	-
PO_4^{3-}-P $mg \cdot l^{-1}$	3.4	1.3	0.068	0.053
Cl^- $mg \cdot l^{-1}$	50	159	3.7	4.2
SO_4^{2-} $mg \cdot l^{-1}$	35	160	-	-
$Keimzahl \cdot ml^{-1}$	-	20000	136	0
Coliforme				
Keime$\cdot$100 ml^{-1}	-	172	21	0
O_2 $mg \cdot l^{-1}$	-	7.8	8.6	10.8

Tabelle 11.1

Beispiel der Zusammensetzung eines typischen kommunalen Rohabwassers im Vergleich mit einem Vorfluter (Rheinwasser), Zürichseewasser und daraus gewonnenem Trinkwasser. Analysenwerte. Aus Boller, 1985.

schritt und der Identifikation der Substanz. Schon die Probenahme ist ein schwieriges Unterfangen, müssen Verunreinigungen, Verluste durch Ausgasen, Adsorption an Partikeln oder Gefässen verhindert werden. Bei der Anreicherung (z.B. Gefriertrocknung, Filtration, Ausgasen, Chromatografieren) können wiederum Verluste auftreten. Bei der Detektion muss dann abgeklärt werden, ob nicht eine andere, ähnliche Substanz das gleiche Signal gibt; dasselbe muss auch bei der Identifikationsmethode geschehen: die Selektivität spielt eine wichtige Rolle. Ein weiteres Problem ist die Quantifizierung. In einem komplexen Gemisch, wie ein Gewässer es darstellt, können Schwermetalle in vielen Spezies (gelöst, als Hydroxokomplexe, adsorbiert oder sonstwie gebunden) vorkommen und werden je nach Probenaufbereitung ein anderes Analysenresultat ergeben. Absolute Konzentrationsangaben von Umweltanalysen im Nanogramm-pro-Liter-Bereich müssen deshalb immer mit Vorsicht behandelt werden.

Ein Beispiel einer gutentwickelten, qualitativ und quantitativ ausgereiften Analysenmethode ist die Kapillargaschromatographie, welche von K. Grob zu einem der wichtigsten Analyseninstrumente für Umweltanalytik entwickelt worden ist (vgl. Grob, 1972, 1986). In Abbildung 11.4 sind drei Gaschromatogramme der leichtflüchtigen organischen Verbindungen aus Zürichseeproben dargestellt. Die Proben wurden durch Ausblasen und Auffangen auf einem 5 mg schweren Aktivkohlefilter (Stripping Methode), Desorbieren mit Pentan und Auftrennen der einzelnen Substanzen durch Einspritzen in eine Glaskapillarsäule aufgetrennt. Jedes Signal bedeutet mindestens eine Substanz, die Höhe der Signale ist proportional zur Konzentration (unter einem solchen "peak" können sich aber noch viele weitere Stoffe mit ähnlichen Eigenschaften verstekken!). Die mit S bezeichneten Signale stammen von zudosierten Standardsubstanzen (25 ng/l). Die detektierten Substanzen sind vor allem Kohlenwasserstoffe. Nicht natürlichen Ursprungs sind z.B. die Stoffe (1) Benzol (aus Autobenzin), (2) Trichlorethylen (Lösungs- und Reinigungsmittel), (3) Tetrachlorethylen (Chemisch-Reinigungsmittel) und (4) Paradichlorbenzol (Desinfektionsmittel im WC). Am gleichen Tag findet man in der Limmat unterhalb der Einleitung der Kläranlagen der Stadt Zürich viel mehr organische Verbindungen als im Zürichsee (Abbildung 11.4).

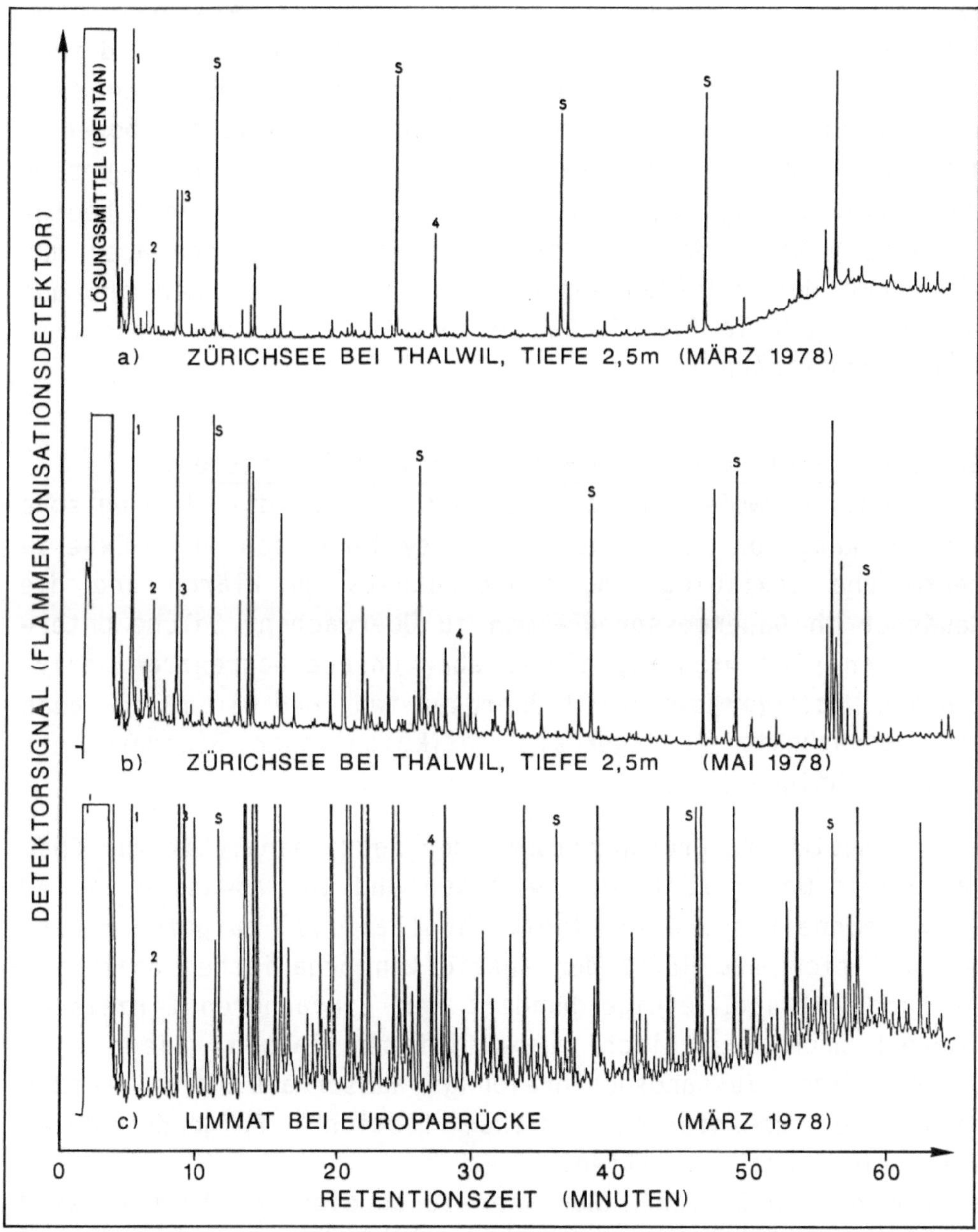

Abbildung 11.4

Gaschromatogramme organischer leichtflüchtiger Verbindungen (Kommentar siehe Text). Von R. Schwarzenbach, EAWAG.

Bei dieser eindrücklichen Trenn- und Detektionsmethode darf man aber nicht vergessen, dass damit nur die flüchtigen Kohlenstoffverbindungen erfasst werden, welche nur etwa ein Prozent des gelösten organischen Kohlenstoffes ausmachen. Mehr als die Hälfte des DOC im Rhein beispielsweise ist hochmolekular und kann nicht mehr als Einzelsubstanzen detektiert werden! Auch für viele anorganischen Substanzen existieren noch keine ähnlich guten Identifikationsmethoden - man weiss z.B., dass verschiedene gelöste Kupferspezies ($Cu^{2+}(aq)$, $Cu(CO_3)(aq)$) das Algenwachstum verschieden beeinflussen, mittels Atomabsorptionsanalyse findet man aber nur die Summe der gelösten Kupferspezies - so dass man oft auf chemische Modelle für die Bestimmung der einzelnen Konzentrationen angewiesen ist.

Grenzen analytischer Ueberwachung und Toxizitätstests

Verständlicherweise wird oft gefordert, die biologische Schadwirkung von Umweltchemikalien systematisch durch Experimente und toxikologische Standardtests zu klären und die Gewässer in Dauermessprogrammen zu überwachen. Solche Untersuchungen sind wichtig, dürfen aber unsere begrenzten analytischen Möglichkeiten nicht überbewerten, und wir müssen auch die beschränkte Aussagekraft toxikologischer Standardtests berücksichtigen.

Obwohl heute im "Grundprogramm" der Routineanalytik zur Charakterisierung natürlicher Gewässer und von Abwasser ca. 30 verschiedene Kenngrössen (vgl. Tabelle 11.1) aufgeführt werden und sich mit Hilfe der speziellen organischen Analytik, je nach Aufwand, einige hundert der einfacheren Einzelsubstanzen noch zusätzlich quantifizieren lassen, liegt eine vollständige Zustandsbeschreibung ausserhalb der Grenzen selbst der gewagtesten "science fiction". Folgende Hürden seien hier herausgegriffen:

a) Die die natürlichen Gewässer beschreibenden Systeme sind meist sehr vielfältig und nicht "determiniert". So ist ein momentaner Zustand eines Flusses an keinem Ort je deckungsgleich mit seinem Zustand, den er je vorher aufwies oder jemals später aufweisen wird. Es ist selbst mit dem Auftreten neuer und noch nicht bekannter Stoffe zu rechnen. Der analytische Aufwand zur Beschreibung des Gewässerzustandes und dessen Statistik wird deshalb nur beim Vorliegen einer formulierten, begrenzten Fragestellung auf ein verantwortbares Ausmass limitiert.

b) Aufgrund der klassischen Chemie sind die Eigenschaften selbst der einfachsten Substanzen nur anhand beschränkter Modelle (z.B. Strukturformeln) und molekularer Parameter charakterisiert. Solche Beschreibungen beinhalten nur jene Dimensionen, die den dort gestellten Fragestellungen entsprechen. Diese können jedoch für den chemischen Synthetiker oder den Toxikologen anders lauten, als es einer Fragestellung zur Zustandsbeschreibung eines Wassers angepasst wäre. Auch fehlen für die vorwiegende Zahl der in Wasser vorkommenden chemischen Verbindungen die wichtigsten Kenntnisse über ihr physikalisches Verhalten oder ihre physiologischen und synergistischen Eigenschaften.

c) Der Zustand eines Wassers wird durch vorhandene organische und anorganische Makromoleküle und durch feste Teilchen (Lehmpartikel, Algen, Schlammpartikel, etc.) mitgeprägt. Wegen der unbegrenzten Zahl der möglichen Strukturen und der Labilität dieser Strukturen werden jedoch auch ihre Wechselwirkungen mit anderen Wasserinhaltsstoffen vielfältig und komplex. Gelöste Wasserinhaltsstoffe werden beispielsweise je nach Konzentration, Ort und Zeit an diese Stoffe gebunden oder adsorbiert. Sie werden dadurch für einige ihrer Auswirkungen "maskiert" oder immobilisiert (direkte Toxizität, direkte Photolyse, Stofftransport, etc.), für andere jedoch aktiviert (Nahrungskette, indirekte Photolyse, biologischer Abbau, Stofftransport, etc.). Die Frage "wieviel Cadmium hat es im Wasser?" ist deshalb häufig nicht sehr sinnvoll und oft auch nicht beantwortbar. Je nach Problemstellung muss die Frage beispielsweise lauten: "Wieviel potentiell pflanzenerhältliches Cadmium hat es im Wasser?" oder "Welches ist die Konzentration des fischtoxischen Cadmiums?" oder "Wieviel Cadmium kann in die Nahrungskette gelangen?". Jede dieser Fragen bedingt eine andere Analyse.

d) Aquatische Systeme befinden sich bezüglich vieler der vorhandenen Stoffe in einem dynamischen Fliessgleichgewicht: gewisse Substanzen werden ja ständig gebildet und durch Abbau, Adsorption an Partikeln usw. verändert. Solche Substanzen sind nur unter Einhaltung angepasster Bedingungen auch analytisch richtig bewertbar.

Beurteilung des Gewässerzustandes, Toleranzwerte

Fassen wir zusammen: Die Stoffimporte bestimmen nach Berücksichtigung der Transformationsprozesse den chemischen Gewässerzustand, welcher neben den physikalischen Faktoren die Lebensgemeinschaften beeinflusst. Dementsprechend sollte die Beschreibung des Gewässerzustandes vor allem physikalische und chemische Parameter enthalten. Diese sind trotz der beschriebenen Schwierigkeiten leichter zugänglich als die Messung und Auswertung biologischer Parameter. Dabei können folgende Parameter, ohne Annahmen von Koeffizienten oder Berechnungen, ermittelt werden:

- Fliessgeschwindigkeiten, Temperatur, Lichtintensitäten als physikalische Parameter,
- Aktivitäten oder Konzentrationen als chemische Parameter,
- Massentransporte (Abflussmengen von Wasser und chemischen Komponenten, Wärmemengen oder Lichtsummen),
- und als quantifizierbare biologische Parameter die Nettoproduktivität von Produzenten und Konsumenten, stehende Biomasse, Zusammensetzung der Biomasse nach einer Artenliste und eventuell schätzbare, relative Artenanteile in der Biomasse.

Abbildung 11.5

Um das Verhalten und die Auswirkungen von chemischen Verbindungen in der Umwelt beurteilen zu können, ist es notwendig, komplexe Systeme analytisch zu erfassen. Dies bedingt, dass man Einzelverbindungen in der Vielfalt von Stoffen selektiv und genügend empfindlich bestimmen kann.

Empfindlichkeit
Die genügend empfindliche analytische Erfassung von Einzelsubstanzen ist Voraussetzung für die umweltmässige Beurteilung. Toxikologische und ökologische Effekte können bei geringster Konzentration beobachtet werden. Enzymatische Prozesse sind bei allen Lebensvorgängen entscheidend; ihre Steuerung - Förderung oder Inhibition - hängt ab von Konzentrationen, die üblicherweise 100 μg/l - 1 ng/l betragen.

Eine Beurteilung des Gewässerzustandes müsste somit die Gesamtheit aller physikalisch-chemisch-biologischen Parameter erfassen. Da ein Oekosystem aber durch so zahlreiche verschiedene Faktoren beeinträchtigt werden kann, ist es kaum erfolgversprechend, einzelne Beeinflussungsfaktoren als Bewertungsmassstab zu verwenden.

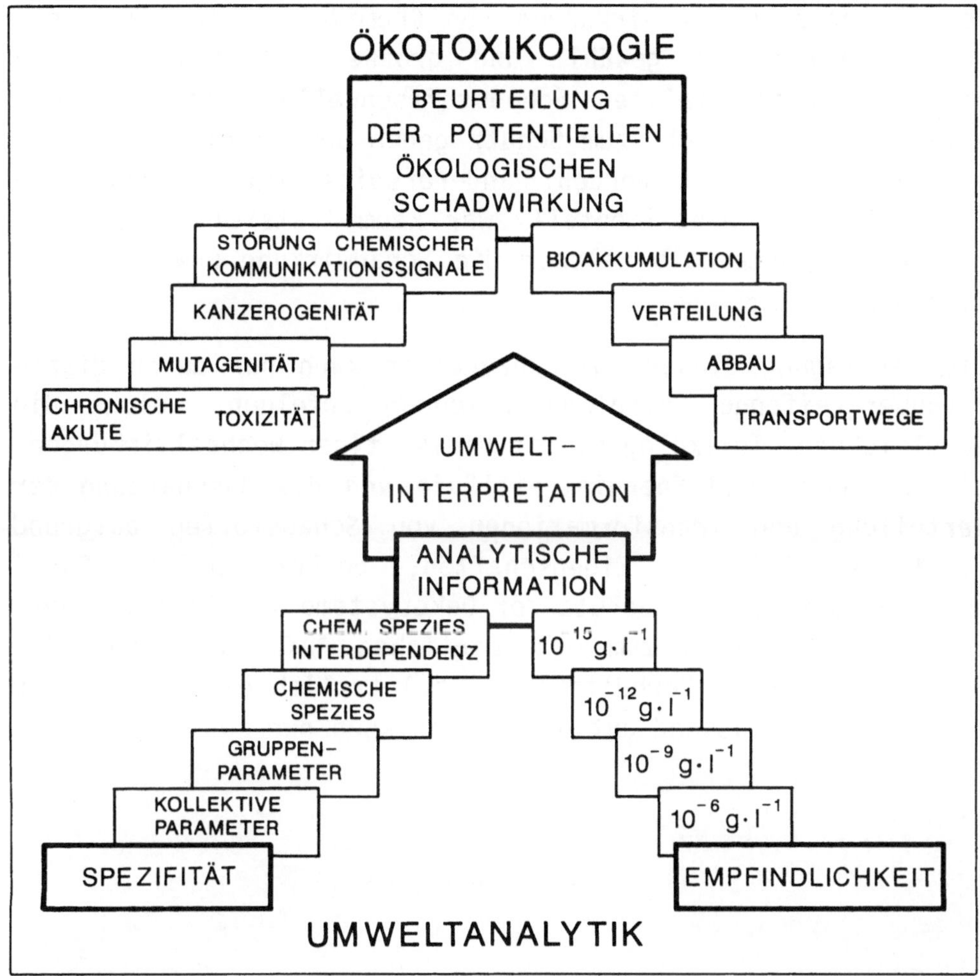

Spezifität
Strukturspezifische physiologische oder toxische Wirkung. Die Umweltreaktion oder die physiologische oder toxische Wirkung beruht auf den strukturspezifischen Eigenschaften der Einzelverbindungen. So kann z.B. die Toxizität von isomeren Verbindungen um Grössenordnungen verschieden sein; auch hat beispielsweise $CuCO_3$ eine andere Wirkung als Cu^{2+}.

Umweltinterpretation
Die analytische Charakterisierung einer Verunreinigung muss derart beschaffen sein, dass sie zur Umweltinterpretation anwendbar ist.

Deshalb erscheint es für die Gewässerschutzpraxis zweckmässiger, Toleranzkonzentrationen der Wasserinhaltsstoffe festzulegen, die nicht überschritten werden dürfen, um die Nutzung der Gewässer zu ermöglichen. Entsprechende Nutzungsziele werden im schweizerischen Gewässerschutzgesetz definiert.

Einerseits müssen wegen der Unsicherheit bei der Beurteilung der ökologischen Auswirkungen von Chemikalien die Toleranzgrenzen vorsichtig gewählt und grosse Sicherheitsfaktoren gegenüber festgestellten Schadstoffschwellenwerten (minimum adverse effect level) zum Schutz gegen unvorhergesehene Auswirkungen gefordert werden; andererseits gibt es für jede Substanz eine, experimentell zwar kaum feststellbare, Toleranzgrenze, unterhalb welcher die Schadwirkung unwahrscheinlich wird.

Die Festlegung dieser Toleranzgrenzen kann nur durch disziplinübergreifende Grundlagenforschung erfolgen, welche die vergleichende Toxikologie, die vielseitigen Wechselwirkungen, die Nahrungs- und Energiekreisläufe und die Abschätzung der Verteilung und Transformationen von Schadstoffen aufgrund substanzspezifischer Eigenschaften, berücksichtigt. Dabei muss das Streben zum Schutz der Oekosysteme in einem vernünftigen Ver- hältnis zum erforderlichen Aufwand stehen. Die Festlegung dieser Verhältnisse ist letztlich eine politische Entscheidung, fussend auf den Ergebnissen der Forschung.

In diesem Zusammenhang ist zu betonen, dass heute die Forschung mit der Inflation der Produktion schlecht abbaubarer Produkte, welche durch Haushalte, Gewerbe und Landwirtschaft in die Gewässer gelangen, nicht mithalten kann. Es ist deshalb unbedingt nötig, dass Produkte wie Wasch- und Reinigungsmittel, Lösungsmittel, Pestizide, Herbizide und dergleichen eine gute biologische Abbaubarkeit aufweisen, und dass die Industrie das Entweichen jeglicher Substanzen in Kanalisation, Gewässer, Luft und Böden zu verhindern sucht.

Bei der Festlegung von Prioritäten für Umweltschutzmassnahmen stellt sich immer wieder die Frage, ob die Gesundheit des Menschen oder die "Gesundheit" des Oekosystems im Vordergrund stehen soll. Bei der Beantwortung dieser Frage muss man sich im klaren sein, dass die Erhaltung von Oekosystemen mit einer Vielfalt von Organismen eine der wichtigsten Voraussetzungen für das Wohlergehen des Menschen ist.

Teil III
Gewässerschutz

12. Gewässerschutzmassnahmen - eine Uebersicht

Niemand würde bestreiten, dass Gewässer schützenswerte, für Pflanzen und Tiere wichtige Lebensräume sind. In der praktischen Durchführung von Gewässerschutzmassnahmen stossen wir aber auf eine Reihe von Interessenskonflikten. Die Nutzungsinteressen am Wasser sind vielfältig, man denke etwa an die Gewinnung von Elektrizität, die Wasserversorgung, den Abtransport von Abwasser oder an die Erholungsfunktion.

Wirtschaftliche, ökologische und ideelle Interessen bestimmen deshalb letztlich, welche Massnahmen zum Schutze der Gewässer ergriffen werden. Wie in Kapitel 13 anhand der Entwicklung des Gewässerschutzes in der Schweiz beschrieben wird, ist es meistens nicht der Fachmann, welcher die Entscheidungen trifft: Die Gesellschaft als Ganzes bestimmt den Stellenwert des Gewässerschutzes und somit auch die zu ergreifenden Massnahmen.

Gewässerschutz bezweckt, negative Auswirkungen zu verhindern oder in Grenzen zu halten. Dazu gehört neben dem Erhalten der Gewässer in ihrem natürlichen Zustand das Verhindern oder Beschränken von Eingriffen in den Wasserhaushalt sowie das Verhindern oder Kurieren der Auswirkungen von Verunreinigungen.

Da der Umweltschutz, und darin eingebettet der Gewässerschutz, sozusagen ein Spiegel der Wertvorstellungen einer Gesellschaft ist, und unseres Erachtens anhand von konkreten Beispielen diskutiert werden sollte, werden wir uns auch in den folgenden Kapiteln meistens auf schweizerische Verhältnisse beziehen. Die beschriebenen Beispiele können jedoch ohne weiteres auf andere mitteleuropäische Regionen übertragen werden, weil die gegenseitigen Vernetzungen (z.B. geographischer, wirtschaftlicher oder touristischer Art) so intensiv sind, dass letztlich in allen Regionen ähnliche Ziele angestrebt werden müssen, und der Weg dazu über ähnliche Stationen führen wird. Wie wir uns diesen Weg konkret vorstellen, werden wir in den anschliessenden Kapiteln erklären.

Zuerst aber wollen wir eine Uebersicht der möglichen Gewässerschutzmassnahmen und ihre Auswirkungen vorstellen und diskutieren. Erstere lassen sich wie folgt katalogisieren:

<u>Ursachenbekämpfung = präventive Massnahmen</u>

A) <u>Aktivitäten ändern</u>
Insbesondere schädliche Tätigkeiten reduzieren wie Eingriffe in die Gewässer, Energieverbrauch. Verbot schädlicher Stoffe (Bleibenzin, Phosphate) ohne Ersatz durch ähnlich problematische Substanzen. Echte Massnahmen an der Quelle und somit Aenderung der Lebensgewohnheiten mit dem Ziel: <u>keine Emissionen</u>.

B) <u>Abfälle vermindern</u>
Einführung umweltfreundlicher Produktionsverfahren und Produkte. Wiederverwendung von Wasser und Abfällen: Recycling. Reduktion, Ersatz oder Verbot umweltgefährdender Stoffe (schlecht abbaubare Tenside), Reinigung am Ort der Abfallerzeugung. Einschränkende Massnahmen: <u>Verminderung der Emissionen</u>.

<u>Symptombehandlung = kurative Massnahmen</u>

C) <u>Abfälle behandeln</u>
also zentrale Behandlung der trotz A) und B) anfallenden Abgänge. Dazu gehört vor allem die Abwasserreinigung. <u>Schutz der Gewässer vor Immissionen</u>.

D) <u>Gewässer behandeln</u>
d.h. bereits entstandene Schäden rückgängig machen. Wiederherstellung naturnaher Bedingungen im Gewässer. Belüftung von Seen, Erhöhung der Abflussmenge von Flüssen durch Fremdwasserzufuhr: <u>Verminderung der Auswirkungen von Immissionen und wieder Erstellen naturnaher Bedingungen</u>.

Tabelle 12.1

Gewässerschutzmassnahmen.

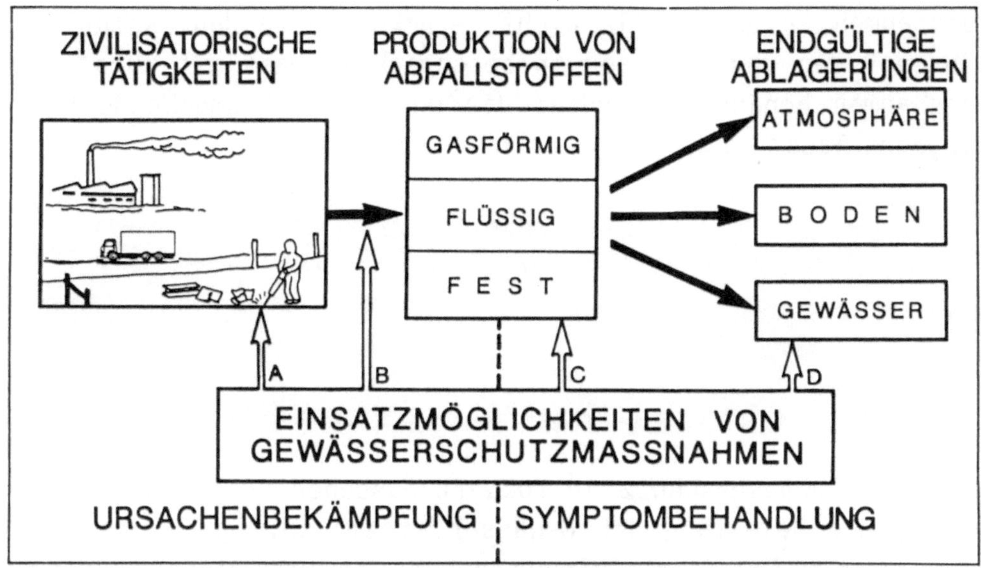

Abbildung 12.1

Wo sollen Gewässerschutzmassnahmen einsetzen?
(Erklärung in Tabelle 12.1)

Für die Realisierung des Gewässerschutzes ist es wichtig zu erkennen, dass alle vier Massnahmen nötig sind. In unserer übervölkerten, technisierten Welt können wir das Rad nicht zurückdrehen und in "vormittelalterlich idealisierte" Verhältnisse zurückkehren. Wenn wir die positiven Errungenschaften der Technik weiterhin geniessen und einen entsprechenden Lebensstil mit seinen Annehmlichkeiten beibehalten wollen, können wir auf die Abwasserreinigung sicher nicht mehr verzichten. Aber:

Mit der Symptombehandlung allein können unsere Gewässer nicht mehr in einwandfreiem Zustand erhalten werden.

Wenn man die erschreckende Zunahme der Luftverschmutzung verfolgt (für welche es übrigens zur Bekämpfung nur Quellmassnahmen gibt) und wenn man bedenkt, dass Boden, Wald und Gewässer vor Schadstoffen aus der Luft und anderen diffusen Quellen durch technische Massnahmen nicht zu schützen sind, wird man einsehen müssen, dass wir zukünftig um wirkliche

Massnahmen an der Quelle nicht herumkommen werden. Natürlich können Boden und Gewässer in beschränktem Mass mit kurativen Massnahmen behandelt werden, die uns überall umgebende Luft hingegen lässt sich technisch nicht reinigen.

Wir werden mit Sicherheit unsere Aktivitäten und unseren Lebensstil ändern müssen. Dies bedeutet aber nicht eine Einbusse an sogenannter Lebensqualität, sondern lediglich eine Verminderung der Abfälle, des Ueberflusses und der Leerläufe.

Wie muss Gewässerschutz in Zukunft aussehen? Ohne Massnahmen steigt die Belastung der Gewässer stetig an. Durch die Einführung der Abwasserreinigung haben wir uns einen "Puffer"

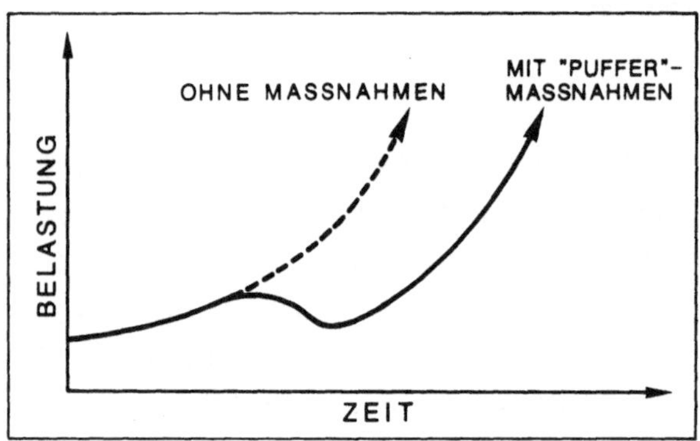

"Puffer"Massnahmen (Symptombekämpfung, sog. "End-of-pipe"-Massnahmen) ermöglichen eine rapide, aber nur vorübergehende Verbesserung, dann steigt die Belastung weiter. (Dies gilt unter der Annahme, dass die Belastung mit zunehmender Zeit exponentiell ansteigt.)

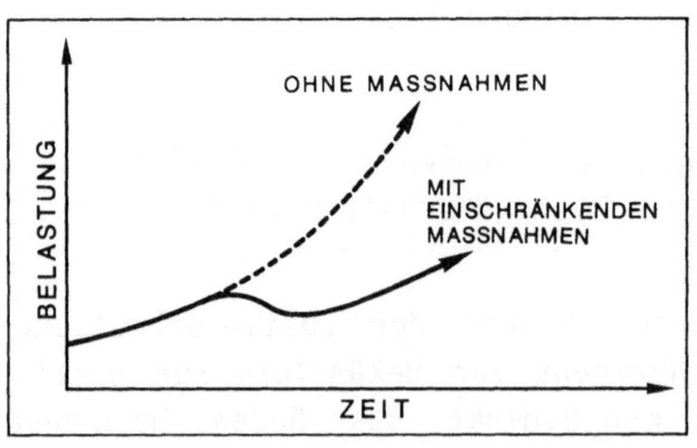

Einschränkende Massnahmen (Problemverminderung) verlangsamen das quantitative Wachstum. Die Belastung steigt trotzdem, nur etwas langsamer.

Abbildung 12.2

Auswirkungen verschiedener Gewässerschutzmassnahmen.

geschaffen. Puffer-Massnahmen werden so genannt, weil sie die momentane Situation lindern und dadurch eine zeitliche Verschnaufpause schaffen, um grundsätzliche Verbesserungen zu entwickeln und einzuleiten. Sie ändern jedoch nichts an der Ursache des Problems, und darin besteht eine grosse Gefahr: Sie täuschen eine echte Verbesserung vor. Ohne solche Puffer-Massnahmen wäre die Situation noch schlimmer, aber ohne weitere Massnahmen steigt die Belastung parallel zum stetigen Wachstum weiter und macht die Verbesserungen zunichte: Trotz Kläranlagen wird der Zustand der Gewässer letztlich nicht verbessert.

Wenn diese Pufferzeit - gewonnen durch technische Symptombehandlungsmassnahmen - für wirkliche Quellmassnahmen ungenutzt bleibt, müssen andere Massnahmen ergriffen werden. Diese

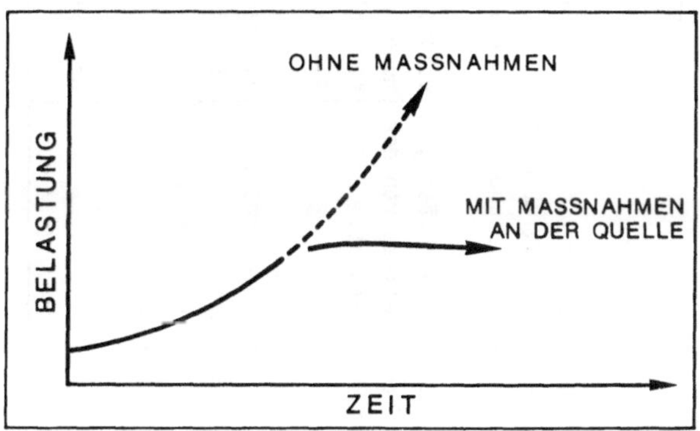

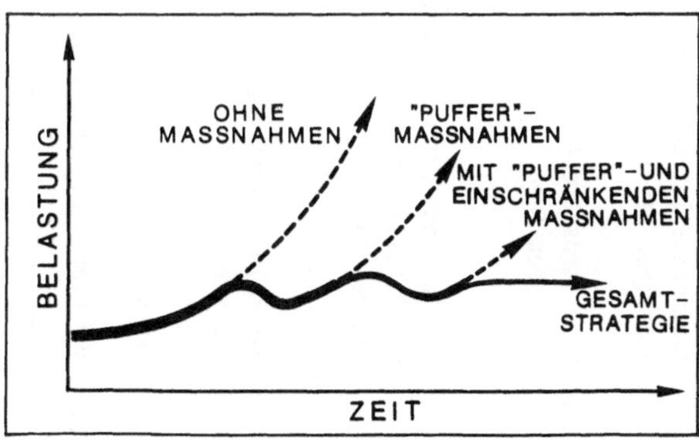

Massnahmen an der Quelle (Ursachenbekämpfung, Problembehebung, "Beginning-of-pipe"-Massnahmen) ermöglichen eine dauerhafte Lösung, sind jedoch nicht sofort realisierbar.

Gesamtstrategie
Um eine dauerhafte Verbesserung des Gewässerzustandes zu erlangen, bedarf es verschiedener Massnahmen:
"Puffer-Massnahmen: Um eine schnelle Verbesserung zu bewirken und Zeit zu gewinnnen für die Entwicklung längerfristiger Lösungen.
Einschränkende Massnahmen: Um die Zunahme der Belastung zu bremsen, hauptsächlich durch ökonomische und gesetzliche Massnahmen.
Massnahmen an der Quelle: Ermöglichen mit der Zeit eine Dauerlösung, sind jedoch nicht sofort realisierbar.
Die Kombination dieser drei Massnahmentypen ergibt skizzierte Entwicklung.
Von Joan Davis, EAWAG.

Tabelle 12.2

Zeitliche Entwicklung der wissenschaftlichen Erkenntnisse, der technischen Errungenschaften und der Durchführung in der Praxis am Beispiel der Eutrophierung unserer Seen.
Modifiziert nach einem Vortrag von P. Roberts, Stanford University, 1978.

Zeitspanne	Gewässerzustand	Wissenschaft	Technik	Praxis
vor 1940	oligotroph-mesotroph	Erkenntnisse der Ueberdüngung		
1945 - 1960	zunehmende Eutrophierung einzelner Seen	Dokumentation	chemische Fällung	mechanisch-biologische Reinigung
1960 - 1970	immer grössere Anzahl von eutrophen Seen	Phosphor als limitierender Nährstoff, Intensivierung von Seen-Untersuchungen	Nachfällung P-Ersatz in Waschmitteln	Simultanfällung
1970 - 1980	fortlaufende Eutrophierung in Mittellandseen mit einigen Ausnahmen	quant. Modelle zulässiger Frachten, Beitrag von der Landwirtschaft etc.	vollständigere P-Entfernung Kontrolle des P-Verlustes aus der Landwirtschaft	Verminderung des P-Gehaltes in Waschmitteln
1980 - 1990	maximale Eutrophierung überschritten neue Probleme (z.B. Schwermetalle)	Modelle für die Erholung eutropher Seen neue Waschtechniken und Gewohnheiten	Eingriff in die Seen (Belüftung)	Wirksame Kontrollen: Flockungsfiltration Waschmittelphosphatverbot Landwirtschaft
1990 - 2000	Abnehmende Eutrophierung		neue Waschtechniken	echte Ursachenbekämpfung

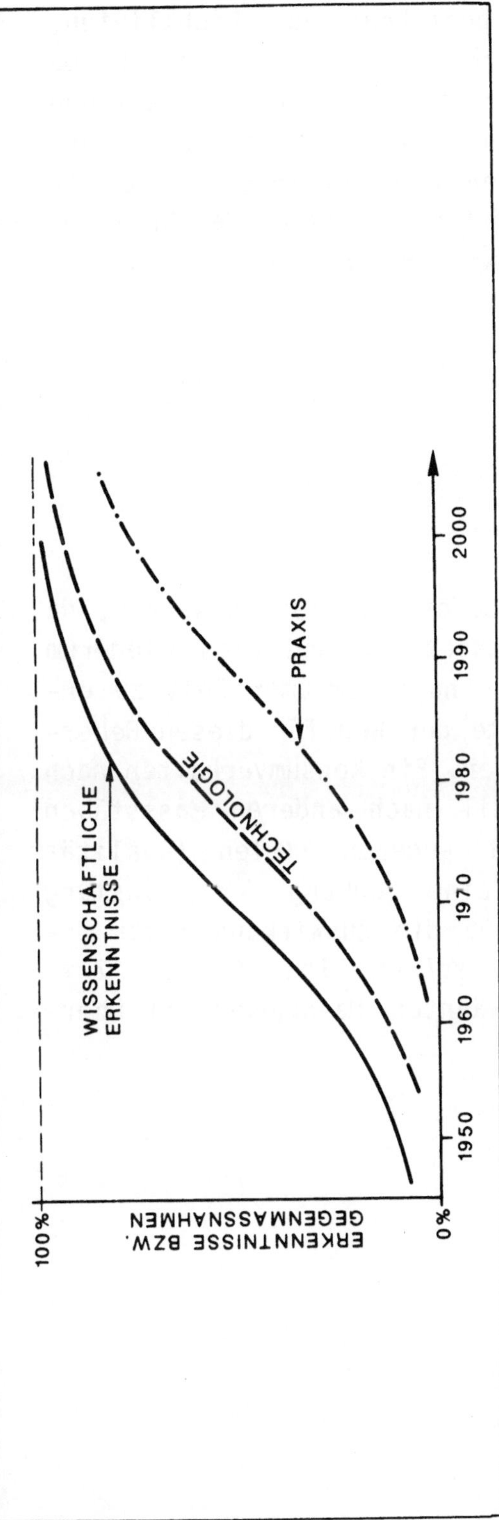

100%
0%
ERKENNTNISSE BZW.
GEGENMASSNAHMEN
1950
1960
1970
1980
1990
2000
WISSENSCHAFTLICHE
ERKENNTNISSE
TECHNOLOGIE
PRAXIS

zweite Gruppe von Massnahmen, bestehend aus Richtlinien, Verordnungen und Gesetzen, ist vorübergehend erforderlich. Da die Gesamtstrategie auf längerfristige und tiefergreifende Aenderungen hinzielt, welche solche Einschränkungen überflüssig machen, sind diese Massnahmen nur als temporär zu betrachten. Auch diese Massnahmen ändern nichts an der Ursache, und daher wächst die Belastung weiter, wenn auch eventuell etwas langsamer.

Nur echte Massnahmen an der Quelle, d.h. Aenderungen in Art und Zweck der Produktion wie auch im Konsumverhalten ermöglichen eine anhaltende Schonung der Gewässer und der Umwelt.

Solche Aenderungen können nicht sofort realisiert werden, da sie zum Teil ein Umdenken voraussetzen. Und dies wiederum bedarf einer Einsicht, welche nur nach geraumer Zeit zu erwarten ist. Gerade deswegen sollte der Weg für diesen Uebergang jetzt schon vorbereitet werden. Ein Konsumverhalten nach anderen Kriterien, ein Lebensstil nach anderen Massstäben sowie ein Produktionssystem mit anderen Zielen (Qualität anstatt Quantität) ermöglichen eine Senkung der Belastung ohne einschränkende Massnahmen. Da die Auswirkungen der Ursachenbekämpfung nicht sofort zu spüren sind, ist die Zwischenzeit durch die anderen erwähnten Massnahmen zu überbrücken.

13. Gewässerschutz

13.1 Historische Entwicklung der Gewässerbeeinträchtigung

Erste Phase: Häusliches Abwasser (Lokale Gewässerverschmutzung

Die Einführung der Schwemmkanalisation und des Wasserklosetts (WC) Ende des letzten Jahrhunderts war eine Pionierleistung aus hygienischer Sicht. Viele Krankheiten und Epidemien konnten auf diese Weise eingedämmt oder verhindert werden. Durch diese Stadtentwässerung gelangte das Abwasser aus den Häusern, Industriebetrieben und dem Gewerbe auf kürzestem Wege in die Fliessgewässer und Seen. Schon bald zeigte sich aber, dass die Selbstreinigung der Gewässer nicht mehr genügte. Die Verschmutzung führte zu unhygienischen und extrem unästhetischen Gewässerzuständen: trübes Wasser, Massenwachstum von Bakterien und Algen, Verschlammung, Gerüche, Veränderungen im Fischbestand in Richtung Weissfische. Die Eutrophierung der Seen führte zu Sauerstoffschwund.

Als Reaktion auf die durch die Schwemmkanalisation verursachte Verschmutzung der Gewässer wurde mit dem Bau mechanisch-biologischer Kläranlagen begonnen.

Der konsequente Bau von effizienten Kläranlagen hat die Abwasserbelastung drastisch reduziert. Die Phosphorelimination durch Einführung der dritten Reinigungsstufe (chemische Fällung der Phosphate) hat die Eutrophierung der Seen eingedämmt. In der Schweiz wurden 1986 die Phosphate in Waschmitteln verboten.

Gleichzeitig stieg die Belastung der Gewässer durch synthetische, organische Chemikalien und durch Schwermetalle immer stärker an.

Zweite Phase: Chemische Verunreinigungen

Durch die Aktivität des Menschen werden einerseits die Stoffflüsse von natürlich vorkommenden Stoffen (z.B. Phosphor, diverse Schwermetalle) wesentlich beschleunigt, andererseits gelangt eine grosse Anzahl von Industriechemikalien auf verschiedenen Wegen in die Umwelt. Dies bleibt nicht ohne Einfluss auf Oekosysteme und letztlich nicht ohne Risiko für die menschliche Gesundheit. Es wird geschätzt, dass gegenwärtig ca. 60'000 Chemikalien im täglichen Gebrauch sind, wobei diese Zahl ständig weiter steigt (um ca. 1000 neue Substanzen pro Jahr). Die Immissionen in die Gewässer erfolgen zu einem guten Teil nicht mehr punktförmig über Abwasserleitungen. Viele der Chemikalien gelangen indirekt, als Folge landwirtschaftlicher Aktivitäten, des Verkehrs, von Verbrennungsprozessen usw. in die Gewässer. Die Atmosphäre ist ein besonders wichtiges Förderband für viele Schwermetalle und synthetische

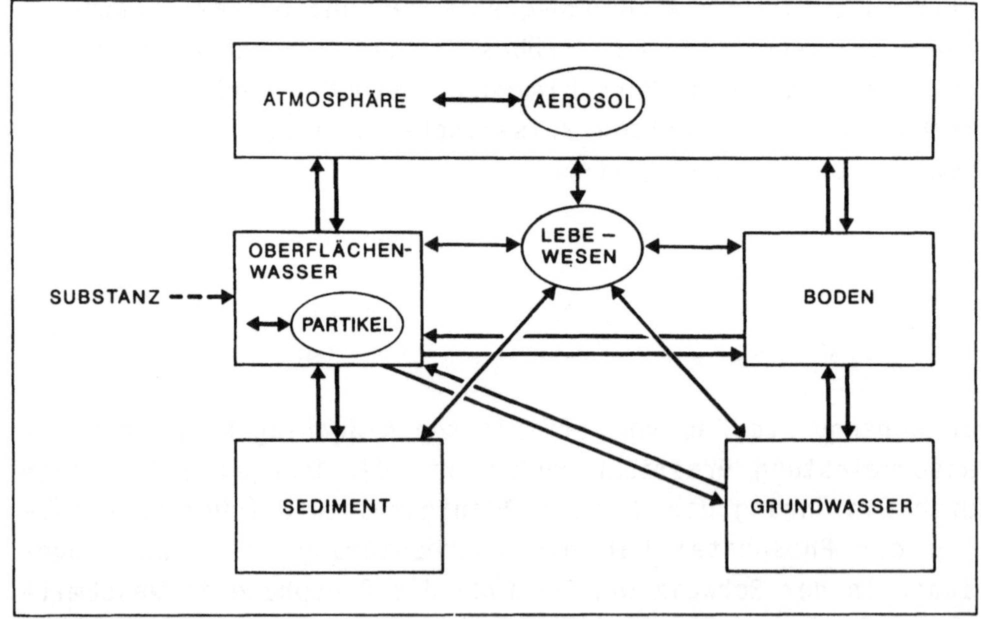

Abbildung 13.1

Jede chemische Substanz, die in die Umwelt gelangt, kann je nach ihrer Eigenschaft in den verschiedenen Reservoirs der Umwelt (Boden, Wasser, Luft, Sedimente, Biota) angereichert und dort umgewandelt oder abgebaut werden. So kann ein Pestizid, das in der Landwirtschaft verwendet wird, entweder in das Grundwasser oder durch Verflüchtigung in die Atmosphäre gelangen. Die Atmosphäre ist ein wichtiges Förderband für viele organische und anorganische (Metalle) Substanzen. Aus der Atmosphäre können diese Substanzen wieder in aquatische oder terrestrische Oekosysteme zurückgelangen.

organische Verbindungen (Abb. 13.1). Auch die Infiltration ins Grundwasser erfolgt häufig diffus (aus Böden, Mülldeponien, usw.). In dieser zweiten Phase der Gewässerverschmutzung treten die Probleme häufig nicht mehr lokal, sondern oft grossräumig auf. Die Zusammenhänge zwischen den Ursachen und dem Auftreten von Verunreinigungen sind oft nicht erkennbar; Ursache und Wirkung können über Hunderte oder Tausende von Kilometern auseinander liegen. Kurative technologische Schutzmassnahmen (Abwasserreinigung, Luftreinigung, Abfallbeseitigung) allein genügen nicht, es sind auch Massnahmen an der Quelle nötig.

Eine besonders wichtige Aufgabe der Gewässerwissenschaften ist die ökologische Beurteilung vieler Chemikalien bezüglich ihres Verhaltens in den Gewässern, ihrer Auswirkungen auf die Natur sowie auf die menschliche Gesundheit.

Dritte Phase: Eingriffe des Menschen in die hydrogeochemischen Kreisläufe

Früher hat der Mensch nur lokal in die hydrogeochemischen Kreisläufe eingegriffen. Heute machen sich die Konsequenzen der Energiedissipation über immer grössere Räume bemerkbar. Der Mensch hat Prozesse eingeleitet, die sogar globale Naturkreisläufe beeinflussen können. So sind durch antropogene Einflüsse die Erosionsraten etwa verdreifacht worden. Die Gehalte an Kohlendioxid und Methan der Atmosphäre haben sich progressiv erhöht; der Mensch fixiert annähernd gleich viel Stickstoff wie die Natur. Die durch die Verbrennung der fossilen Brennstoffe ausgelöste Emission von Kohlenstoff, Schwefel und Stickstoff führt zu saurem Regen, der Bildung von Smog, Photooxidantien und anderen Phytotoxinen. Es sind globale geophysikalische und geochemische Experimente eingeleitet worden, deren Abfolge wir nicht kennen, die aber unsere Umwelt verändern und signifikante Auswirkungen auf Atmosphäre, Land und Wasser haben können.

In dieser "dritten Generation" der Gewässerbeeinträchtigung haben wir es mit äusserst komplexen, langfristigen und globalen Wechselwirkungen zu tun. Trotz intensiver naturwissenschaftlicher Forschung verstehen wir nur zum Teil, wie Kreisläufe gekoppelt sind und wie Umweltchemikalien zwischen Atmosphäre, Land und Wasser transportiert werden.

Eingriff in die Gewässer

Erst in den achziger Jahren wurde klar, dass auch die Gewässer als Ganzes und als Teil der Landschaft schützenswert sind. Bislang hatte man vor allem das Wasser zu schützen versucht, nicht aber die Uferregionen, Bäche, Flüsse oder Feuchtgebiete.

Durch Meliorationen, Ueberbauungen, Bach- und Flusskorrekturen oder durch die Wasserkraftnutzung zur Gewinnung elektrischer Energie sind die Oberflächengewässer und die Grundwässer in ihrer eigentlichen Existenz bedroht. Die Wege und die Verweilzeiten der Wässer von den Niederschlägen bis zu den Abflüssen wurden im Laufe der Zeit so stark verkürzt, dass manche Flüsse und Teiche als Gewässerökosysteme nicht mehr oder nur noch marginal existieren können.

Dadurch wurde die Erhaltung der heutigen Wasservorkommen in Grund- und Fliessgewässern sowie die Erhaltung des übriggebliebenen natürlichen Zustandes der Gewässer als Notstandslösung aktuell.

Zusätzlich zum Schutz vor Verunreinigungen müssen die Gewässer vor Eingriffen in ihre Betten, ihre Umgebung und ihren Wasserhaushalt geschützt werden. Für diesen sogenannten mengenmässigen Gewässerschutz fehlen die für sinnvolle Massnahmen nötigen ökologischen Kriterien noch zu einem wesentlichen Teil. Diese gilt es zu erarbeiten; ebenso müssen die Ziele, Methoden und Aufgaben der Siedlungsentwässerung neu überdacht werden. Mit dem zunehmenden Ausbau der befestigten Flächen und der Kanalisation haben sich die negativen Folgen einer raschen Entwässerung (Meteor- plus Abwasser aus Haushalt, Gewerbe und Industrie) und Zuführung zu Oberflächengewässern immer deutlicher gezeigt. Es ist sinnvoll, Versorgung und Entsorgung des Wassers als Ganzes zu betrachten.

So nähern wir uns langsam der Erkenntnis, dass einzig Massnahmen an der Quelle, welche Luft, Boden und Wasser mit einschliessen, unsere Existenz im Einklang mit der Natur sichern.

13.2 Gewässerschutzkonzept

Qualitäts- und Nutzungsziele

Wenn wir uns nochmals die Abbildung 11.1, die Transferfunktion zwischen Belastung, Gewässerzustand und Wassernutzung vor Augen halten, erkennen wir, dass es im Prinzip drei Möglichkeiten gibt, eine gesetzliche Strategie zum Schutz der Gewässer zu formulieren:

Erstens: Es können Vorschriften über den "Filter", d.h. Ausmass und Art der Abwasserbehandlung, zur Verminderung der Belastung gemacht werden, wie etwa "jeder Abwasserlieferant muss an eine Abwasserreinigungsanlage angeschlossen werden, und diese darf nur eine bestimmte Menge eines Stoffes pro Kubikmeter Wasser ins Gewässer abgeben".

Zweitens: Es können Qualitätsziele des Gewässerzustandes gesetzlich vorgeschrieben werden, wie etwa "Flusswasser darf höchstens soundsoviele Milligramm Kupfer pro Kubikmeter enthalten".

Drittens: Es können die Nutzungsziele der Gewässer vorgeschrieben werden: z.B. die Erhaltung der Gewässer als Lebenserhaltungs-Systeme im Interesse der Gesundheit von Mensch, Pflanzen und Tieren, die Sicherstellung von Trink-, Bade- und Fischgewässern.

Die Festlegung der Nutzungsziele ist eine politische Entscheidung des Bürgers und des Gesetzgebers. Sollen die Gewässer für die Schiffahrt und/oder als Lebenserhaltungssysteme für Fische und andere Wassertiere dienen? Hat die Trinkwasserversorgung Vorrangstellung?

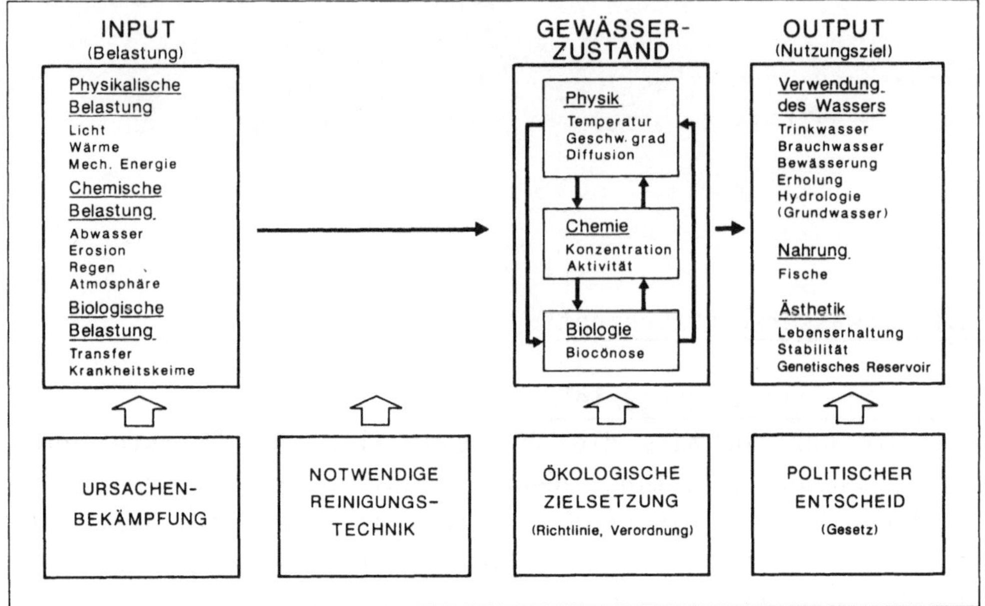

Abbildung 13.2

Strategie des Gewässerschutzkonzeptes.

Die Qualitätsziele, die für die Gewässer aufgestellt werden, müssen nun nach den festgelegten Nutzungszielen ausgerichtet sein; sie sind verschieden je nachdem, ob der Abfalltransport, die Schiffahrt oder die Trinkwasserversorgung Priorität hat. Diese Ziele werden so beschrieben, dass der Gewässerzustand, insbesondere der biologische, die Nutzungsziele gewährleisten soll. Bei den Fliessgewässern werden diese Qualitätsziele zusätzlich durch Grenzwerte für messbare Grössen physikalischer und chemischer Natur untermauert, z.B. "der gelöste Sauerstoff muss 6 mg/l übersteigen; oder die Konzentration an gelöstem Kupfer darf 0.01 mg/l nicht übersteigen".

Wenn die Transferfunktion zwischen Belastung und Gewässerzustand bekannt ist, können die zulässigen Frachten oder die notwendigen Gewässerschutzmassnahmen daraus abgeleitet werden. Das ermöglicht das Setzen von Prioritäten, d.h., die zu ergreifenden Massnahmen müssen nach dem Zweck ausgerichtet sein und dürfen sich nicht an den Mitteln zur Bekämpfung orientieren (Systemanpassung statt Systembehandlung). In diesem Zusammenhang ist darauf hinzuweisen, dass nicht die relative, sondern die absolute Schutzwirkung von Bedeutung ist (Ausrichtung auf Relevanz statt Gleichschaltung). Das hier vorgestellte Konzept entspricht demjenigen der Erhaltung einer ökologischen Qualität und ist dem früher vertretenen Prinzip der optimalen Technologie entgegengesetzt.

Die Belastung bzw. die Art der Schutzmassnahmen ist somit festgelegt, und es herrscht eine Rückkopplung: Wird durch eine Massnahme das Nutzungsziel nicht erreicht, müssen das Qualitätsziel und auch die Belastung abgeändert werden. Dies führt beispielsweise dazu, dass in Berggebieten weniger strenge Vorschriften für die Abwasserreinigung gemacht werden müssen als in dichtbesiedelten Gebieten. Die jetzige Gesetzgebung wurde sukzessive an die Entwicklung angepasst; die Qualitätsziele in der Verordnung werden sich in Zukunft auch weiterhin ändern.

Die Gewässer sollen nicht nach vorherrschenden Nutzungsarten klassiert werden: alle Gewässer haben den gleichen Anforderungen zu genügen!

Diese strengen Anforderungen bedeuten, dass die Oekosysteme Gewässer einen Zustand aufweisen müssen, der summarisch als naturnah und schwach belastet charakterisiert werden kann.

13.3 Gewässerschutzmassnahmen

Gewässerschutz darf nicht mit Abwasserreinigung gleichgesetzt werden.

Beispiel: Das Schweizerische Gewässerschutzgesetz

Im Schweizerischen Gewässerschutzgesetz (1971 plus spätere Revisionen) werden im sogenannten Zweckartikel die Nutzungsziele, d.h. "die Interessen, denen der Gewässerschutz zu dienen hat" beschrieben (Abb. 13.3). Dazu gehört eine Verordnung (1975: Verordnung über die Abwassereinleitungen plus Revisionen), in welcher Qualitätsziele für Fliessgewässer, Flussstaue und stehende Gewässer beschrieben sind. Bei den Fliessgewässern werden die Qualitätsziele durch Grenzwerte messbarer Grössen physikalischer und chemischer Natur untermauert.

In der Verordnung werden jedoch einige Kompromisse geschlossen:

- Für die Qualitätsziele gilt der Soll- statt der Muss-Zustand.
- Um die Vollzugswirksamkeit zu verbessern, ist eine Konzentrationsbegrenzung in den abzuleitenden Abwässern statt einer Frachtbegrenzung vorgesehen (Problem der Verdünnungsmöglichkeit).
- Der Verhältnismässigkeit wird ebenfalls Rechnung getragen. Man berücksichtigt die optimale Technologie, indem bei einzelnen Parametern die relative statt die absolute Schutzwirkung verlangt wird.

Die Durchführung des Gewässerschutzes obliegt den Kantonen. Der Bund hat die Aufgaben, den Vollzug des Gewässerschutzgesetzes zu überwachen, die Massnahmen zu koordinieren und ergänzende Bestimmungen zu erlassen. In der Regel delegieren die Kantone den Bau und Betrieb der Abwasseranlagen an die Gemeinden, die sich oft in Abwasserverbänden zusammenschliessen zwecks gemeinsamer Reinigung des Abwassers. Um ihre Aufgaben erfüllen zu können, haben die Kantone spezielle Gewässerschutz-Fachstellen geschaffen.

Abbildung 13.3

a) Das Schweizerische Gewässerschutzgesetz beschreibt Nutzungsziele (nächste Seite).
b) Auszug aus der dazu gehörigen Verordnung (über Abwassereinleitungen), in welcher Qualitätsziele und Grenzwerte beschrieben werden (nächste Doppelseite).

Bundesgesetz über den Schutz der Gewässer gegen Verunreinigung (Gewässerschutzgesetz)

(Vom 8. Oktober 1971)

(Stand am 1. Oktober 1987)

Die Bundesversammlung der Schweizerischen Eidgenossenschaft,

gestützt auf die Artikel 24bis, 42ter, 64 und 64bis der Bundesverfassung[1],[2]

nach Einsicht in eine Botschaft des Bundesrates vom 26. August 1970[3],

beschliesst:

Erster Abschnitt: Allgemeine Bestimmungen

Art. 1

Geltungsbereich

Dem Schutze dieses Gesetzes unterstehen die ober- und unterirdischen natürlichen und künstlichen, öffentlichen und privaten Gewässer mit Einschluss der Quellen.

Art. 2

Zweck

[1] Dieses Gesetz bezweckt den Schutz der Gewässer gegen Verunreinigung sowie die Behebung bestehender Gewässerverunreinigungen im Interesse

- der Gesundheit von Mensch und Tier,
- der Sicherstellung der Trink- und Brauchwasserversorgung durch die Verwendung von Grund- und Quellwasser und die Aufbereitung von Wasser aus oberirdischen Gewässern,
- der landwirtschaftlichen Bewässerung,
- der Benützung der Gewässer zu Badezwecken,
- der Erhaltung von Fischgewässern,
- des Schutzes baulicher Anlagen vor Schädigung und
- des Natur- und Landschaftsschutzes.

AS **1972** 950

1) SR **101**

2) Fassung gemäss Ziff. I des BG vom 25. Juni 1982, in Kraft seit 1. Jan. 1982 (AS **1982** 1961; BBl **1982** I 925).

3) BBl **1970** II 425

1987 - 780 - 863

Anhang

Parameter	I **Qualitätsziele für Fliessgewässer und Flussstaue** Die Werte in dieser Kolonne – natürlicherweise vorkommende Werte vorbehalten – gelten für eine Wasserführung, die während 347 Tagen des Jahres vorhanden ist oder überschritten wird.	II **Anforderungen an Einleitungen in ein Gewässer** Die Grenzwerte in dieser Kolonne müssen bei Trockenwetter jederzeit eingehalten werden. Ausnahmebedingungen sind bei den betreffenden Parametern angegeben.	III **Anforderungen an Einleitungen in eine öffentliche Kanalisation** Die Grenzwerte in dieser Kolonne gelten für gewerblich-industrielles Abwasser und müssen jederzeit eingehalten werden. In begründeten Fällen kann der Kanton abweichende Bedingungen festlegen.
Allgemeine Parameter			
1 Temperatur	Die Aufwärmung durch Kühl- und Abwassereinleitungen soll insgesamt höchstens 3 °C betragen und es soll eine Temperatur von 25 °C nicht überschritten werden. Dabei ist von einer natürlichen, möglichst unbeeinflussten Temperatur auszugehen.	Bei Einleitungen in Fliessgewässer und Flussstaue darf die Temperatur von Abwässern und Kühlwässern 30 °C nicht überschreiten. Bei Seen darf eine Kühlwassernutzung nur in begründeten Fällen bewilligt werden. Es ist dabei der Nachweis zu erbringen, dass durch die Einleitung die natürlichen Mischungsverhältnisse sowie die Nährstoffmenge und -verteilung im See nicht nachteilig verändert werden. Die Einleitungsbedingungen, insbesondere die Einleitungstiefe und die Einleitungsart, sowie die zulässige Erwärmung des Kühlwassers sind entsprechend den örtlichen Verhältnissen und dem Gehalt an Nährstoffen von Fall zu Fall festzulegen.	Die Temperatur der in die Kanalisation eingeleiteten Abwässer darf 60 °C nicht überschreiten. Bei Ableitung von Abwässern über Ölabscheider kann der Kanton die zulässige Temperatur von Fall zu Fall festlegen. Die Temperatur in der Kanalisation darf nach der Vermischung höchstens 40 °C betragen.
2 Durchsichtigkeit (nach Snellen)	Als Folge von Abwassereinleitungen soll sich keine Trübung zeigen.	30 cm	Keine Anforderung

Parameter	I **Qualitätsziele für Fliessgewässer und Flussstaue** Die Werte in dieser Kolonne - natürlicherweise vorkommende Werte vorbehalten – gelten für eine Wasserführung, die während 347 Tagen des Jahres vorhanden ist oder überschritten wird.	II **Anforderungen an Einleitungen in ein Gewässer** Die Grenzwerte in dieser Kolonne müssen bei Trockenwetter jederzeit eingehalten werden. Ausnahmebedingungen sind bei den betreffenden Parametern angegeben.	III **Anforderungen an Einleitungen in eine öffentliche Kanalisation** Die Grenzwerte in dieser Kolonne gelten für gewerblich-industrielles Abwasser und müssen jederzeit eingehalten werden. In begründeten Fällen kann der Kanton abweichende Bedingungen festlegen.
3 Farbe	Als Folge von Abwassereinleitungen soll sich keine Verfärbung zeigen.	Durch Abwassereinleitungen soll sich im Gewässer keine Verfärbung zeigen.	Farbstoffhaltige Abwässer dürfen nur soweit abgeleitet werden, als deren Entfärbung in der Reinigungsanlage gewährleistet ist.
4 Geruch und Geschmack	Als Folge von Abwassereinleitungen sollen sich Geruch und Geschmack gegenüber dem natürlichen Zustand nicht verändern.	Durch Abwassereinleitungen sollen sich Geruch und Geschmack des Gewässers gegenüber dem natürlichen Zustand nicht verändern.	Der Geruch darf zu keinen Unannehmlichkeiten Anlass geben.
5 Toxizität	keine Toxizität	Das Abwasser darf je nach Vorfluterverhältnissen bei 0- bis 5-facher Verdünnung auf Versuchsfische innerhalb von 24 Stunden nicht toxisch wirken. Die Toxizität ist in der Versuchsanordnung gemäss den Richtlinien des Eidg. Departementes des Innern für die Untersuchung von Abwasser (Methode für Voruntersuchungen) zu bestimmen. Zusätzliche Toxizitätstests auf andere Organismen können von Fall zu Fall in Betracht gezogen werden.	Die abzuleitenden Abwässer müssen derart beschaffen sein, dass weder die biologischen Vorgänge, insbesondere die Sauerstoffzehrung in biologischen Reinigungsanlagen gehemmt, noch die Schlammqualität, beziehungsweise der Betrieb der Schlammbehandlungsanlagen beeinträchtigt werden.
6 Salzgehalt	Als Folge von Abwassereinleitungen dürfen ober- und unterirdische Gewässer nicht beeinträchtigt werden.	Abwässer dürfen durch ihren Salzgehalt ober- und unterirdische Gewässer nicht beeinträchtigen.	Durch den Salzgehalt dürfen die Abwasseranlagen und deren Betrieb nicht beeinträchtigt werden.
7 Gesamte ungelöste Stoffe	Als Folge von Abwassereinleitungen soll sich kein Schlamm bilden.	20 mg/l bei 4 von 5 vergleichbaren Untersuchungen im 24-Stunden-Mittel (Membranfilter 0,45 μm)	Der Kanton kann von Fall zu Fall Bedingungen festlegen.

Beispiel: "Grundgesetz" des westeuropäischen Gewässerschutzes: Die EG Gewässerschutzrichtlinie

Die EG-Gewässerschutz-Richtlinie (vgl. Lühr, 1985) hat zum Ziel, die Verschmutzung der Gewässer durch gefährliche Stoffe, die in einer Liste I (Schwarze Liste) zusammengefasst sind, zu verhindern und Stoffe einer Liste II (Graue Liste), zu verringern (Tab. 13.1). Sie enthält:

Erstens: Im Kern Emissionsbegrenzungen, aber auch Immissionsziele. Die übrigen EG-Richtlinien gehen vom Immissionsprinzip aus, d.h., sie formulieren Qualitätsziele.

Zweitens: Grenzwerte für die Stoffe der Liste I, die anhand der Faktoren Toxizität/Langlebigkeit/Bioakkumulation festgesetzt werden. Und zwar unter Berücksichtigung der besten verfügbaren technischen Hilfsmittel.

Drittens: Richtlinien hinsichtlich Anforderungen an die Beschaffenheit der Gewässer, welche Qualitätsziele für zu bestimmten Zwecken verwendetes Wasser definieren. Diese Qualitätsziele sind in Form von Parameterverzeichnissen aufgeführt und mit entsprechenden, zahlenmässig festgelegten Werten versehen. Letztere sind entweder einzuhalten oder als Leitwerte für verschiedene, definierte Wasserarten zu betrachten.

13.4 Stand des Gewässerschutzes

Zustand der Fliessgewässer

Die ergriffenen Massnahmen haben zu grossen Erfolgen geführt. Die Zeiten der verschlammten, stinkenden Flüsse und Bäche sind in weiten Teilen Nordwesteuropas und Amerikas vorbei. Auch die Schaumberge, verursacht durch schwer abbaubare Tenside, sind verschwunden. Direkt sichtbare Zeichen von Gewässerverschmutzungen treten nur noch selten auf. Die organische Belastung, welche durch biologische Kläranlagen vermindert werden kann, ist drastisch verkleinert worden.

Der grosse Erfolg des Gewässerschutzes darf aber nicht darüber hinwegtäuschen, dass die Qualitätsziele in vielen Fliessgewässern noch nicht erreicht werden. Bei den grossen Flüssen genügt zwar die Wasserqualität den Anforderungen,

<table>
<tr>
<th>Liste I</th>
<th>Liste II</th>
</tr>
<tr>
<td>Die Liste I umfasst bestimmte einzelne Stoffe folgender Stoffamilien oder -gruppen:

1. Organische Halogenverbindungen und Stoffe, die im Wasser derartige Verbindungen bilden können;
2. organische Phosphorverbindungen;
3. organische Zinnverbindungen;
4. Stoffe, deren kanzerogene Wirkung im oder durch das Wasser erwiesen ist;
5. Quecksilber und Quecksilberverbindungen;
6. Cadmium und Cadmiumverbindungen;
7. beständige Mineralöle und aus Erdöl gewonnene beständige Kohlenwasserstoffe;
8. langlebige Kunststoffe, die im Wasser treiben, schwimmen oder untergehen können und die jede Nutzung der Gewässer behindern können.</td>
<td>1. Folgende Metalloide und Metalle und ihre Verbindungen:

1. Zink — 11. Zinn
2. Kupfer — 12. Barium
3. Nickel — 13. Beryllium
4. Chrom — 14. Bor
5. Blei — 15. Uran
6. Selen — 16. Vanadium
7. Arsen — 17. Kobalt
8. Antimon — 18. Thallium
9. Molybdän — 19. Tellur
10. Titan — 20. Silber

2. Biozide und davon abgeleitete Verbindungen, die nicht in Liste I aufgeführt sind.

3. Stoffe, die eine abträgliche Wirkung auf den Geschmack und/oder den Geruch der Erzeugnisse haben, die aus den Gewässern für den menschlichen Verzehr gewonnen werden.

4. Giftige und langlebige organische Siliziumverbindungen.

5. Anorganische Phosphorverbindungen und reiner Phosphor.

6. Nichtbeständige Mineralöle und aus Erdöl gewonnene nichtbeständige Kohlenwasserstoffe.

7. Cyanide, Fluoride.

8. Stoffe, die sich auf die Sauerstoffbilanz ungünstig auswirken, insbesondere Ammoniak, Nitrite.</td>
</tr>
</table>

Tabelle 13.1

Listen I (schwarz) und II (grau) der Gewässerschutzrichtlinie der Europäischen Gemeinschaft.

hingegen sind die kleineren Flüsse in dicht besiedelten, stark industrialisierten oder landwirtschaftlich intensiv genutzten Einzugsgebieten in schlechtem Zustand. Dabei fällt auf, dass die unbefriedigenden Gewässer oft mit abwassertechnisch weit fortgeschrittenen Reinigungsanlagen versehen sind. Problemstoffe sind Schwermetalle, synthetisch organische Verbindungen, aber auch Phosphor und Stickstoff, welche durch mechanisch-biologische Reinigung nicht effizient vermindert werden.

Die beste Reinigung nützt aber nichts, wenn der Gewässerlauf durch ungünstige Verbauungen, Begradigungen und Eingriffe in die hydrologischen Verhältnisse beeinträchtigt wird.

Im schweizerischen Flachland sind beispielsweise in den letzten hundert Jahren rund 50% der Bäche eingedolt worden. Eine Röhre, aber auch ein betonierter Kanal, ist kein Gewässer mehr, sondern eine Rinne.

Zustand der Seen

Bei den Seen stellt die Eutrophierung nach wie vor das grösste Problem dar. Der Sauerstoffgehalt des Seewassers darf eine bestimmte Limite (4 mg O_2 pro l) nie unterschreiten. Die meisten Seen erfüllen diese Anforderungen nicht.

Der Phosphoreintrag durch diffuse Quellen, insbesondere der Landwirtschaft, liegt für viele Seen über dem tolerablen Wert, so dass ohne drastische Quellmassnahmen die meisten Seen trotz Kläranlagen mit Phosphorelimination und Phosphatverbot in Waschmitteln in besorgniserregendem, eutrophem Zustand bleiben werden. Erfreulicherweise gibt es auch ein paar wenige Seen (etwa der Walensee, Abbildung 8.13), welche sich wieder in Richtung oligotropher Zustand entwickelt haben.

Zustand des Grundwassers

Der Zustand des Grundwassers kann anhand der Qualitätsanforderungen für Trinkwasser beurteilt werden. Soweit das Grundwasser von Natur aus dazu geeignet ist, soll es ohne vorgängige Aufbereitung als Trinkwasser verwendet werden können; es darf also nicht verunreinigt werden. Der Trinkwasserbedarf in Nordwesteuropa wird heute zu mehr als der Hälfte, in der Schweiz zu mehr als 80% durch Grundwasser gedeckt; ein Anteil, der auch in Zukunft gewahrt werden sollte: Grundwasser ist weitgehend geschützt vor gravierender und plötzlich auftretender Verunreinigung (hohe Versorgungssicherheit) und muss nicht oder nur wenig aufbereitet werden.

Die Manipulation der Umwelt durch den Menschen hinterlässt aber auch im Grundwasser ihre Spuren. Vielerorts musste in den letzten Jahren eine kontinuierliche Verschlechterung der Beschaffenheit des Grundwassers, in manchen Fällen gar in einem nicht mehr tolerierbaren Ausmass, beobachtet werden.

Diese Verschlechterung manifestiert sich durch eine Abnahme des Sauerstoffgehaltes und eine Zunahme des Gehaltes an organischen und anorganischen Verbindungen wie beispielsweise Chlorkohlenwasserstoffe oder Nitrat.

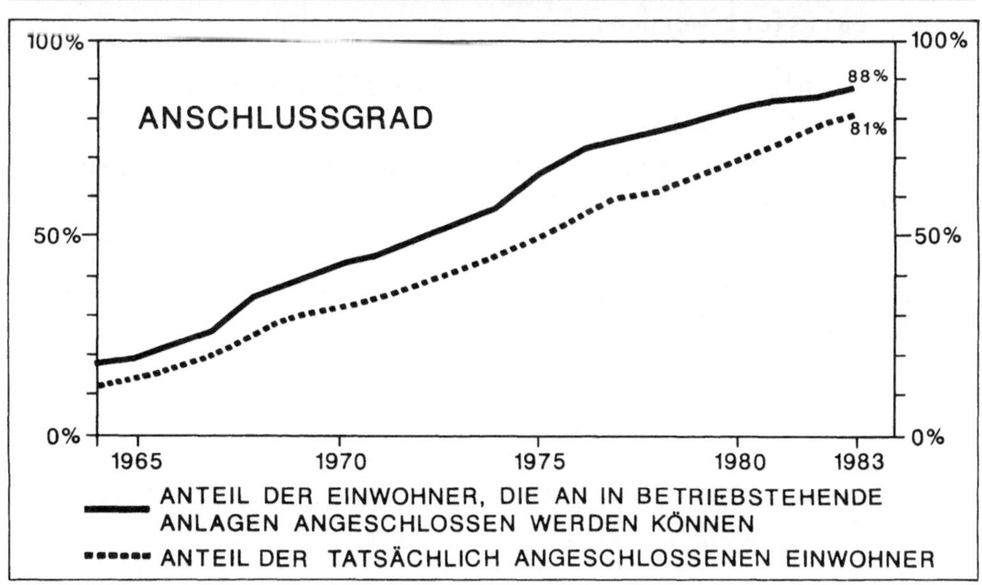

Abbildung 13.4

Entwicklung der Abwasserreinigung in der Schweiz. Nach Bundesamt für Umweltschutz, 1985.

In verschiedenen Sektoren der Industrie wurde viel unternommen im Hinblick auf Produktionsverfahren mit geringem Abwasser- und Schmutzstoffanfall. Solche Massnahmen sind nicht nur für den Gewässerschutz, sondern häufig auch für die Industrien selbst vorteilhaft. Die Ausschöpfung dieser Möglichkeit dürfte wesentlich zur Optimierung des Gewässerschutzes beitragen.

Die gesetzgeberischen Möglichkeiten, Bestimmungen über schädliche Stoffe und Erzeugnisse zu erlassen, wurden bis heute erst wenig ausgenutzt. Vorschriften über die Produktequalität existieren erst für Waschmittel.

Mehr als 90% der Gewässerschutzmassnahmen beschränken sich heute noch auf die Symptombekämpfung.

Grosse Anstrengungen müssen unternommen werden zur Verhütung von Unfällen beim Transport, Umschlag und bei der Lagerung von wassergefährdenden Flüssigkeiten, insbesondere Mineralölprodukten. Ebenfalls sollen Schutzzonen für Grundwasservorkommen realisiert werden.

Viele Kläranlagen erbringen die gesetzlich geforderten Leistungen nicht, zum Teil, weil sie überlastet sind, zum Teil, weil sie schlecht funktionieren. Ebenfalls als ungenügend ist die Informationsbasis im betrieblichen Bereich. Es gibt zu wenig systematische Erhebungen über die anfallenden Verunreinigungsfrachten, aber auch die betriebsinternen Massnahmen sind kaum überblickbar.

Bis anhin lag das Hauptgewicht der Gewässerschutzmassnahmen auf baulich-technischen Vorkehrungen. Die Ursachenbekämpfung hingegen und die Erhebung von Daten wurden vernachlässigt.

Kosten

Der Wiederbeschaffungswert aller Gewässerschutzeinrichtungen beträgt nach heutigen Preisen in der Schweiz ca. 3300 SFr. pro Einwohner. Jedes Jahr gibt man in der Schweiz insgesamt

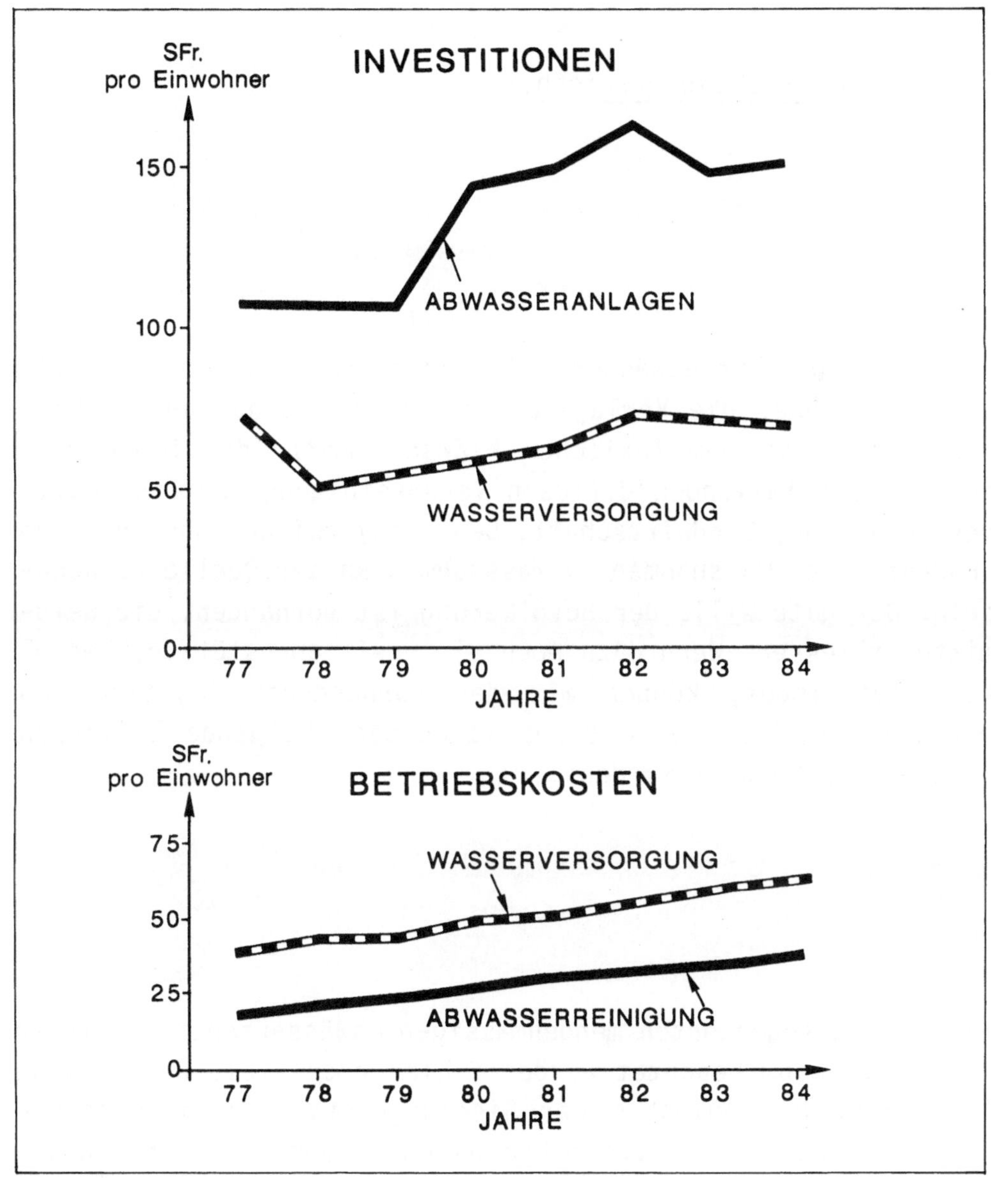

Abbildung 13.5

Jährliche Kosten pro Einwohner für Abwasserreinigung und Wasserversorgung. Investitionen mit Kanalisations- und Netzkosten, Betriebskosten ohne Kanäle und Nutzunterhalt. Die Zahlen gelten für die Schweiz, dürften aber repräsentativ sein für Nordwesteuropa. Nach Bundesamt für Umweltschutz, 1985.

2,3 Milliarden Franken für den Gewässerschutz aus, das entspricht gut einem Prozent des Bruttosozialproduktes. Die jährlichen Kosten für die Abwasserreinigung sind in Abb. 13.5 zusammengestellt.

13.5 Sind die Ziele erreichbar?

Die weitere Perfektionierung der Symptombekämpfung behebt die Mängel nicht. Wir müssen die Marschrichtung so rasch wie möglich ändern, um die Ziele zu erreichen.

Die Verbauung der Gewässer, die Perfektionierung der Kanalisationssysteme, die Verlagerung der Probleme auf andere Ebenen (wohin mit dem toxischen Klärschlamm?), die immer mehr ins Gewicht fallenden diffusen Verunreinigungsquellen (Luftverschmutzung, Landwirtschaft, Deponien) zwingen uns, von den "End-of-pipe"-Massnahmen zu Massnahmen an der Quelle zu wechseln. Der gute Wille der Bevölkerung ist vorhanden, die Geldmittel fliessen. Wenn dazu noch ein breit abgestütztes Umdenken stattfindet, können mit den vorhandenen Gesetzen und Mitteln die Ziele eher erreicht werden. Folgende Leitideen müssen dazu befolgt werden:

Erstens: Der Schutz der Gewässer vor Eingriffen in ihre Betten, ihre Umgebung und ihren Wasserhaushalt muss gewährleistet werden.

Für diesen sogenannten mengenmässigen Gewässerschutz, welcher bis heute kaum beachtet wurde, fehlen noch viele ökologische Kriterien. Die Aufgaben der Siedlungsentwässerung, Meliorationen, Schutz von Feuchtgebieten und eventuelle Sanierungspflichten müssen neu überdacht werden.

Zweitens: Die Ursachenbekämpfung muss voll zum Zuge kommen.

Kurative Massnahmen, das heisst solche, die bereits entstandene Schäden und Emissionen verhindern, werden ausgiebig angewendet. Die Ursachenbekämpfung ist grundsätzlich wirksamer und billiger. Für viele Probleme finden sich auch gar keine kurativen Lösungen. Die Ursachenbekämpfung ist in folgenden Bereichen besonders wirkungsvoll: in der Produktion und der Verwendung umweltgefährdender Stoffe, in der Produktequalität, in der Industrie, in der Landwirtschaft und im Verkehr. Durch Gesetze (z.B. Verbot umweltgefährdender Stoffe), Lenkungsabgaben oder Subventionen für umweltfreundliche Prozesse könnten solche Quellmassnahmen realisiert werden.

Drittens: Die Bevölkerung muss umweltbewusst werden. Ohne das Wissen über die Zusammenhänge zwischen unserem Handeln und den direkten und indirekten Auswirkungen auf Wasser, Boden und Luft kann der Gewässerschutz nie erfolgreich sein.

Ein wichtiger Schritt, um dieses Bewusstsein zu erlangen, ist folgende Massnahme:

Viertens: Das Verursacherprinzip muss konsequenter angewendet werden.

Wohl wird das Verursacherpinzip für einen wesentlichen Teil der Abwasserreinigungskosten angestrebt, doch nur ein kleiner Teil der Schäden an unseren Gewässern wird vom Verursacher getragen. Wenn der Hersteller, Vertreiber und Verbraucher eines umweltgefährdenden Produktes auch für die umweltfreundliche Entsorgung verantwortlich ist oder sonst für die Wiedergutmachung bezahlen muss, bietet das Verursacherpinzip die beste Gewähr dafür, dass die Ursachenbekämpfung realisiert werden kann.

Fünftens: Die Massnahmen müssen nach den Zielen, d.h., einem gewünschten Gewässerzustand ausgerichtet werden.

Der Weg der einheitlichen Anwendung der Abwasserreinigung trägt den spezifischen Bedürfnissen der einzelnen Gewässer nicht Rechnung. Dieser Umstand trägt wesentlich dazu bei, dass der Zustand vieler Gewässer schlecht ist. Wo zusätzliche Massnahmen notwendig sind, müssen diese der spezifischen Situation angepasst werden. In Industriegebieten müssen andere Massstäbe angewendet werden als in ländlichen Gebieten, wo einfachere Lösungen als die heute geforderten Massnahmen zweckmässiger, billiger und besser sind.

Sechstens: Erfolgskontrollen und Rückkopplungsmechanismen müssen spielen.

Wir müssen viel beweglicher werden, Fehler zugeben können, um bessere Lösungen anzustreben. Wissens- und Informationslücken sowie Unsicherheiten von Entwicklungsprognosen limitieren die Erfolgswahrscheinlichkeit einmal ergriffener Massnahmen. Gewässerschutz muss deshalb bewusster im Sinne eines Regelkreises betrieben werden: Anordnungen von Massnahmen - Beobachten des Erfolges - Durchführen von Korrekturen - usw.

Die bis heute erhobenen und zur Verfügung stehenden Daten genügen den Anforderungen eines solchen Regelkreises im allgemeinen nicht. Für die Planung, Dimensionierung und Erfolgskontrolle der Gewässerschutzmassnahmen ist eine verbesserte Datenerhebung in allen Bereichen nötig. Diese sind: Abwasser- und Schmutzstoffeintrag in die Gewässer; Funktionieren der Kläranlagen; Zustand der Gewässer; anfallende Schmutzstoffmengen und betriebsinterne Massnahmen in der Industrie; Produktion, Verbrauch, Verwendung umweltgefährdender Stoffe und Erzeugnisse.

Gewässerschutz ist eine Daueraufgabe!

13.6 Meeresverschmutzung

Das Flaschenmodell "Wie funktioniert ein Oekosystem?" (Abb. 2.3) gilt auch für den lebenden Ozean. Phytoplankton wächst aufgrund des vorhandenen Kohlendioxids und der Düngstoffe, die an die oberen Schichten des Meeres gelangen (Flüsse und Transport aus den tieferen Schichten). Das Zooplankton und andere kleine Tiere ernähren sich vom Phytoplankton, die ihrerseits von Fischen, Quallen und Tintenfischen verzehrt werden. Weiter oben in der trophischen Pyramide befinden sich dann Raubfische wie z.B. der Thunfisch, die Schwertfische und Haie.

Das Sediment-Ozean-Atmosphäre-System ist ein integrierender, dominierender Faktor unseres Planeten. Für jedes C-Atom in der Atmosphäre (symbolisch die Gasblase zuoberst in unserer geschlossenen Flasche, Abb. 2.3) hat es ca. 60 C-Atome (hauptsächlich als HCO_3^-) im Meer und etwa 110'000 C-Atome (hauptsächlich als Karbonate) in den Sedimenten. Die Atmosphäre reagiert deshalb besonders empfindlich auf die Eingriffe des Menschen in die hydrogeochemischen Kreisläufe. Die Zirkulationssysteme des Ozeans und der Atmosphäre bestimmen die Klimaströme um den Erdball. Das Meerwasser ist ein wesentlicher Pufferfaktor für das Klima.

Lebenswichtige Meeresmündungen und Küstenzonen

70% der Oberfläche unseres Planeten sind mit Meeren bedeckt. Vor allem die Oekosysteme des Küstenraumes sind wichtige Ressourcen mit hoher Primärproduktion. Hier bildet sich die Basis der Nahrungskette und die Reproduktion vieler Meeresorganismen findet in den Küstenzonen statt. Die Zerstörung und Degradierung mariner Lebensräume durch die Zivilisation ist deshalb besonders gravierend. Als Beispiele seien die Algenblüten und das Fischsterben, wie sie in den skandinavischen Küstengewässern im Sommer 1988 beobachtet wurden, erwähnt. Es handelte sich hier um typische Symptome der Eutrophierung.

Zusätzlich zum häuslichen Abwasser und Müll sind es die industriell produzierten Chemikalien und Schwermetalle, welche via Haushalt, Gewerbe, Industrie und Landwirtschaft in die Meere gelangen. Insbesondere in den Estuarien und Küstengebieten wirken sich diese Schadstoffe auf die Oekologie negativ aus.

Gefährdung der Hochsee

Die Verschmutzung auf See erfolgt zu einem guten Teil durch Oel; ungefähr 0.1 bis 0.2% des transportierten Oels (1-2 Millionen Tonnen im Jahr) gelangen in die Ozeane. Wie wir in Abb. 9.10 gezeigt haben, wird Blei hauptsächlich via Atmosphäre in die Meere eingetragen; der Eintrag ist ca. 100 Mal grösser als in vorindustriellen Zeiten. Ueber das Förderband der Atmosphäre werden substantielle Frachten anderer atmophiler Schwermetalle und flüchtiger organischer Schadstoffe in die Meere eingetragen. Die ökologischen Auswirkungen dieser Einträge kann noch nicht abschliessend beurteilt werden.

Wie Thor Heyerdahl gesagt hat: "Das Meer war und ist noch immer Herz und Lunge unseres weltumfassenden Oekosystems...

...Wenn wir aber seine lebenserhaltende Funktion als Filter und Erneuerer nicht verstehen, und es nicht als ein begrenztes, landumschlossenes Gewässer begreifen, laufen wir Gefahr, dieses einzige Gebiet unseres Planeten, das uns allen gehört, und mit dem unser aller Leben aufs engste verbunden ist, unwiederbringlich zu zerstören." (Myers, 1985; S. 98)

14. Abwasserreinigungstechnik

14.1 Kommunales Abwasser

Das im Kanalisationsnetz gesammelte und abgeleitete Abwasser wird in Abwasserreinigungsanlagen so aufbereitet, dass es in die Seen und Flüsse (Vorfluter) eingeleitet werden kann.

Bis zum Inkrafttreten der Verordnung über Abwassereinleitungen von 1975 stand die Reduktion der organisch abbaubaren Stoffe (BSB_5-Frachten) und später auch der Phosphorfrachten im Vordergrund. Dabei hat sich in der Schweiz eine einheitliche Abwasserreinigungstechnik entwickelt, welche zumindest für kleinere Anlagen auf einem empirischen Know-how beruht und die anfallenden Probleme mit vernünftigem Aufwand löste.

Seit dem Inkrafttreten der Verordnung wurden verschiedene Anlagen erweitert und den neuen Anforderungen angepasst. Als wichtigstes Kriterium bei solchen Erweiterungen sollte dabei immer gelten, dass die Reinigungsleistung spezifisch auf die Belastbarkeit des Vorfluters ausgerichtet ist und nicht nur die, für die Einleitung in ein Gewässer, vorgeschriebenen Höchstkonzentrationen eingehalten werden. Ein kleiner Bach oder ein grosser Fluss als Vorfluter sind nicht dasselbe.

Bei den heute gebräuchlichen Reinigungsverfahren werden bis zu vier "Stufen" unterschieden:

1. Die Entfernung der absetzbaren Stoffe mittels Rechenanlage, Sandfang und Vorklärbecken (Absetzbecken) bezeichnet man als mechanische Klärung oder 1. Stufe.
2. In der biologischen Reinigungsanlage (2. Stufe) wird im Belebtschlamm- oder Tropfkörperverfahren kommunales Abwasser von organisch gut abbaubaren Stoffen befreit.
3. In gut der Hälfte der heute rund 900 ARA wird durch chemische Fällung eine zusätzliche Elimination von Phosphor erzielt. Dieses Verfahren wird als 3. Stufe bezeichnet.
4. An die 3. Stufe anschliessende Verfahren, wie die nachgeschaltete Flockungsfiltration zur weiteren Entfernung von

Phosphaten, die Umwandlung von Ammoniak und Ammonium in Nitrate (Nitrifikation) oder in freien Stickstoff (Denitrifikation) oder die Elimination refraktärer Stoffe mittels Aktiv-

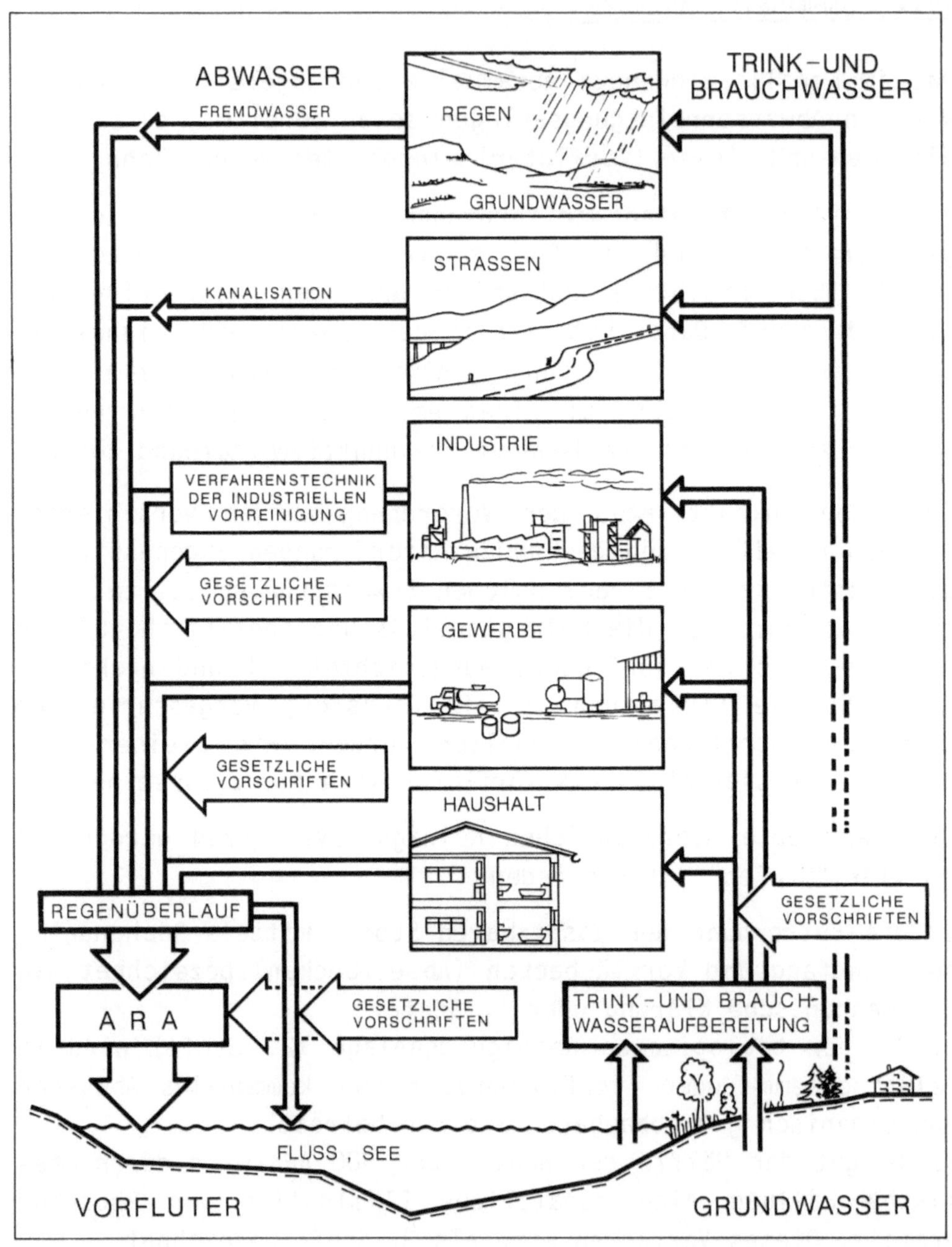

Abbildung 14.1

Brauchwasser"kreislauf". Nach "Wasser - Eine Dokumentation", Boller, 1983.

kohleadsorption sowie Verfahren zur Elimination von Schwermetallen erfolgen in der sogenannten weitergehenden Abwasserreinigung (4. und weitere Stufen).

Moderne Anlagen werden mit verfahrenstechnischen Methoden durch Kombination von Einheitsverfahren aufgrund vorgängiger Pilotversuche gebaut. Dabei müssen die Rohwasserqualität, die Ablaufqualität, die Zufluss-Schwankungen sowie Kriterien wie Kapital- und Betriebskosten, Energieverbrauch, Geruchsemissionen, Prozess-Stabilität, Einfachheit und Sicherheit des Betriebes berücksichtigt werden.

Auch kleinere Kläranlagen können durch richtige Dimensionierung ein Reinigungspotential haben, welches nicht wesentlich unter demjenigen einer grösseren Anlage liegt. Probleme stellen sich dort vor allem bei Tages-, Wochen- und saisonal bedingten Zufluss-Schwankungen, bei Unterbelastungen und wenn Verdünnungen durch Fremdwasser auftreten.

14.2 Industrieabwasser

Industrielle und gewerbliche Abwässer werden meist im Gemisch mit häuslichen Abwässern in zentrale Kläranlagen geleitet. Diese Praxis wurde durch die Art der Finanzierung (Subventionen), durch technische Richtlinien und durch das Gesetz gefördert. In den industriellen und gewerblichen Betrieben muss jedoch die nötige Vorreinigung stattfinden wie dies die Verordnung über Abwassereinleitungen vorschreibt. Nur wenige Betriebe besitzen eine Vollreinigungsanlage, welche gereinigtes Abwasser direkt in die Vorfluter einleitet.

Die häufigste abwassertechnische Massnahme innerhalb der Betriebe zur Verhinderung der Ueberbelastung von kommunalen ARA ist der Ausgleich des Abflusses mittels Stapelbehältern, oft verbunden mit Abscheidungsvorrichtungen für Sink- und Schwebestoffe. Trennung von Sanitärabwasser, Produktionsabwasser und Kühlwasser ermöglichen eine rationelle Behandlung von Abwasserteilströmen. Wärmerückgewinnung, pH-Korrekturen,

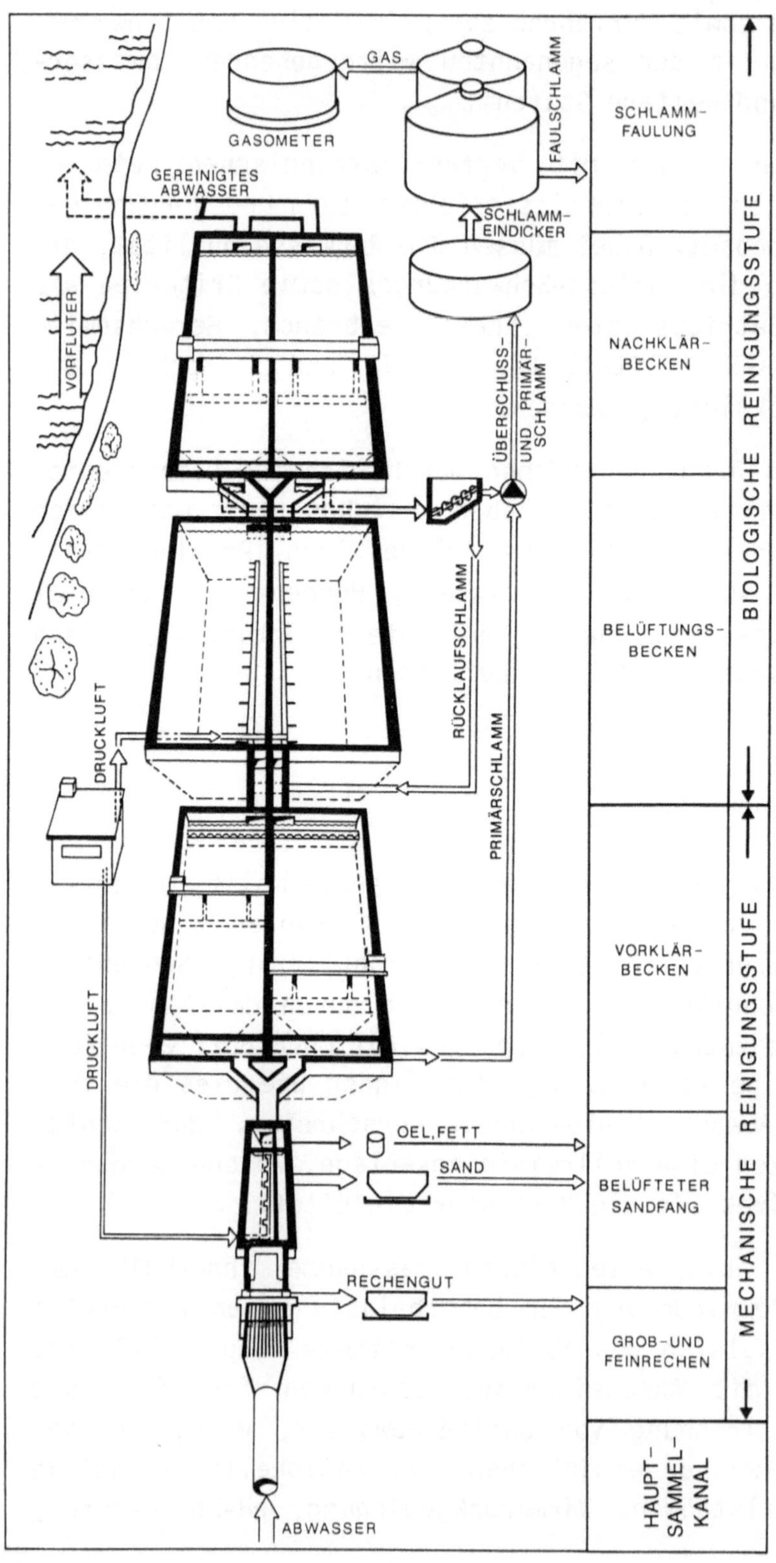

Abbildung 14.2

Mechanisch-biologische Kläranlage.

Mechanisch-biologische Kläranlage
(Beschreibung übernommen aus Gewässerbiologie und Gewässerschutz, 1970)

1. Stufe: mechanische Reinigung

Das Wasser durchfliesst nach Rechen und Sandfang sehr langsam ein grosses Becken, das Vorklärbecken, wobei sich die gröberen Schwebestoffe als Schlamm auf den Grund absetzen. Ein Schlammkratzer schiebt ihn in den Beckentrichter, von wo er in der Regel unter Wasserdruck in einen Schlammschacht gefördert wird. Von diesem aus wird der Schlamm in die Faultürme gepumpt, wo er im Laufe einiger Monate ausfault. Die Fäulnis, ein Abbau ohne Sauerstoff, wird durch Erwärmung des faulenden Schlammes beschleunigt. Das dabei entstehende Methangas kann teilweise zur Heizung der Faultürme verwendet werden. Der ausgefaulte, fast geruchlose Schlamm kann der Landwirtschaft flüssig zur Verfügung gestellt werden, oder er wird auf Trockenbeete ausgebracht.

2. Stufe: biologische Reinigung

Diese Stufe der Reinigung beruht auf der natürlichen Selbstreinigung des Wassers. Um aber die aeroben Abbauvorgänge zu beschleunigen, wird das Wasser mit Sauerstoff künstlich angereichert. Die bei uns am häufigsten verwendeten Verfahren sind:
Der Tropfkörper (in der Abbildung nicht dargestellt) ist ein mit knapp faustgrossen Steinen, Lavabrocken oder Kunststoffelementen gefüllter Behälter. Auf diesen sitzen als sog. Biofilm Algen, Bakterien und andere Kleinstlebewesen in ähnlicher Zusammensetzung wie in einem Bach unmittelbar nach dem Einlauf von ungeklärtem Abwasser. Ueber dem Tropfkörper wird das mechanisch gereinigte Schmutzwasser mit einem Drehsprenger versprüht, wobei die durch die Luft fallenden Wassertropfen Sauerstoff aufnehmen. Das Schmutzwasser sickert sodann langsam zwischen den Steinen hinunter. Die auf den Steinen angesiedelten Mikroorganismen entziehen dem Abwasser Schmutzstoffe, nehmen sie in ihren Körper auf, bauen sie mit Sauerstoff ab und vermehren sich. Der Tropfkörper ahmt also auf kleinstem Raum und in beschleunigtem Verfahren die Vorgänge der Selbstreinigung fliessender Gewässer nach.

Das Belebtschlammverfahren. In einem Belüftungsbecken befindet sich eine braungraue Brühe, die durch Oberflächenbelüfter oder mittels Druckluft in ständiger Bewegung gehalten wird. Lässt man eine kleine Probe dieses Belebtschlammes auch nur einige Minuten in einem Glaszylinder stehen, flockt ein graubrauner Schlamm aus, und das darüberliegende Wasser wird klar. Die mikroskopische Untersuchung zeigt, dass dieser Schlamm sich aus einer Unzahl von Kleinstlebewesen zusammensetzt, wie Bakterien, Pilze, Einzeller (z.B. Glockentierchen) u.a. Diese Masse nennt man daher belebten Schlamm im Gegensatz zum Faulschlamm oder Klärschlamm. Alle diese Organismen verbrauchen in einer solchen Zusammenballung eine grosse Menge Sauerstoff, der ständig neu beschafft werden muss. Das kann durch Versprühen geschehen oder dadurch, dass Pressluft oder Sauerstoff von unten durch diese Brühe getrieben wird.
Die reinigenden Organismen müssen aber in der Anlage zurückgehalten werden, weshalb das Abwasser aus dem Belüftungsbecken oder Tropfkörperablauf in ein Nachklärbecken geleitet wird. Wie bei der mechanischen Klärung setzt sich hier im ruhigen Wasser der Schlamm - in diesem Fall der biologische Schlamm - in kurzer Zeit ab. Während das Abwasser so gereinigt dem Vorfluter (Bach, Fluss oder See) zufliesst, führt eine Pumpe beim Belebtschlammverfahren den sog. Rücklaufschlamm ins Belüftungsbecken zurück. Diese Grosskultur von Bakterien ist also in ständigem Umlauf. Wenn die Masse des belebten Schlammes zu gross wird, kann ein Teil davon als Ueberschussschlamm ins Vorklärbecken zurückgeleitet werden. Zusammen mit den sich dort setzenden groben Schmutzteilen gelangt dieser in den Faulturm und wird so endgültig aus dem Abwasser entfernt. Dadurch werden die im Körper dieser Mikroorganismen aufgenommenen Schmutzstoffe dem Abwasser entzogen.

Industrielle Aktivität Wirtschaftsklassen	Besonderheiten des Abwasseranfalls, der Abwasserkomponenten	Schwierigkeiten bei der Reinigung	Vorbehandlungsverfahren - zur Entfernung spez. Komponenten - zur Frachtreduktion	Abläufe der betriebseigenen Abwasserbehandlung
Nahrungs- und Futtermittel Getränke	Hohe Schmutzstoffkonzentrationen. Org. C gut abbaubar. Ausgeprägte Spitzenbelastungen. Oft einseitig zusammengesetztes Substrat. Anfall oft saisonabhängig.	Schwierigkeiten bei der Stapelung wegen rascher mikrobieller Zersetzung. Ultimative Reinigung im Betrieb kann Nährstoffzugabe erfordern.	Oft mechanische Reinigung notwendig. Aerobe Bedingungen bei der Stapelung durch Belüftung oder Tropfkörper. Frachtreduktion durch Eindampfen, Fermenter, hochbelastete Tropfkörper.	Ausgeglichene oder gesteuerte Ablaufmengen in kommunale ARA ist wirtschaftlich vorteilhaft. Industrie-Abläufe mit Ueberschuss an org. C verbessern N- und P-Elimination in ARA.
	Desinfektions- und Reinigungsmittel	Desinfektionsmittel oft an der kritischen Grenze.		
Textilindustrie	Chargenbetrieb. pH-Wert-Schwankungen. Kolloide Trübstoffe. Mässig bis schlecht abbaubarer org. C. Tenside. Farbstoffe. Faserpräparationen. Schlichten.	Entfernung der Farbstoffe sehr aufwendig. Schaumbildung bei Belüftung. Grosses Schlammproblem für Betriebe.	Mechanische Reinigung. Mengenausgleich. pH-Wert-Korrektur. Flockung durch Fällen von Hydroxyden mehrwertiger Metalle. ev. Spezialtropfkörper.	Bedingt geeignet für Einleitung in ARA. Nur ausgeglichene Abläufe einleiten. Erhöhen DOC-Werte im Ablauf der kommunalen ARA. Oft Schaumbildung und Farbe. Bei kritischer Ablaufqualität aus ARA ist Vorbehandlung der Textilabwässer notwendig.
	Chlorierte Kohlenwasserstoffe.	Abscheidung schwierig.	Aktivkohle-Filtration.	In Kanalisation.
Papierindustrie	Nach Inbetriebnahme innerer Wasserkreisläufe, extrem hohe Konzentrationen an org. Verunreinigungen.	Grosse Wassermengen. Hoher Gehalt an schwer eliminierbaren Schwebestoffen. Hoher Gehalt an nicht abbaubarem org. C. Schaumbildung möglich.	Flockungsanlagen. Klärtrichter. Aerobe, biologische Stufen. Zugabe von N- und P-Quellen erforderlich.	Nach Flockung und mech. Klärung geeignet zur Reinigung in komm. ARA. Für Ablaufqualität nach DOC kritisch.

Metallindustrie Maschinen, Apparate, Fahrzeuge Graphisches Gewerbe	Schwermetallsalze. Chromsäuresalze. Cyanide.	Toxisch. Komplexbildung.	Ionenaustausch. Entgiftung (Reduktion, Oxidation). Katalytische Oxidation (HCN). Fällung, Flockung, Entwässerung der Hydroxide.	Zusätzliche Reinigung nicht erforderlich.
	Emulgierte Fette und Oele, Tenside in stabilen Emulsionen.	Trennung der Phasen.	Dismulgierung mit chem. Zusätzen. Eindampfen. Ultrafiltration.	Nachreinigung erforderlich. In der Regel Einleitung in komm. ARA. Für Ablaufqualität nach DOC kritisch.
	In Waschflüssigkeiten.	Abscheidung der KW und Entfernung der Tenside.	Je nach Qualität Vorbehandlung notwendig, z.B. Fällen/Flocken, Entschäumen, Filtrieren.	Nachreinigung erforderlich.
	Chlorierte Kohlenwasserstoffe.	Abscheidung schwierig.	Abscheider. A-Kohle-Filtration.	In Kanalisation.
Chemische Industrie Organische Grundstoffe Organische Zwischenprodukte Pharm. Kosmetika Agrochemikalien Textilhilfsmittel Feinchemikalien Kunststoffe inkl. Synthesefasern Mineralölverarbeitung	Stark wechselnde Abwasserinhaltsstoffe. Nach org. C. vorwiegend Lösungsmittel: aromatische Kohlenwasserstoffe, Alkohole, Ester, Aldehyde, organische Säuren. Chlorierte Kohlenwasserstoffe. Mutterlaugen. Farbstoffe.	Biologischer Abbau. Org. C-Verbindung im Gemisch erschwert. Unausgeglichenes Substrat bezügl. C/N/P-Verhältnis. Toxische Komponenten. Geruchsbelästigung.	Strippen. Katalytisch oxidieren. Adsorbieren. Flocken. Ultrafiltrieren. Fermentieren. Eindampfen. Verbrennen. Immobilisieren. Chemisch oxidieren.	In betriebseigene ARA mit biologischer Stufe. Evtl. Reinigung der ARA-Abluft. Im Gemisch mit Kommunalabwasser in Kläranlage des Gemeinwesens. Nachbehandlung u.U. notwendig, z.B. A-Kohle oder Flockungsfiltration.

Tabelle 14.1

Eigenheiten industrieller Abwässer aus verschiedenen Wirtschaftszweigen und Möglichkeiten der Vorbehandlung. Nach Conrad, 1977.

Ionenaustauscher, Eluat- und Durchlaufentgiftungsanlagen sind weitere gebräuchliche Massnahmen.

Für die Erfassung und Auswertung der wichtigsten Reinigungstechniken im Bereich der Industrie- und Gewerbebetriebe fehlen heute die erforderlichen Angaben. Diese Lücke ist ein schwerwiegender Nachteil für die Beurteilung der Abwasserreinigung in der Schweiz.

In vielen Produktionsverfahren, etwa in der chemischen Industrie, werden Stoffe wie Lösungsmittel an Ort und Stelle zurückgewonnen und wiederverwendet. Die Optimierung der Verfahren richtet sich immer noch nach Kosten und Qualität der Produkte, wobei auch Energieverbrauch , Gewässerschutzvorschriften, Lufthygiene und Abfallbeseitigung als optimierende Faktoren berücksichtigt werden. Neuerdings kommen auch wirkliche Umweltschutzfaktoren zum tragen (wie etwa die Rückgewinnung von Abfallschwefelsäure oder von Quecksilberabfällen), welche nicht auf der wirtschaftlichen Seite der Produktion liegen. Solche Verfahren, echte Quellmassnahmen, sind der Oeffentlichkeit jedoch oft nicht zugänglich, weil eine Firma aus verständlichen Gründen der Konkurrenz nicht gerne Einsicht in ihre Forschungs- und Entwicklungs-Tätigkeit gewährt.

Gewerbliche Betriebe, welche schwerabbaubare Reinigungsmittel und Kohlenwasserstoffe verwenden, belasten die zentralen Kläranlagen erheblich. Namentlich die Abwässer des Maschinen- und Fahrzeugbaus, der Werkstätten von Verkehrsbetrieben und des Autogewerbes produzieren Abwässer, welche mit den üblichen Oelabscheidern zur Abtrennung nicht emulgierter Oele und Fette nicht zweckmässig zu reinigen sind.

Refraktäre Kohlenwasserstoffe und Schwermetalle müssen unbedingt noch aus dem unverdünnten Abwasser in betriebseigenen Anlagen entfernt werden.

Beeinträchtigungen der kommunalen Anlage, Betriebsstörungen und Anreicherung des Klärschlamms mit solchen Stoffen kommen letztlich teurer zu stehen als innerbetriebliche Anlagen, welche an der Quelle gezielt die entsprechenden Stoffe eliminieren. Die Erfahrung mit neueren Anlagen, auch Kleinanlagen, zeigen, dass diese Probleme mit diesen beiden Schadstoffklassen mit wirtschaftlich vertretbaren Mitteln gelöst werden können.

14.3 Einheitsverfahren

Die Bausteine der Verfahrenstechnik beruhen auf Prozessen, welche geeignet sind, bestimmte Stoffe und Stoffgruppen zu eliminieren oder in andere, weniger gewässerbelastende oder besser eliminierbare umzuwandeln. Im wesentlichen stehen folgende Möglichkeiten zur Verfügung (nach Boller, 1982):

Suspendierte Feststoffe abtrennen oder aufkonzentrieren: Rechen, Siebung, Sedimentation, Flotation, Eindickung, Filtration.

Gelöste oder feinkolloidale Stoffe überführen in Feststoffe: biologische Prozesse wie Belebtschlamm und Biofilmverfahren, Fällung, Flockung, Flockungsfiltration.

Gelöste Stoffe überführen in Gase: biologische und chemische Oxidation und Reduktion: z.B. Denitrifikation.

Gelöste Stoffe abtrennen oder aufkonzentrieren an semipermeablen Membranen: Umkehrosmose, Ultrafiltration, Elektrodialyse.

Gelöste Stoffe umwandeln in harmlosere gelöste Stoffe: biologische und chemische Oxidationen (Beispiel Nitrifikation) oder Reduktionen.

Gasförmige Stoffe eliminieren (oder eintragen): strippen (Begasung).

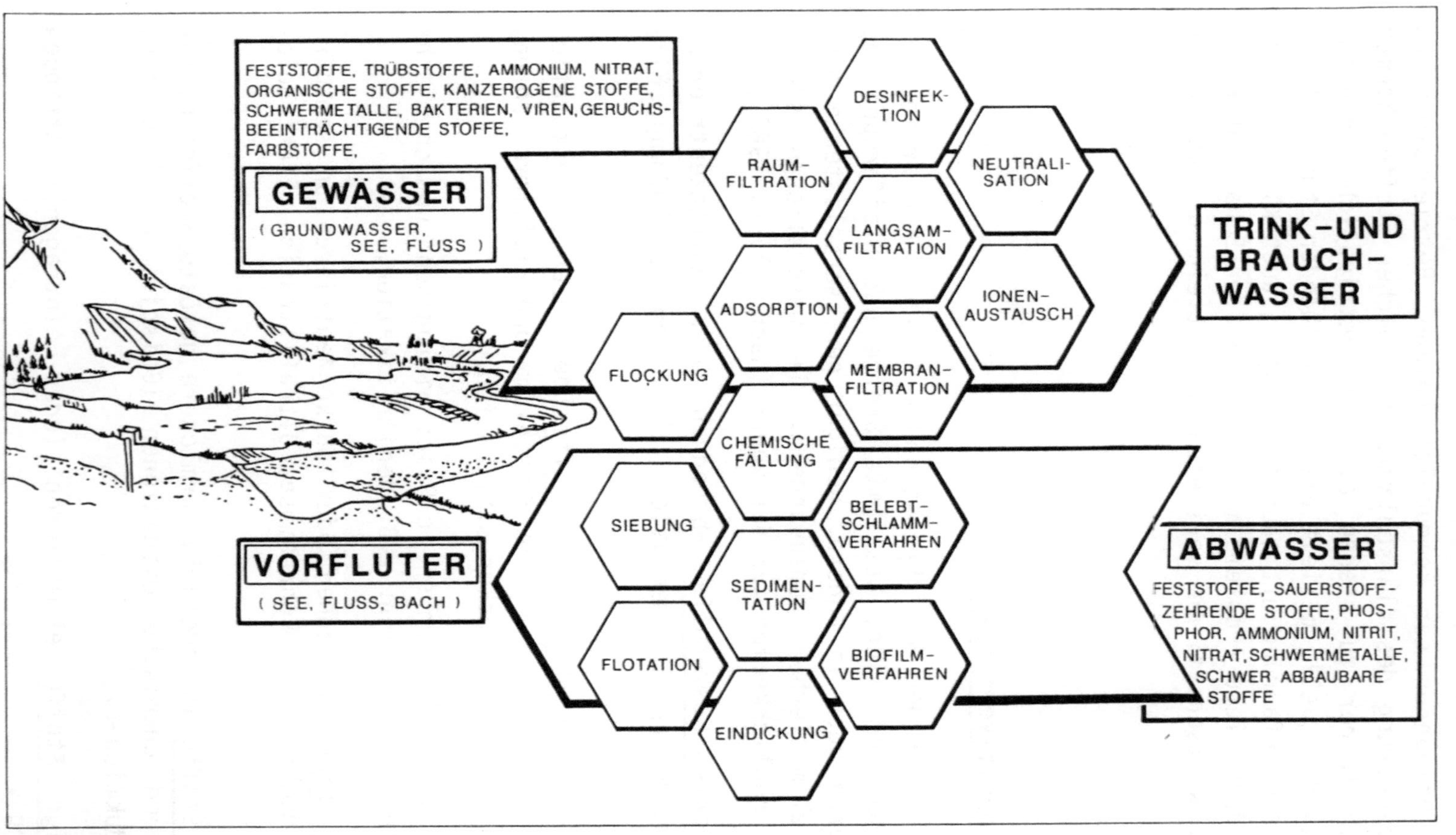

Abbildung 14.3

Bausteine der Verfahrenstechnik zur Abwasserreinigungs- und Trinkwasseraufbereitung. Durch verschiedene Prozesse und Verfahren sowie Kombination derselben können einzelne Stoffe oder Stoffgruppen gezielt aus dem Wasser entfernt oder in harmlose Stoffe umgewandelt werden. Nach "Wasser - Eine Dokumentation über Wasser und Gewässerschutz", Boller, 1983.

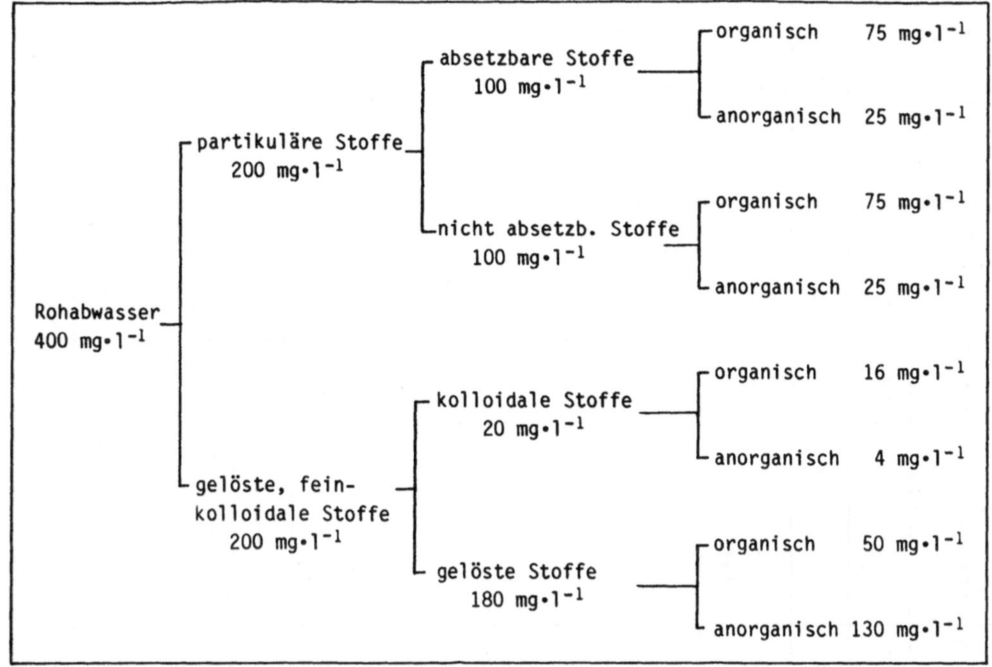

Tabelle 14.2

Zusammensetzung eines mittleren kommunalen Abwassers. Einteilung in partikuläre und gelöste Stoffe (Unterscheidung mittels Filtration durch ein 0.45 µm-Membranfilter) sowie in organische und anorganische Komponenten.
Nach Boller, 1982.

Betrachtet man die Zusammensetzung eines kommunalen Abwassers, unterschieden nach partikulären und gelösten Stoffen, wird sofort klar, dass die Entfernung fester Stoffe in der Praxis eine wichtige Rolle spielt. Für die Entfernung gelöster Stoffe wird meist der Weg über die Umwandlung in die Fest- oder Gasphase gewählt.

Tabelle 14.3 gibt eine qualitative Uebersicht der Einsatzbereiche und der Leistung der wichtigsten Verfahrensstufen bezüglich einiger Schadstoffparameter. Einige Prozesse wollen wir noch genauer betrachten, vor allem weil diese auch in natürlichen Gewässern wichtige Rollen spielen. Andere Prozesse haben wir schon in Kapitel 5.3 und Kapitel 10 erwähnt.

Prozess \ Wasserqualitäts-Parameter	Suspendierte Stoffe	Organische Belastung			Phosphor	Stickstoff			Schwer-Metalle	Pathogene Keime
		BSB_5	TOC	DOC	P_{tot}	org.N.	NH_4^+	NO_3^-		
Sedimentation + Flotation	++	+	+	o	+	+	o	o	+	+
Flockung + Sedimentation	+++	++	++	-/o	+	++	o	o	++	++
Fällung + Sedimentation					+++				+++	
Filtration (Sand, Antrazit)	+++	++	++	o	++	++	o	o	++	++
Mikrosiebe (23 µm)	++	+	+	o	+	+	o	o	+	o
Belebtschlammverfahren aerob	+++	+++	++	++	+	++	+++/o	---/o	++	++
anaerob	+	++	+	+	o	+	-	+++	o	+
Tropfkörper	++	++	+	+	+	+	o/+	-/o	+	+
Adsorption (Aktivkohle)		++		+++	o	++	o	+/o	++	--
Ionenaustausch				+	++	+	+++	+++	+++	o/-
Verschiedene Membran-Verfahren	+++	+++	+++	++	++	++	++	++	++	++
Gas-Austausch		o		+	o	o/+	+++	o	o	o
Chemische Oxidation O_3 Cl_2 ClO_2 Br_2				+	o	o/+	+++	o/--	++	+++
Biologische N-Elimination										
Nitrifikation						+	+++	---		
Denitrifikation							o	++		

+++ Hoher Wirkungsgrad   o Kein Effekt   --- Stoff wird gebildet

Aerobes Belebtschlammverfahren

Rufen wir nochmals das in Kapitel 10.6 Gesagte in Erinnerung: Mikroorganismen, vor allem Bakterien, können organische Stoffe (= Substrat S) abbauen, indem sie diese als Nährstoffe verwenden. Die einfachste Reaktionsgleichung der aeroben Respiration ist

$$\langle CH_2O \rangle + O_2 \rightarrow CO_2 + H_2O \quad (10.9)$$

Für mathematisch Interessierte wollen wir die Dynamik einer einfachen Belebtschlammanlage skizzieren: die Ausbeute y an entstehender Bakterienmasse (bzw. Bakterienkonzentration) B ist gekoppelt mit der Substrat(S)-Abnahme.

$$\text{Ausbeute } y = -\frac{dB}{dS} = \frac{\text{Bakterienmassenzunahme}}{\text{Substratmassenabnahme}} \quad (14.1)$$

Das exponentielle Wachstum der Bakterien (Abbildungen 14.4 a,b) kann ausgedrückt werden als

$$\frac{dB}{dt} = \mu B \; ; \; B = B_o \cdot e^{\mu t} \quad (14.2)$$

wobei μ die Wachstumsgeschwindigkeit und B_o die Bakterienmasse (pro Volumen) zum Zeitpunkt t = 0 ist. (Für die Verdoppelung der Schlammenge $B = 2B_o$ wird die Verdoppelungszeit t = 6,9 h, wenn man für $\mu = 0{,}1\ h^{-1}$ annimmt und in Gleichung 14.2 einsetzt: $\ln (2B_o/B_o) = \mu \cdot t$; $0{,}69 = 0{,}1 \cdot t$).

In einem grossen Bereich ist die Wachstumsgeschwindigkeit praktisch konstant (Abbildung 14.4 b). Für diese Vermehrungsgeschwindigkeit der Bakterien als Funktion der Nährstoffkonzentration fand Monod (1942) die empirische Gleichung

$$\mu = \mu_{max} \cdot \frac{S}{K_s + S} \quad (14.3)$$

Tabelle 14.3

Relative Wirksamkeit verschiedener Einheitsverfahren für Wasseraufbereitung und Abwasserreinigung. Nach Boller, 1982.

wobei S das begrenzende Substrat für die Organismenvermehrung ist. μ_{max} ist die maximale Vermehrungsgeschwindigkeit und K_s eine Konstante (Halbwertskonstante von S, Monod-Konstante, vgl. Abbildung 14.4c). Die Erfahrung zeigt, dass dieses Gesetz auch für Mischbiozönosen wie Belebtschlamm angewendet werden kann.

Die Geschwindigkeit der Entfernung des Substrates ergibt sich aus der Kombination der Gleichungen (14.1) und (14.2)

$$-\frac{dS}{dt} = \frac{\mu}{y} B \text{ oder } -\frac{dS}{dt} = \frac{\mu}{y} B_o e^{\mu t} \qquad (14.4)$$

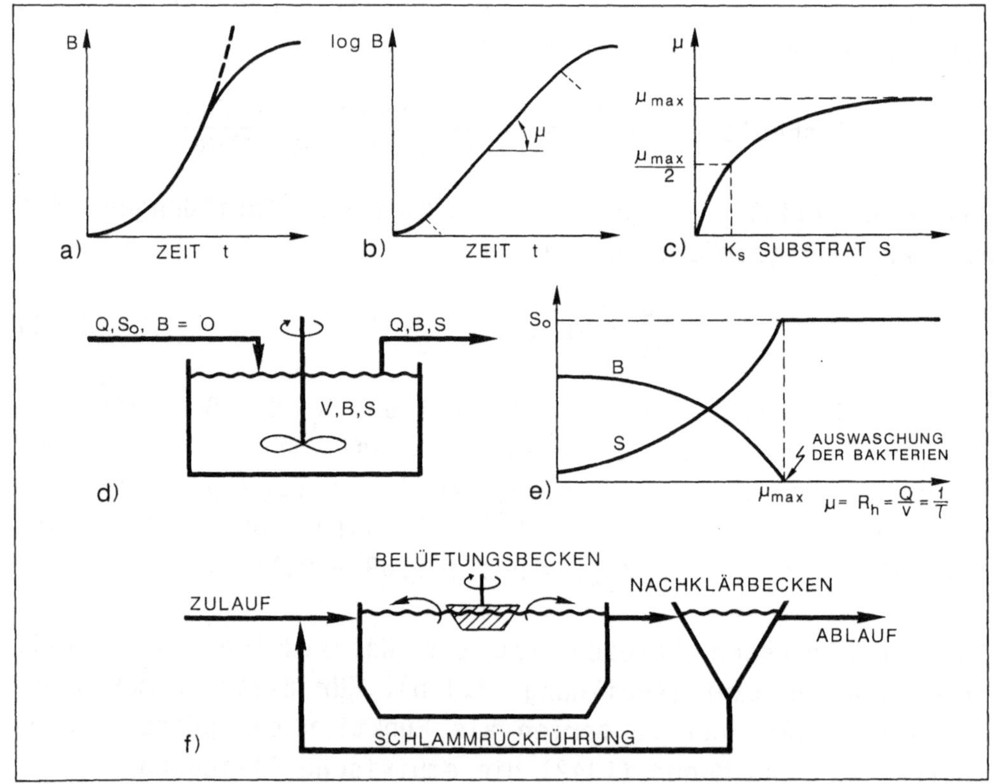

Abbildung 14.4

Dynamik des Belebtschlammverfahrens

a) Exponentielle Zunahme der Bakterienkonzentration B in Abhängigkeit der Zeit t
b) Bakterienkonzentration log B in Abhängigkeit der Zeit t
c) Einfluss der Substratkonzentration S auf die Wachstumsgeschwindigkeit μ
d) Ideal durchmischter Reaktor im Fliessgleichgewicht (steady state)
e) Zusammenhang zwischen Bakterienkonzentration B, Substratkonzentration S und Wachstumsgeschwindigkeit μ im ideal durchmischten Reaktor
f) Ueblicherweise wird der Belebtschlamm rezirkuliert

Die Substratentfernungsgeschwindigkeit, also die Reinigungsgeschwindigkeit, ist proportional zur Bakterien- bzw. Belebtschlamm-Konzentration.

Für einen einfachen, ideal durchmischten Reaktor (Abbildung 14.4 d) können wir folgende Parameter definieren: Q = Wasserzufuhr (Volumen$\cdot$Zeit^{-1}); V = Volumen des Reaktors; $Q/V = R_h = 1/\tau$ = Verdünnungsrate = hydraulische Raumbelastung R_h = reziproke mittlere Aufenthaltszeit τ. Die Biomassenbilanz lautet für den Stationärzustand

$$\begin{array}{lll} \text{Zufuhr} + \text{Wachstum} & = \text{Auswaschung der Bakterien} & \\ 0 \quad + \mu B & = B \cdot R_h & \\ \mu & = R_h = \frac{Q}{V} = \frac{1}{\tau} & \quad (14.5) \end{array}$$

Allein die Hydraulik der Belebtschlammanlage bestimmt die Wachstumsgeschwindigkeit der Bakterien.

Die Substratbilanz im Stationärzustand lautet somit

$$\begin{array}{ll} \text{Zufuhr} - \text{Verbrauch} & = \text{Auswaschung von Substrat} \\ R_h \cdot S_o - \frac{\mu}{y} B & = R_h \cdot S \quad (14.6) \end{array}$$

Aus den Gleichungen (14.5) und (14.6) folgt für die Ausbeute y

$$y = \frac{B}{S_o - S} \quad (14.7)$$

Das System ist nur verwendbar (d.h., ökonomisch tragbar) bei vernünftiger Grösse von R_h. Weil der "Verbrauch" proportional zu B, und B proportional zu (S_o-S) ist, muss S_o gross sein, um hohe Werte für μ, d.h. R_h zu bekommen. S soll natürlich immer klein sein.

Ein solcher Reaktor wird praktisch nur für die Vorreinigung konzentrierter Industrieabwässer mit guter Abbaubarkeit der

Inhaltsstoffe bei nachheriger Einleitung ohne Nachklärung in eine kommunale Anlage verwendet. In einer ARA wird der Belebtschlamm rezirkuliert (Abbildung 14.4 f), doch verzichten wir hier auf die mathematische Behandlung.

In Fliessgewässern ist die Selbstreinigungsgeschwindigkeit ebenfalls proportional zur vorhandenen Biomasse B und zur Eliminationsfähigkeit (μ/y) dieser Biomasse für die abfliessenden Verunreinigungsstoffe. Gleichung (14.4) gilt somit auch für Fliessgewässer.

Fällungsprozesse

Zur Entfernung von gelösten ionischen Stoffen wird das zu behandelnde Wasser durch Zugabe von Fällungsmitteln, pH-Aenderung, Temperaturveränderung etc. bezüglich der zu eliminierenden Salze übersättigt. Die schwerlöslichen Salze können auskristallisieren und als Feststoffe aus dem Wasser entfernt werden.

Zur Anwendung gelangt vor allem die Phosphatfällung aus kommunalem Abwasser mittels Eisen- oder Aluminiumsalzen. Aus industriellen Abwässern kommt das Ausfällen von Schwermetallen wie Pb^{2+}, Zn^{2+}, Cu^{2+} etc. in Frage. Für die Trinkwasseraufbereitung kann man Eisen und Mangan, aber auch Calcium und Magnesium auf diese Art entfernen.

Fällungsreaktionen sind sehr komplizierte Prozesse. Für die technische Anwendung müssen viele Faktoren bekannt sein:

- Die stöchiometrischen Gleichungen wie z.B.

$$HPO_4^{2-} + Fe^{3+} \longrightarrow FePO_{4(fest)} + H^+ \qquad (14.8)$$
(Fällungsmittel: Eisenchlorid)

$$Ca^{2+} + 2HCO_3^- + CaO + H_2O \longrightarrow 2CaCO_{3(fest)} + 2H_2O \qquad (14.9)$$
(Fällungsmittel: "Kalkmilch")

$$Fe^{2+} + 1/4\ O_2 + 2\tfrac{1}{2}\ H_2O \longrightarrow \text{"}Fe(OH)_3\text{"}_{(fest)} + 2H^+ \qquad (14.10)$$
(Fällungsmittel: Oxidationsmittel)

- Die Löslichkeit der Produkte in Abhängigkeit von Variablen wie Temperatur, pH, Ueberschuss an Fällungsmittel.

- Kinetische Angaben, d.h. Kenntnisse über die Geschwindigkeit der verschiedenen Prozesse, die zur Ausfällung führen. Insbesondere ist es wichtig, den langsamsten, d.h. den geschwindigkeitsbestimmenden Schritt zu kennen. Bei der Enteisenung (Gleichung 14.10) etwa verläuft die Oxidation von Fe^{2+} zu Fe^{3+} viel langsamer als die nachfolgende Ausfällung von Eisenhydroxid.

Je nach Salz kann eine übersättigte Lösung labil sein und spontan Keime bilden (Nukleierung), die dann nach weiterem Wachstum zu Kristallen werden. Sie kann aber auch metastabil sein und trotz zehn bis huntertfacher Uebersättigung keine Keime bilden. Im letzteren Fall kann die Kristallbildung durch Impfen mit Kristallen, aber auch auf kristallfremden Teilchen (Tonpartikel, Algen) erfolgen. Für jedes Fällungsprodukt sollten die Art der Fällungsprozesse und deren Geschwindigkeitsgesetze bekannt sein.

- Zur Entfernung sind besonders die Eigenschaften der gebildeten Fällungsprodukte in Abhängigkeit von den Fällungsbedingungen wichtig.

Falls die entstandenen Fällungsprodukte kolloidal sind (kleine Durchmesser der Kristalle, elektrisch geladen), dann setzen sie sich nicht ab und müssen mit Hilfe von Flockung und/oder Filtration aus dem Wasser entfernt werden.

Am Beispiel der Phosphatfällung wollen wir diese Faktoren noch etwas eingehender erläutern: Abwasser enthält Phosphor (P) in verschiedenen Fraktionen (Abbildung 8.8), vor allem organisch gebundenen P, Polyphosphat als Bestandteil der Wasch- und Abwaschmittel (z.B. $Na_5P_3O_{10}$) und Orthophosphat (H_3PO_4, $H_2PO_4^-$, HPO_4^{2-}, PO_4^{3-}, je nach pH-Wert des Wassers). Sowohl organisch gebundener Phosphor wie auch Polyphosphate können durch Mikroorganismen zu Orthophosphat mineralisiert und hydrolisiert werden. Je intensiver die biologische Abwasserreinigung ist, desto grösser wird der Orthophosphatanteil der Gesamtphosphorkonzentration sein.

Die Zusammensetzung und die Vorgeschichte eines Abwassers spielen eine grosse Rolle beim Erfolg der Phosphorelimination. Ueber die Eliminationsmechanismen für die einzelnen P-Fraktionen ist heute nur wenig bekannt, je nach Wasserqualität müssen daher Pilotversuche durchgeführt werden.

Phosphat kann als $FePO_4$, $AlPO_4$ und Apatit [$Ca_5(PO_4)_3OH$] ausgefällt werden. Unter speziellen Bedingungen (Abwesenheit von Sauerstoff) kann sich auch $Fe_3(PO_4)_2$ bilden (2-wertiges Eisen). $FePO_4$ und $AlPO_4$ fallen im pH-Bereich 3 bis 7 aus, Apatit ist das hauptsächlich gebildete Fällungsprodukt bei pH-Werten über 7, falls genügend Ca^{2+} beigegeben wird.

Technisch werden dreiwertiges Eisen [Fe^{3+}, $FeCl_3$, $Fe_2(SO_4)_3$], Aluminiumsulfat [$Al_2(SO_4)_3 \cdot 18\ H_2O$], Kalkmilch [$Ca(OH)_2$] und neuerdings auch 2-wertiges Eisen [Fe^{2+}, $FeSO_4$] als Fällungsmittel verwendet.

In Abbildung 14.5 sind ein paar mögliche Fällungsreaktionen angegeben. Bei der Ausfällung von $AlPO_4$, $Fe_3(PO_4)_2$ und von $FePO_4$ ist die Fällung schnell, hingegen ist die Flockung der gebildeten Phosphatteilchen langsam, d.h. geschwindigkeitsbestimmend. Anders bei der Fällung des Apatits: Die Fällung, d.h. die Keimbildung (Nukleierung) und das Kristallwachstum sind äusserst langsam; demnach muss bei der Ca-Fällung ein Teil des ausgefällten Phosphats aus dem Absetzbecken in den Reaktionsraum zurückgeführt werden.

Die Fällung mit Fe^{3+} und Al^{3+} kann entweder als Vorfällung (vor dem belüfteten Belebungsbecken), Simultanfällung (Fällung im Belebungsbecken) oder als Nachfällung durchgeführt werden.

In neuester Zeit hat sich die Kombination Simultanfällung plus Flockungsfiltration bestens bewährt; dabei werden die eher kolloidal anfallenden und sich schlecht absetzenden Phosphatniederschläge durch Flockungsfiltration entfernt. Vorgängig der Zugabe zum Sandfilter werden kleine Dosen von

Flockungsmittel (Polyelektrolyte oder Fe^{3+}- oder Al^{3+}-Salze) zugegeben, um die suspendierten Stoffe besser am Filterkorn haftbar zu machen.

In natürlichen Gewässern werden kristalline Ausscheidungen immer an Fremdteilchen begonnen (heterogene Nukleierung). Aber auch hier ist die Grundbedingung für die Keimbildung und das Kristallwachstum eine Uebersättigung.

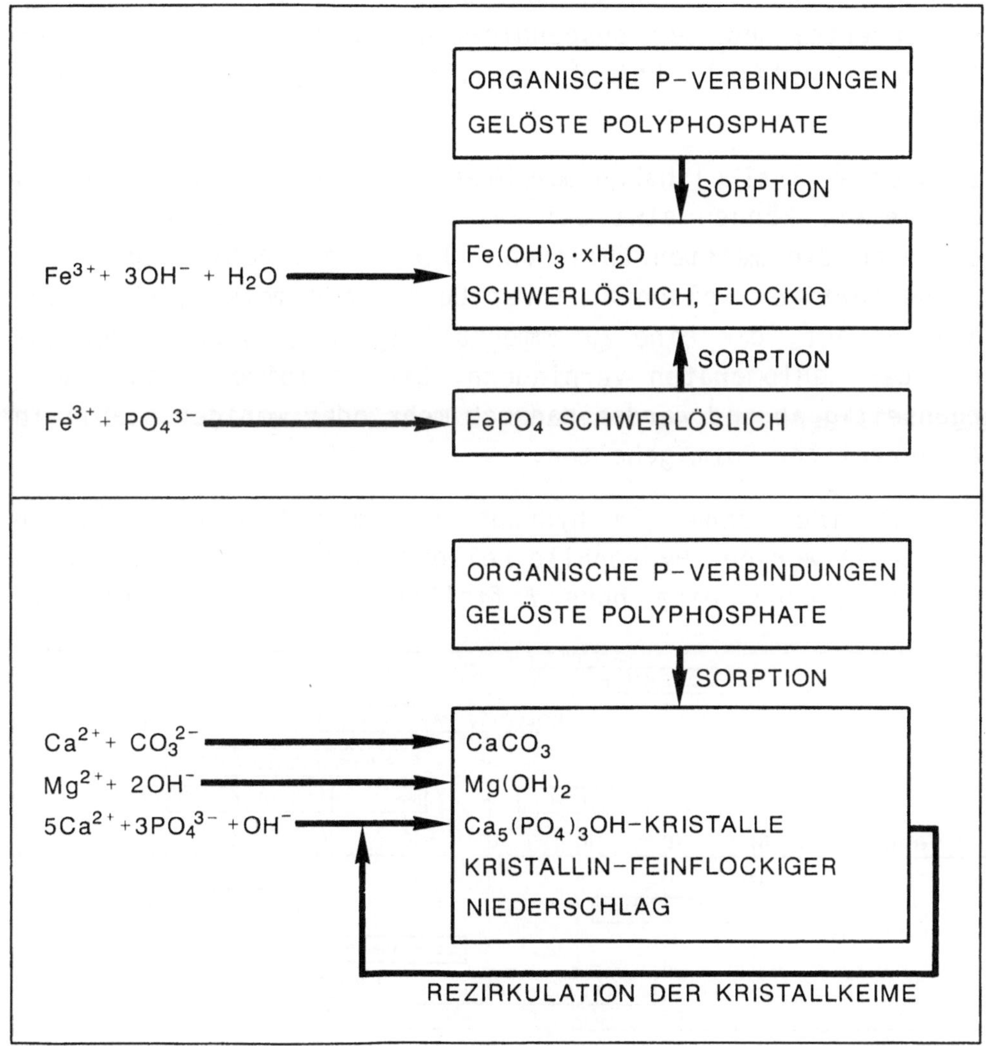

Abbildung 14.5

Einige Fällungs- und Flockungsreaktionen zur Entfernung von Phosphat.

Koagulation (Flockung)

(Den Hauptteil dieses und Teile des nächsten Kapitels haben wir aus Boller, Grundlagen der Wassertechnologie, 1982, entnommen.)

Unter dem Begriff Koagulation oder Flockung wird die Zusammenballung von kolloidalen Partikeln in einer Dispersion zu grösseren Agglomeraten verstanden. Durch die Flockung werden demgemäss kleinere Partikel zu grösseren aggregiert. Die Flockung nimmt dadurch entscheidend Einfluss auf die Korngrössenverteilung der suspendierten Stoffe, indem die Zahl kleinerer Partikel abnimmt und diejenige grösserer Partikel zunimmt.

Kolloidale Partikel haben Durchmesser im Bereich von 10^{-8} bis 10^{-5} Meter, können etwa bei Fällungsprozessen entstehen und passieren die meisten üblichen Filter (vgl. Abbildung 14.6). Solche Partikel weisen an ihrer Oberfläche meist elektrische Ladungen auf, die eine Zusammenballung zu grösseren Aggregaten oder Agglomeraten verhindern. Die Kolloide stossen sich gegenseitig ab und werden dadurch mehr oder weniger stabil in feinverteilter Form gehalten.

Die Kolloide können in hydrophile und hydrophobe Teilchen eingeteilt werden. Hydrophile Kolloide weisen im Gegensatz zu den hydrophoben eine hohe Affinität gegenüber Wasser auf.

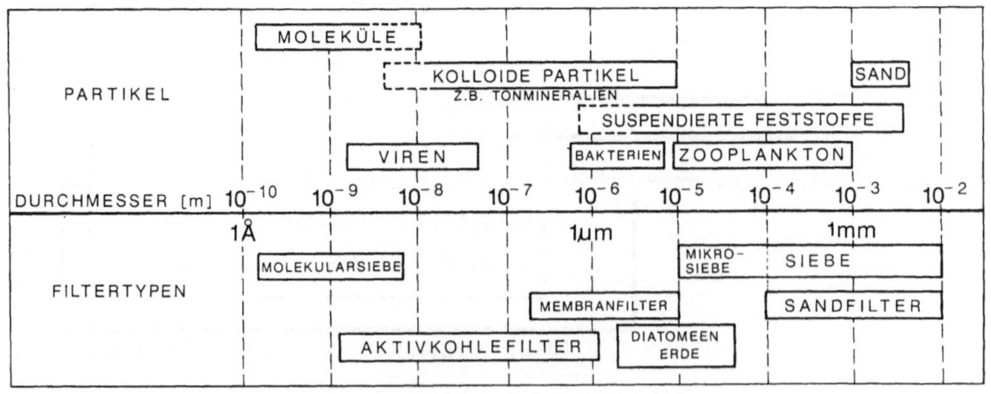

Abbildung 14.6

Grössenordnungen der in Wasser anzutreffenden Partikel und wirksamen Filtertypen.

Typisch hydrophile Kolloide sind Gelatine, synthetische Detergentien, Seifen, Proteine; hydrophobe Kolloide sind z.B. Silberhalogenide. Die Grenzen zwischen diesen sind nicht scharf, hydrolisierte Metalloxide beispielsweise nehmen eine Mittelstellung ein. Hydrophobe Kolloide werden über kurz oder lang zu Flocken aggregieren. Sie sind im Gegensatz zu hydrophilen Kolloiden thermodynamisch nicht stabil.

Die meisten der in natürlichen Gewässern und im Abwasser auftretenden suspendierten Stoffe sind im typischen pH-Bereich negativ geladen. Als Ursache der Oberflächenladung kommt die Aufnahme von Protonen (H^+) und Hydroxidionen (OH^-) an der Oberfläche von unlöslichen Oxiden (Silikate, Aluminium-, Eisenoxide) in Frage. Auch Fehlstellen im Kristallgitter, welche durch andere Atome ersetzt worden sind, sowie die Adsorption organischer Stoffe wie Huminsäuren oder Detergention an der Oberfläche bestimmen die Ladung. Letzteres ist die Hauptursache für die in natürlichen Gewässern normalerweise beobachtete negative Oberflächenladung.

In der nächsten Umgebung der Festkörperoberfläche bildet sich in der Lösungsphase eine Schicht, in welcher die in der Lösung sich befindenden Ionen mit entgegengesetzter Ladung im Ueberschuss vorhanden sind. Dadurch wird die Oberflächenladung des Festkörpers kompensiert. Die Partikelladung und die Gegenladung der Lösung formieren sich zu einer elektrischen Doppelschicht, die an allen Grenzflächen in natürlichem Wasser existiert. Zum Verständnis der Kolloidstabilität interessiert vor allem die Verteilung der Gegenladung in der Lösungsphase.

Die Flockung kann als Resultat zweier Mechanismen angesehen werden: der Entstabilisierungsvorgang, der die Aggregation der sich treffenden Partikel ermöglicht, und der Transportschritt, der die Partikel in gegenseitigen Kontakt bringt.

Während der Transport der Partikel zueinander vorwiegend durch physikalische Parameter wie Partikelgrösse, Partikelkonzentration und Strömungsverhältnisse im umgebenden Medium bestimmt wird, ist die Entstabilisierung abhängig von der Kolloid- und Grenzflächenchemie der Feststoffe. Zusammenfassend sind die Mechanismen in der Abbildung 14.7 zusammengestellt.

In der Abwasserreinigung (und der Trinkwasseraufbereitung) geschieht die Entstabilisierung meist mit Al^{3+}- oder Fe^{3+}-Salzen und den als Flockungshilfsmitteln bekannten Polyelektrolyten. Die Wirkung beruht entweder auf der Verminderung der elektrischen Doppelschichtdicke durch Zugabe von Elektrolyten wie $CaCl_2$, $AlCl_3$ oder auf der Adsorption und Ladungsneutralisation durch Zugabe von organischen Polymeren, welche eine Ladung tragen. Metallionen wie Fe^{3+} und Al^{3+} bilden in gewissen pH-Bereichen hydrolisierte Polymere mit positiver Ladung, welche analoges Verhalten zeigen. Wichtige Faktoren bei der Entstabilisierung sind die Dosiermengen und der pH-Wert.

Der Transportschritt verläuft oft langsamer als der Entstabilisierungsschritt. Somit bestimmt der physikalische Vorgang des Partikeltransportes die Geschwindigkeit des Koagulationsverlaufes, während chemische Faktoren die Wirksamkeit des Transportschrittes resp. die Agglomeration der Partikel beeinflussen.

Abbildung 14.7

Transportvorgänge und Entstabilisierungsmechanismen bei der Flockung.

a) Perkinetische Flockung, Transport durch Brownsche Bewegung
b) Orthokinetische Flockung im Scherströmungsfeld
c) Flockung durch unterschiedliche Sedimentationsgeschwindigkeit
d) Stabile Dispersion durch elektrostatische Abstossung
e) Kompression der elektrischen Doppelschicht durch Zugabe von Elektrolyten
f) Verminderung der Oberflächenladung durch Adsorption von Gegenionen oder chemischer Reaktion
g) Flockung durch Bildung von molekularen Brücken mittels Makromolekülen und Polyelektrolyten
h) Einschliessen und Mitreissen kolloidaler Teilchen in voluminösen, gelartigen Fällungsprodukten

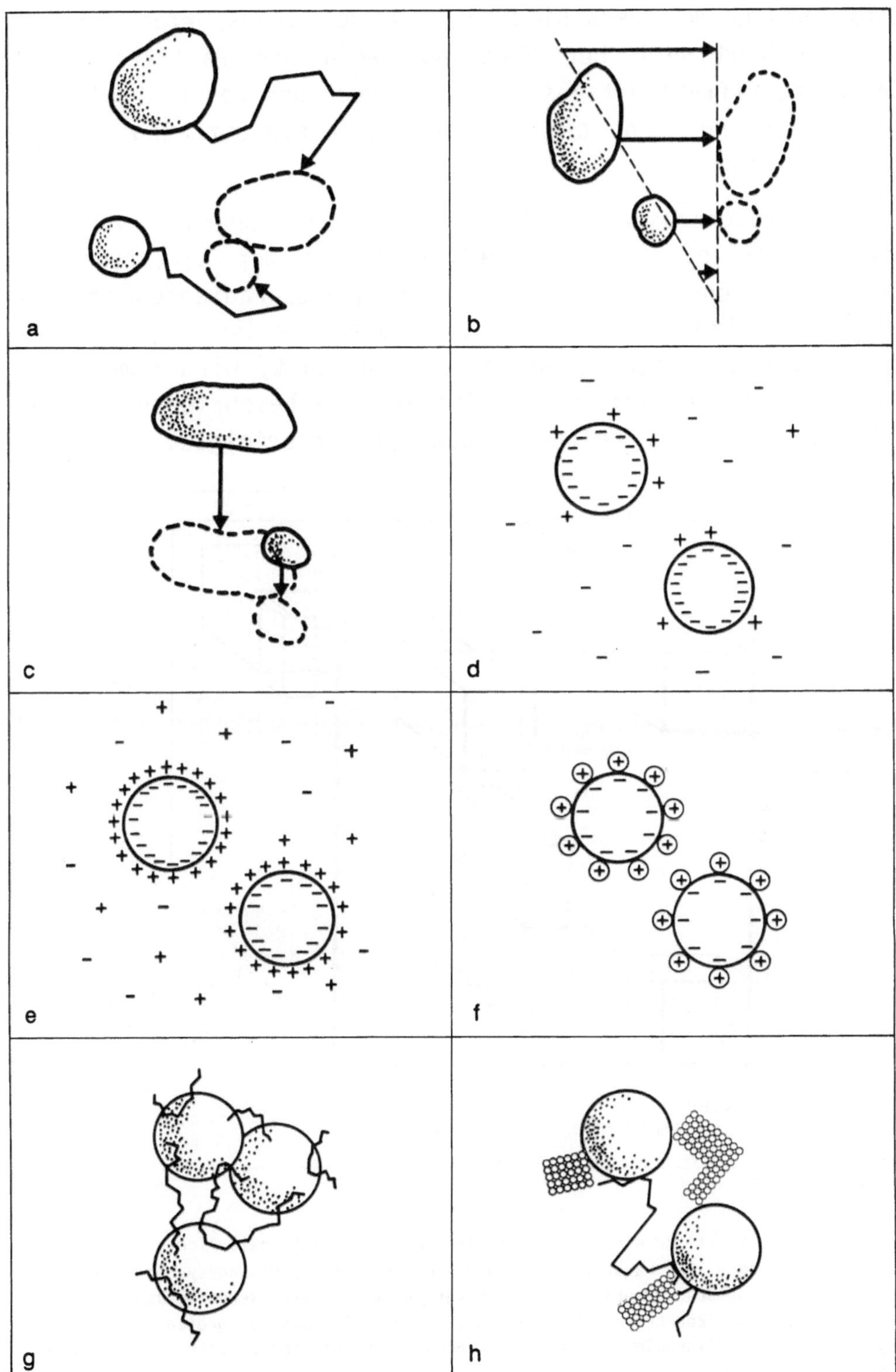
a
b
c
d
e
f
g
h

Entsprechend der verschiedenen Art des Transportes spricht man von perkinetischer Flockung, wenn die Partikel durch Brownsche Diffusion transportiert werden und von orthokinetischer Flockung, wenn die Kolloide durch ein Strömungsgefälle bewegt werden.

Die Kollisionsgeschwindigkeit ist stark abhängig von der Anzahl Partikel, der Partikelgrösse und der Agitation des Wassers, welche durch den Geschwindigkeitsgradienten charakterisiert wird. Der Erfolg der Zusammenstösse (Agglomeration), der von chemischen Faktoren abhängt, wird summarisch durch den Kollisionswirksamkeitsfaktor α beschrieben. Dieser Parameter gibt an, welcher Bruchteil der erfolgten Kollisio-

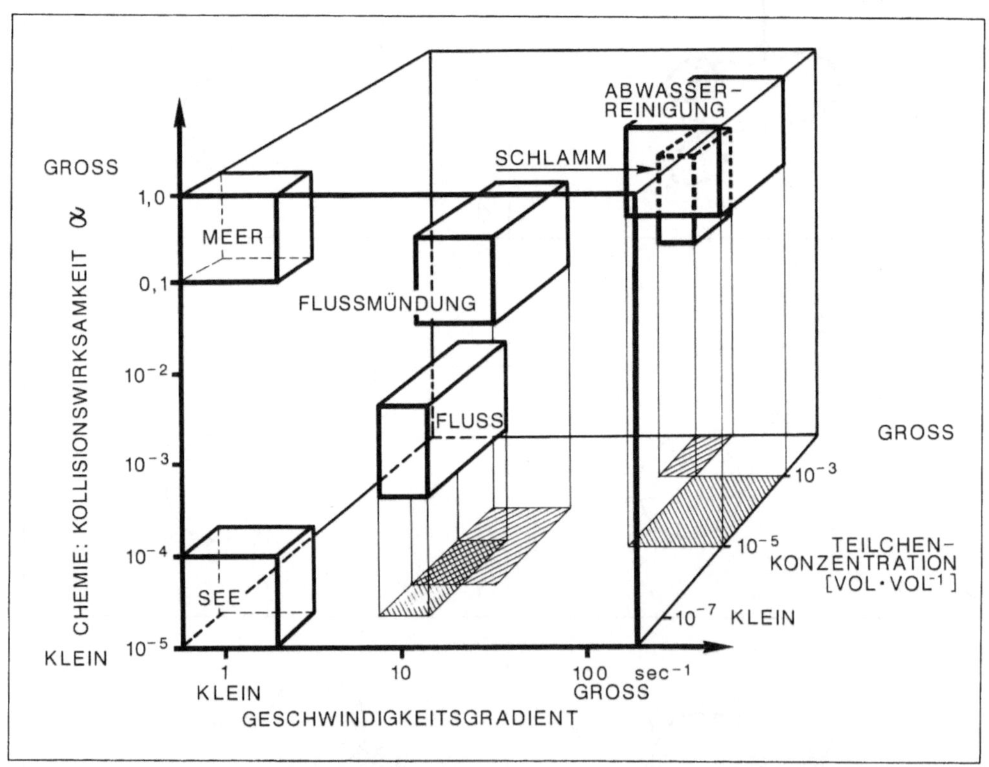

Abbildung 14.8

Die wichtigsten kinetisch wirksamen Variablen der Flockung in natürlichen und in Reinigungs-Systemen. Bei Wasseraufbereitungs- und Abwasserreinigungssystemen kann die Koagulation - gegenüber natürlichen Süsswassersystemen - durch Verbesserung der Kollisionswirksamkeit (Zugabe von Chemikalien), durch Wahl eines geeigneten Geschwindigkeitsgradienten (Turbulenz) und durch Erhöhung der Teilchenkonzentration beschleunigt werden.

nen zu einer Zusammenballung geführt hat ($\alpha = 10^{-2}$ bedeutet: einer von hundert Zusammenstössen ist erfolgreich).

In Abbildung 14.8 sind diese Variablen für einige Gewässertypen und für Abwasser angegeben.

Die Klärung durch Flockung von Abwasser und natürlichen Gewässern gehört zu den wichtigsten Reinigungsprozessen. Viele Trüb- und Schadstoffe wie etwa Schwermetalle können so durch Koagulation und Sedimentation den Seen und Flüssen entzogen werden.

Filtration

Es gibt verschiedene Arten der Filtration. Im folgenden ist nur die Rede von der Raumfiltration, bei der eine Suspension eine räumliche Matrix von Filtermaterial passiert und dabei die ungelösten Stoffe im Filterporenraum zurücklässt.

Wie beim Flockungsprozess können wir auch bei der Raumfiltration zwischen Transport- und Entstabilisierungs- resp. Anlagerungsschritt unterscheiden. Der Transportschritt bringt die im Wasser vorhandenen Teilchen in Kontakt mit dem Filterkorn oder dem bereits auf dem Filterkorn abgelagerten Material. Die Anlagerung führt zum Anhaften der Teilchen am Filterkorn oder am bereits anhaftenden Material.

Beim Anlagerungsschritt geht es wie bei der Flockung darum, die im Wasser vorhandenen Partikel so vorzubereiten, dass sie besser haftfähig werden. Die Ueberlegungen, die zur Entstabilisierung beim Flockungsprozess gemacht wurden, können sinngemäss auf die Filtration übertragen werden. Die Mechanismen der Entstabilisierung bleiben dieselben: Kompression der elektrischen Doppelschicht, Adsorptionskoagulation durch Metallhydroxide, Brückenbildung und Mitfällung.

Wie bei der Flockung können die Partikel durch Zugabe von Flockungsmittel vorgängig der Filtrationsphase besser haftfähig gemacht werden. Das Verfahren wird deshalb Flockungsfiltration genannt.

Der Partikeltransport zur Oberfläche des Filterkorns wird von einer Reihe wiederum physikalischer Parameter beeinflusst, wie Filtermaterial, Korngrösse, Porosität, Filterbettiefe, Filtergeschwindigkeit und Viskosität. Ueberdies spielen Konzentrationen, Grösse und Dichte der zu entfernenden Feststoffe eine Rolle. Wie bereits bei der Flockung sind auch für die Filtration verschiedene kinetische Ansätze gemacht worden, die den Transportschritt der Partikel beschreiben.

Der Kollisionswirksamkeitsfaktor α kann auch zur quantitativen Charakterisierung des Erfolges der Kollision zwischen suspendierten Teilchen und Filterkorn (Haftbarkeit) verwendet werden. In beiden Prozessen müssen durch Transportvorgänge die Teilchen zueinander oder an die Filterkörner transportiert werden. Dementsprechend hängt die Wirksamkeit der Flokkung und Filtration einerseits von der Kontakthäufigkeit der Partikel (beeinflusst von Energieeintrag, Aufenthaltszeit und Partikelkonzentration), anderseits von der Kollisionseffizienz (vor allem beeinflusst durch kolloidchemische Faktoren) ab.

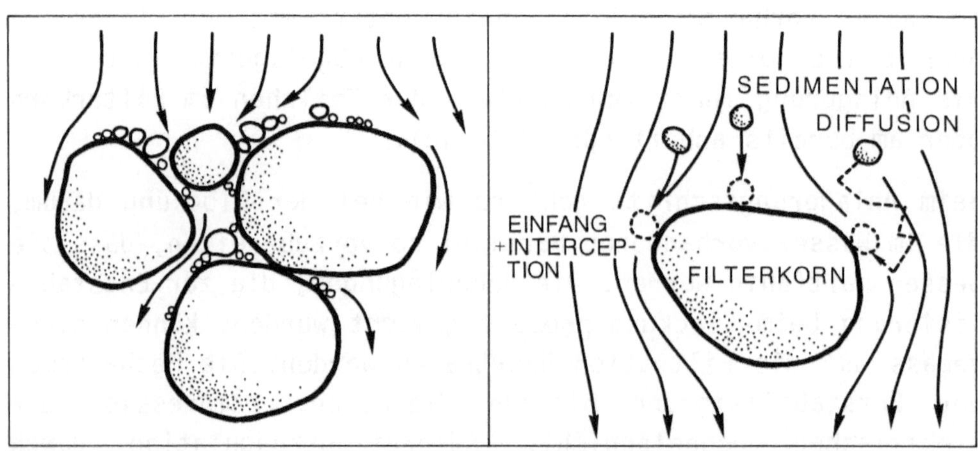

Abbildung 14.9

Die Transportschritte bei der Filtration sind die Sedimentation, die Diffusion und der Einfang durch Porenströmung, Massenträgheit oder durch hydrodynamische Kräfte. Nach Boller, 1982.

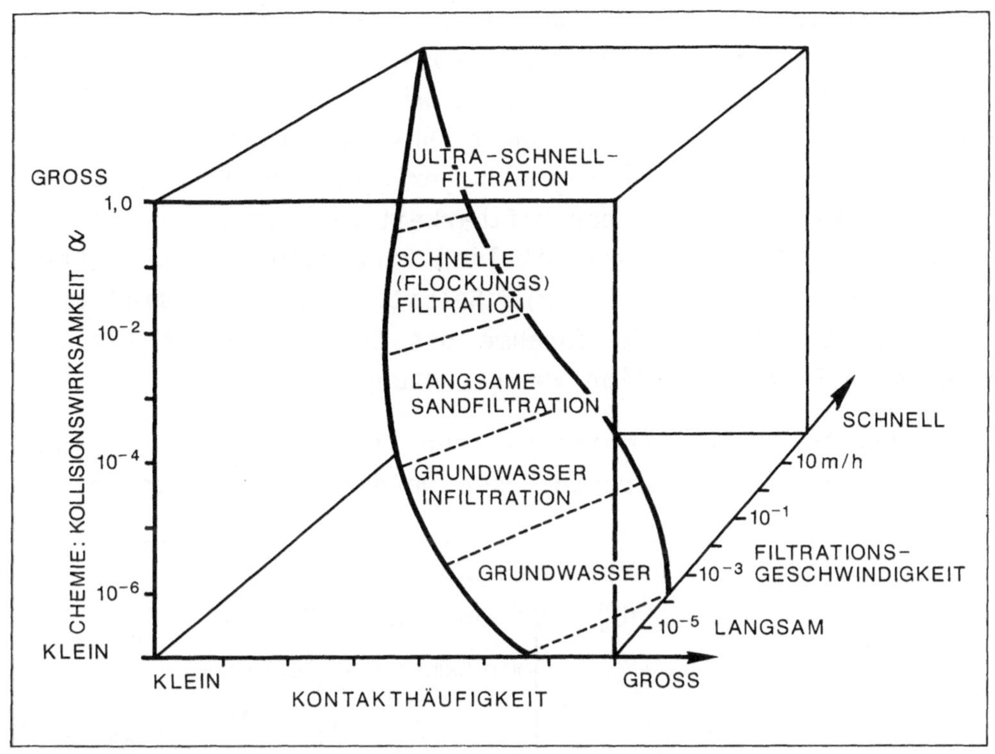

Abbildung 14.10

Die wichtigsten kinetisch wirksamen Variablen bei der Filtration in natürlichen und in Reinigungs-Systemen. Die Filtrationswirksamkeit (Produkt von Kontakthäufigkeit und Kollisionswirksamkeit) ist bei natürlichen und technischen Systemen von ähnlicher Grösse.

Abbildung 14.10 illustriert die wichtigsten, die Filtration beeinflussenden Variablen, wie sie in natürlichen und in Aufbereitungs- und Reinigungssystemen auftreten. Mit dieser Abbildung soll auch illustriert werden, dass die Filtration ein wichtiger Naturprozess ist. Wenn man natürliche Filtrationsprozesse, z.B. die Filtration beim Grundwassertransport im Grundwasserträger oder bei der Grundwasserinfiltration, mit den Langsam- oder Schnellfiltern bei technischen Filterverfahren vergleicht, stellt man fest, dass trotz verschiedenster Filtrationsgeschwindigkeiten eine ähnliche Filtrationswirksamkeit (konstantes Produkt von Kontakthäufigkeit und Kollisionswirksamkeit) bei natürlichen und technischen Systemen aufrechterhalten wird. Bei den technischen Systemen ist die Kontakthäufigkeit wesentlich kleiner und die Filtrationsgeschwindigkeit sehr viel grösser als bei natürlichen Systemen. Um trotzdem die gleiche Wirksamkeit der Teilchenelimination in einem schnellen technischen Filter zu erzielen, müssen die dort vorliegenden geringen Kontaktmöglichkeiten durch eine Erhöhung der Haftbarkeit mittels Zugabe geeigneter Entstabilisierungschemikalien kompensiert werden (Kontaktfilter = Flockungsfilter). Selbstverständlich sind noch andere Faktoren wie die Zunahme des Druckverlustes für die praktische Filteroperation von Bedeutung.

Die optimale Prozesskombination zur Teilchenentfernung kann aus Abbildung 14.11 herausgelesen werden. Der am besten ge-

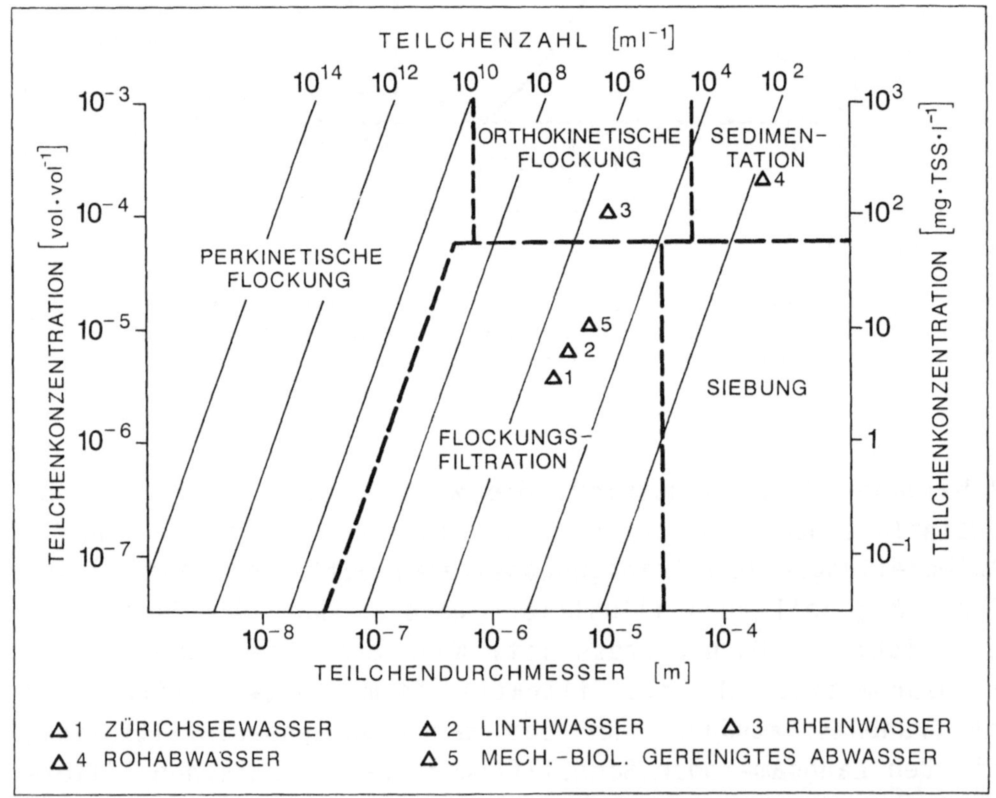

Abbildung 14.11

Bereiche für den optimalen Einsatz verschiedener Verfahren zur Teilchenentfernung.

Das am besten geeignete Verfahren hängt vor allem von der Konzentration der suspendierten Feststoffe, der Anzahl und dem Durchmesser der Teilchen ab.
Nach Boller, 1976.

eignete Teilchenentfernungsprozess hängt ab von der Konzentration der suspendierten Feststoffe, der Konzentration der Teilchen (Anzahl Partikel pro Kubikzentimeter) und dem Durchmesser der Teilchen. Suspendierte Teilchen grossen Durchmessers ($d > 30 \cdot 10^{-6}$ m) lassen sich - in Uebereinstimmung mit dem Stokes'schen Gesetz - leicht durch Sedimentation entfernen; bei kleiner Konzentration können diese Teilchen auch durch Mikrosiebe entfernt werden. Koagulation und anschliessende Sedimentation sind nur dann erfolgreich, wenn die Teilchenkonzentration genügend gross ist, um genügend hohe Kontaktmöglichkeiten zu gestatten. Die Teilchen, die beispielsweise bei der Fällung mit Fe^{3+} anfallen, sind häufig elektrisch geladen; dementsprechend sind diese oft kolloidal ($d = 10^{-1} - 10^{1}$ μm). Die Konzentration an suspendierter Masse und die Anzahl Teilchen (insbesondere bei der Fällung von Oberflächenwasser) sind sehr gering. Unter diesen Bedingungen können diese Fällungsprodukte am wirkungsvollsten durch Flokkungsfiltration oder Flockenfiltration abgetrennt werden, wobei die Entstabilisierung der ausgefällten Teilchen durch sorgfältige Dosierung von Fällungsmitteln erreicht werden kann.

14.4 Kombination von Einheitsverfahren

In der Studie "Gewässerschutz 2000" der EAWAG wurde von Boller (1977) eine Zusammenstellung der Reinigungsleistungen von Verfahrenstechniken bezüglich relevanter Schmutzstoffparameter publiziert. Wir entnehmen daraus Passagen aus dem Kapitel "Frachtreduktionen von kommunalem Abwasser durch Kombination von Einheitsverfahren", welche wir für unsere Zwecke zum Teil etwas modifiziert haben. Die damals veröffentlichten Zahlen haben sich in der Zwischenzeit auch in Grossanlagen bestätigt, einzig der Wirkungsgrad für die Elimination von Phosphor mittels Flockungsfiltration wurde von 96% auf 98% verbessert:

Elimination ungelöster Stoffe

Eine Uebersicht über die Wirkung gebräuchlicher Reinigungsverfahren bezüglich der Entfernung ungelöster Stoffe aus einem typischen kommunalen Rohabwasser ist in Abbildung 14.12 dargestellt.

Die Konzentrationen der als ungelöst definierten Feststoffmasse im Rohabwasser liegen im Bereich von 200 bis 400 Milligramm Schwebestoffen (SS) pro Liter (0,45 µm membran-filtriert). Davon entfallen etwa 200 Milligramm SS pro Liter auf die absetzbaren Stoffe. In der mechanischen Reinigung (Vorklärung) werden die absetzbaren Stoffe durch Sedimentation abgetrennt. Durch Flockungs-Chemikalien kann die Vorklärung

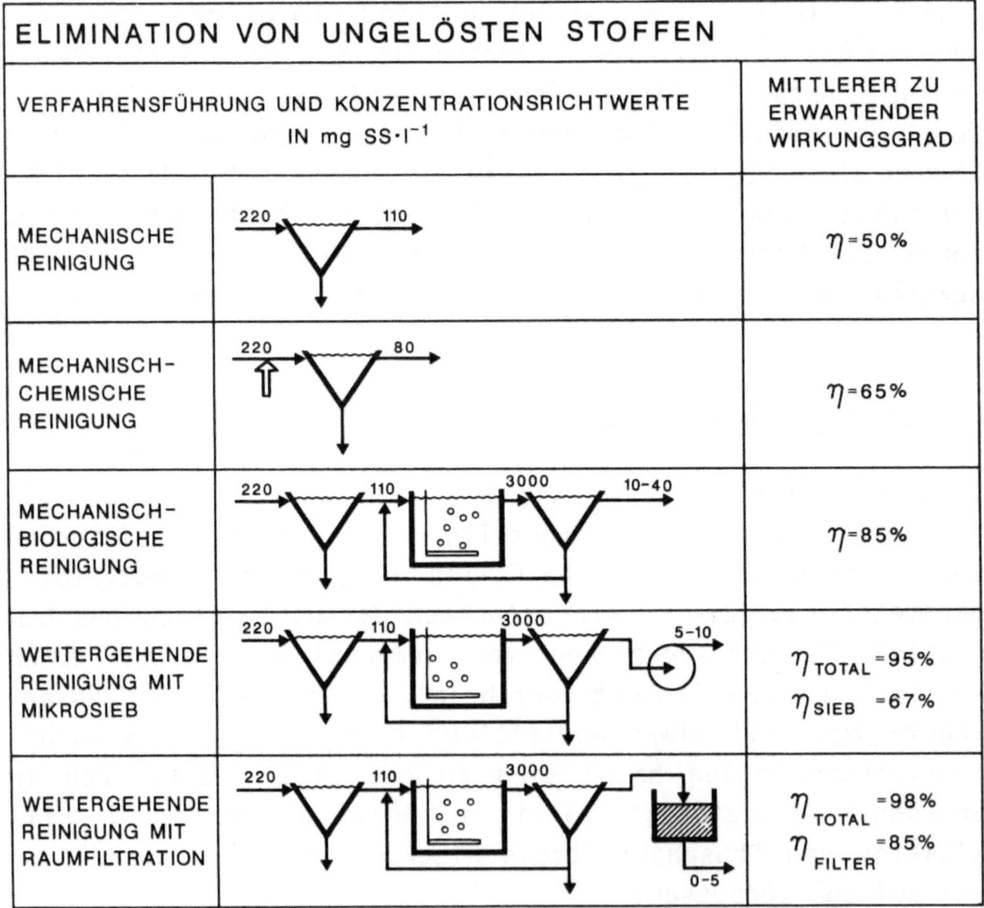

Abbildung 14.12

Verfahrenskombinationen zur Elimination ungelöster Stoffe.
Nach "Gewässerschutz 2000", Boller, 1977.

erheblich gesteigert werden. Eine weitere Umwandlung feinster Feststoffteilchen in grob disperse Form wird in der biologischen Reinigung durch Bioflockung erzielt. Das mehrheitlich als letzte Behandlungsstufe eingesetzte Sedimentationsverfahren (Nachklärung) vermag nicht alle Feststoffe zu entfernen. Durch Anhängen weiterer Verfahren wie die Mikrosiebung oder die Raumfiltration lassen sich die Ablaufkonzentrationen von 10 bis 40 Milligramm pro Liter noch weiter vermindern.

Elimination organischer Stoffe

In Abbildung 14.13 sind die Wirkungsgrade von Verfahrenskombinationen bezüglich eines typischen TOC-Gehaltes von durchschnittlich 110 Milligramm pro Liter und eines DOC-Gehaltes von 40 Milligramm pro Liter dargestellt.

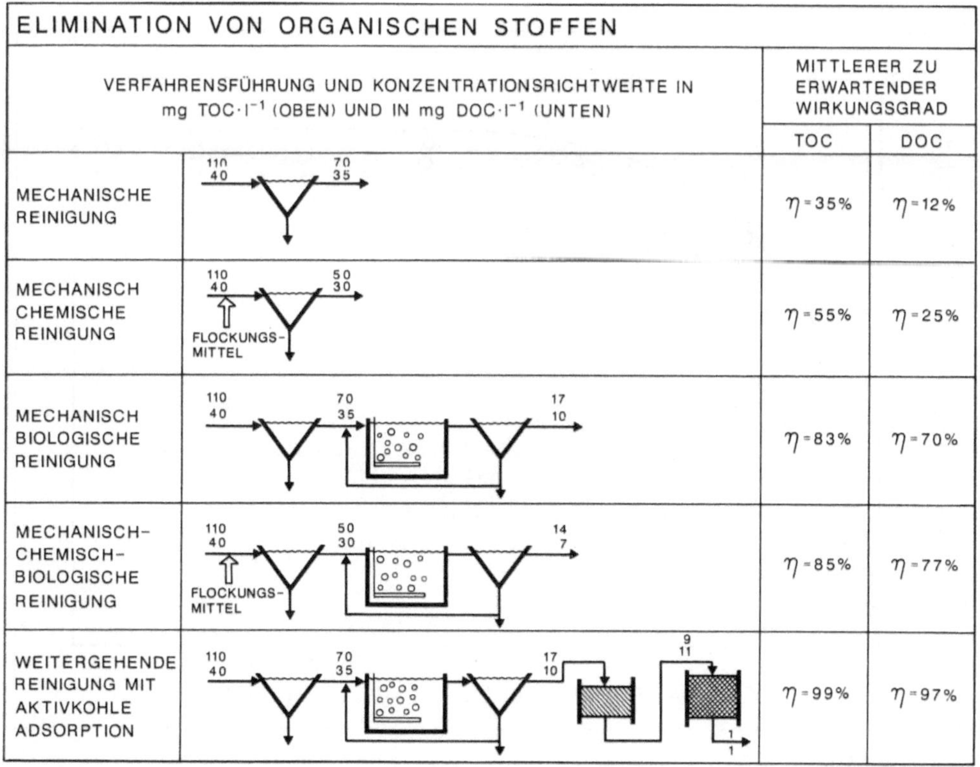

Abbildung 14.13

Verfahrenskombination zur Elimination organischer Stoffe.
Nach "Gewässerschutz 2000", Boller, 1977.

Die mechanische Behandlung vermag den in den absetzbaren Stoffen enthaltenen Kohlenstoff zu vermindern, Flockungsmittel können den Wirkungsgrad von 35% auf etwa 55% erhöhen. Ein weiterer Anteil wird in der biologischen Reinigungsstufe durch biologische Abbauprozesse (BSB!), aber auch durch Flokkung und Adsorptionsvorgänge eliminiert. Vor allem eine Zugabe von Fällungs- und Flockungsmitteln bringt eine weitere Reduktion der vorwiegend gelösten organischen Stoffe, da hier auch vermehrt refraktäre Stoffe durch diese Prozesse im Klärschlamm inkorporiert werden. Als Verfahren für eine weitere Reduktion der organisch schlecht abbaubaren Stoffe bietet sich die Aktivkohleadsorption in Kombination mit Raumfiltration an. Allerdings dürfte dieses kostspielige Verfahren nur dann zur Anwendung kommen, wenn grössere Frachten an industriellem Abwasser mit entsprechend refraktären Stoffen anfallen.

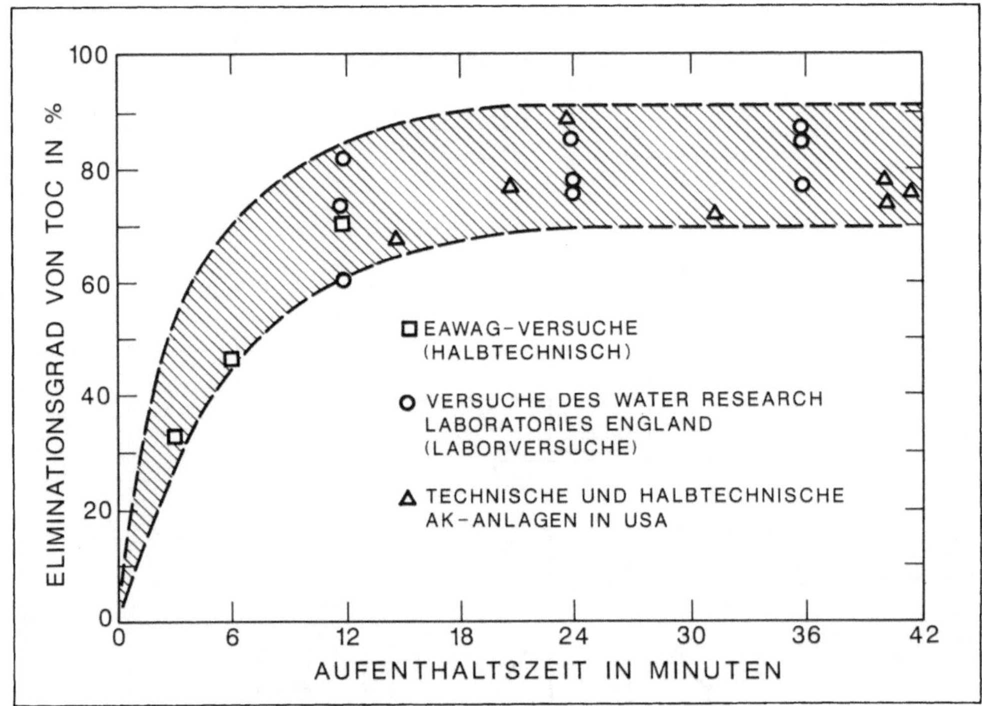

Abbildung 14.14

Wirkungsgrad der Aktivkohleadsorption von biologisch gereinigtem Abwasser in Funktion der Aufenthaltszeit.
Nach "Gewässerschutz 2000", Boller, 1977.

Elimination von Phosphor

Mechanisch-biologische Anlagen sind wenig wirksam zur Entfernung des Phosphors aus dem Abwasser. Die in der Schweiz angewandten Verfahren sind die Vorfällung und die Simultanfällung. Mit Hilfe dieser Verfahren werden Ablauf-Konzentrationen von 0,5 bis 2 Milligramm Phosphor pro Liter erreicht (Ab-

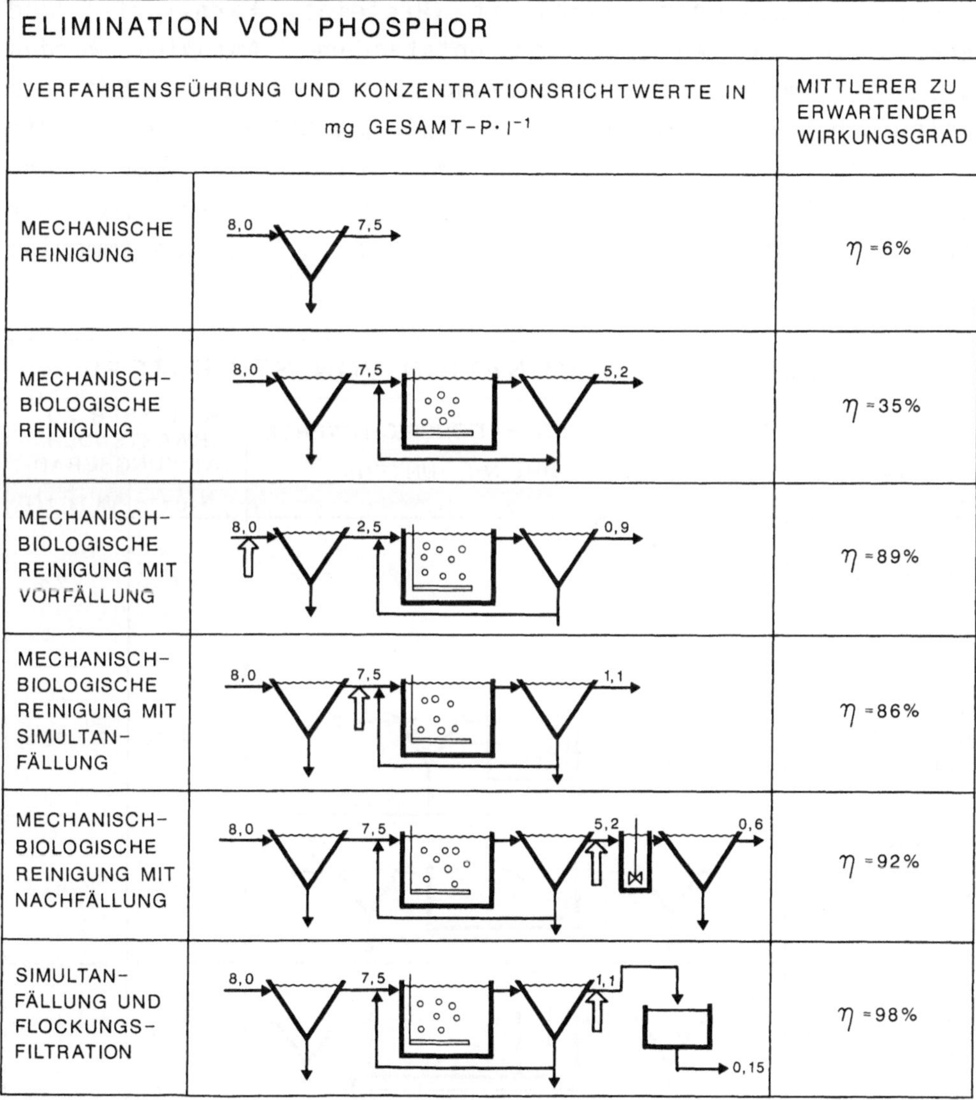

ELIMINATION VON PHOSPHOR		
VERFAHRENSFÜHRUNG UND KONZENTRATIONSRICHTWERTE IN mg GESAMT-P$\cdot l^{-1}$		MITTLERER ZU ERWARTENDER WIRKUNGSGRAD
MECHANISCHE REINIGUNG	8,0 7,5	η = 6%
MECHANISCH-BIOLOGISCHE REINIGUNG	8,0 7,5 5,2	η = 35%
MECHANISCH-BIOLOGISCHE REINIGUNG MIT VORFÄLLUNG	8,0 2,5 0,9	η = 89%
MECHANISCH-BIOLOGISCHE REINIGUNG MIT SIMULTAN-FÄLLUNG	8,0 7,5 1,1	η = 86%
MECHANISCH-BIOLOGISCHE REINIGUNG MIT NACHFÄLLUNG	8,0 7,5 5,2 0,6	η = 92%
SIMULTAN-FÄLLUNG UND FLOCKUNGS-FILTRATION	8,0 7,5 1,1 0,15	η = 98%

Abbildung 14.15

Verfahrenskombinationen zur Elimination von Phosphor.
Nach "Gewässerschutz 2000", Boller, 1977.

bildung 14.15). In der Umgebung eutropher Seen hat sich vor allem die Flockungsfiltration als nachgeschaltete vierte Stufe bewährt, welche die Ablaufkonzentration auf unter 0,2 Milligramm pro Liter vermindert. Dabei werden auch die Schwebestoffe zu nochmals etwa 80% eliminiert.

Umwandlung und Elimination von Stickstoff

Organisch gebundener Stickstoff (Proteine, Harnstoffe) und bereits in der Kanalisation entstandenes Ammonium werden durch die mechanische Behandlung nicht entfernt. Bei der biologischen Reinigung wird ein Teil des Stickstoffes in die Bakterienbiomasse eingebaut und mit dem Klärschlamm ausgeschieden. Der grösste Teil des Gesamtstickstoffes nach der mechanisch-biologischen Reinigung liegt in Form von Ammonium

UMWANDLUNG UND ELIMINATION VON STICKSTOFF			
VERFAHRENSFÜHRUNG UND KONZENTRATIONSRICHTWERTE IN mg TOTAL-$N \cdot l^{-1}$ (OBEN) u. NH_4^+-$N \cdot l^{-1}$ (UNTEN)		MITTLERER ZU ERWARTENDER WIRKUNGSGRAD	
		N_{TOT}	NH_4^+-N
MECHANISCHE REINIGUNG	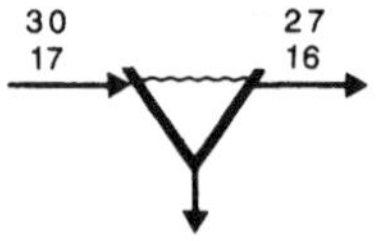 30/17 → 27/16	η = 10%	η = 7%
MECHANISCH-BIOLOGISCHE REINIGUNG	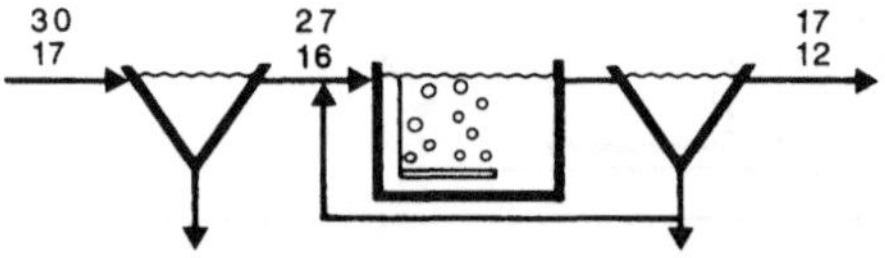 30/17 → 27/16 → 17/12	η = 40%	η = 30%
MECHANISCH-BIOLOGISCHE REINIGUNG MIT NITRIFIKATION	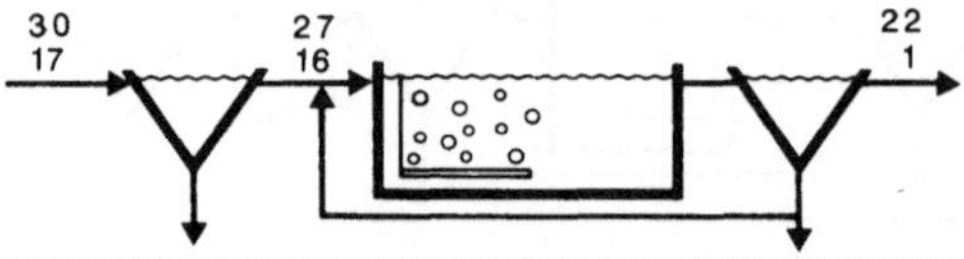 30/17 → 27/16 → 22/1	η = 40%	η = 94%
BIOLOGISCHE TEIL-DENITRIFIKATION	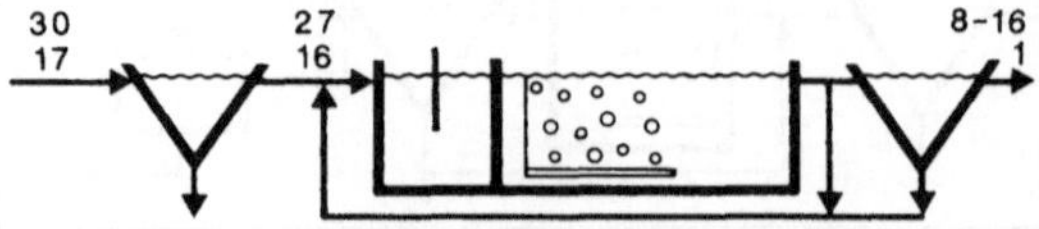 30/17 → 27/16 → 8-16/1	η = 40–70%	η = 94%

Abbildung 14.16

Verfahrenskombinationen zur Umwandlung und Elimination von Stickstoff. Nach "Gewässerschutz 2000", Boller, 1977.

(NH_4^+) vor. In einer normalen Kläranlage wird Ammonium nur zu etwa 10% zu Nitrit und Nitrat oxidiert.

Von den Verfahren zur weitergehenden Elimination von Ammonium (biochemische Oxidation, chemische Oxidation, Ionenaustausch und Ausblasen bei hohem pH) hat die biochemische Nitrifikation in der Schweiz die grösste Anwendungswahrscheinlichkeit. Der Wirkungsgrad der biochemischen Oxidation ist abhängig von der organischen Belastung der Kläranlage, von der Wachstumsgeschwindigkeit der Nitrifikanten sowie von deren Aufenthaltszeit (Schlammalter) in der Anlage. In Einzelfällen könnte die durch den Bau nitrifizierender Kläranlagen erhöhte Abgabe von Nitrit und Nitrat in den Vorfluter zu kritischen NO_2^- und NO_3^--Konzentrationen führen. Durch Denitrifikation bzw. Teildenitrifikation unter anaeroben Verhältnissen wird Nitrat zu elementarem Stickstoff reduziert, welcher als Gas die Wasserphase verlässt. In Gebieten, wo Stickstoff und nicht Phosphor limitierender Faktor ist, wie in gewissen norddeutschen Gebieten, können zur weiteren Elimination nachgeschaltete Nitrifikations/Denitrifikationsverfahren angeschlossen werden.

Elimination von Schwermetallen

Zur Elimination von Schwermetallen aus kommunalem Wasser existiert bis heute keine besondere Verfahrenstechnik. Diese müssen am Ort der Entstehung bzw. ihrer Emission entfernt werden.

Eine Quantifizierung der Elimination in Abwasserreinigungsanlagen kann nicht auf einer allgemein gültigen Grundlage vorgenommen werden, weil die Konzentrationen im Rohabwasser für ein Einzugsgebiet spezifisch sind (je nach Industrieanteil, Branchenverteilung etc.) und diese die biologische Reinigung unterschiedlich beeinflussen. 40% bis 90% der Schwermetalle Nickel, Kadmium, Blei, Zink, Chrom und Kupfer werden in der mechanisch-biologischen Abwasserreinigung eliminiert, d.h. im Klärschlamm inkorporiert, was zur bekannten Klärschlammproblematik führt.

15. Mengenmässiger Gewässerschutz

15.1 Ziele

Durch die Konzentration der Aufmerksamkeit auf die Qualität des Wassers wurde der Schutz der Gewässer als solcher vernachlässigt. Im revidierten Gewässerschutzgesetz der Schweiz soll diese Lücke nun geschlossen werden.

Der Schutz der Gewässer vor Eingriffen in ihre Bette, ihre Umgebung und ihren Wasserhaushalt (auch quantitativer Gewässerschutz genannt), muss sofort an die Hand genommen werden.

Ueberbauungen, Gewässerkorrektionen, Meliorationen und Wasserkraftnutzungen bedrohen die Gewässer in ihrer Existenz. Diese Eingriffe sind meistens wohl begründet (Energieerzeugung, Bodenverbesserung, Bau von Siedlungen, Hochwasserschutz); sie wurden und werden aber oft zu wenig umweltgerecht ausgeführt. Es hat sich auch hier eine Art Teufelskreis entwickelt. Durch das Sammeln und Kanalisieren des Wassers werden die Feuchtgebiete und Grundwasservorkommen verkleinert, bei starken Niederschlägen gibt es somit rascher Ueberschwemmungen und Hochwasser, welche in noch grösseren Kanälen bzw. "korrigierten" Flüssen abgeleitet werden müssen; Kläranlagen brauchen grössere Rückhaltebecken, die Ver- und Ueberbauungen werden noch mehr vergrössert... usw.

Aus diesem Grunde müssen auch hier Massnahmen an der Quelle getroffen werden. Es darf nicht mehr nach dem Prinzip "wie bringen wir das anfallende Regenwasser so rasch wie möglich kanalisiert in die grossen Gewässer" vorgegangen werden. Da letztlich jede bauliche Tätigkeit einen Einfluss auf die Gewässer ausübt, muss jeweils vorher die Frage nach der Notwendigkeit gestellt werden. Wenn diese bejaht werden kann, dann sollen die Eingriffe so umweltgerecht wie möglich, d.h. naturnah, durchgeführt werden. Dazu müssen vor allem die sogenannten "kleinen natürlichen Wasserkreisläufe" (Abbildung 15.1) aufrecht erhalten werden. Dies wird erreicht, wenn möglichst viel Regenwasser versickern kann, wenn Regenwasserspitzen in überbautem Gebiet verzögert abfliessen und wenn Gewässersysteme mit möglichst langen Fliesszeiten beibehalten und gefördert werden.

Eingriffe in den Gewässerhaushalt dürfen nur notgedrungen durchgeführt werden. Wenn Eingriffe gemacht werden, dann müssen diese umweltgerecht ausgeführt werden.

Die Notwendigkeit eines Eingriffes soll aus einer ökologischen Gesamtsicht betrachtet werden und darf nicht von einem kurzsichtigen Bedürfnis her (heute etwas mehr elektrischer Strom - morgen dafür irreparable Umweltschäden) begründet werden.

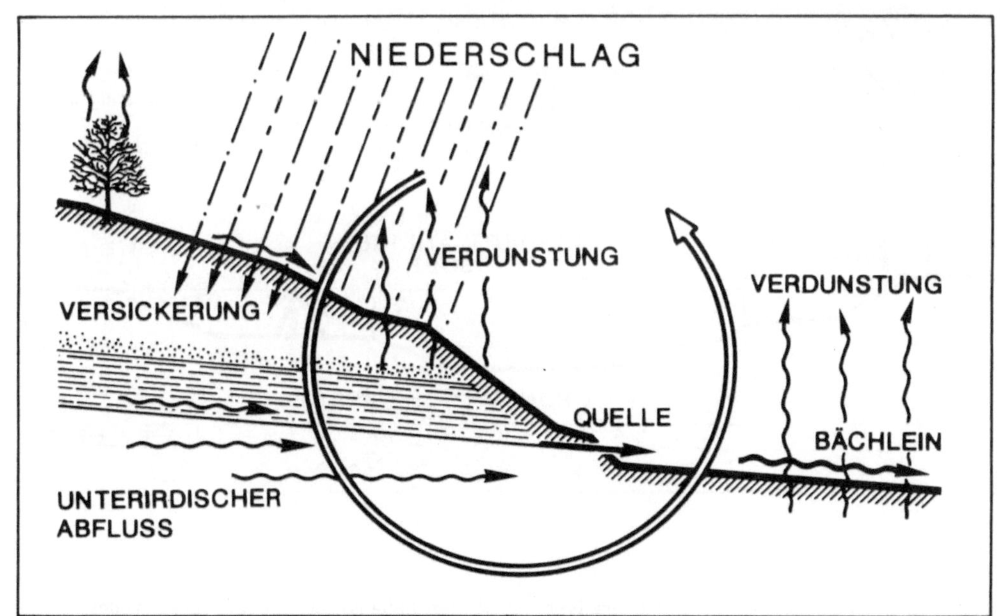

Abbildung 15.1

"Kleine natürliche Wasserkreisläufe".
Nach Hinderling und Kaufmann, 1985.

Die Ziele des mengenmässigen Gewässerschutzes sind der Schutz, die Erhaltung und die Wiederherstellung unbeeinflusster bzw. naturnaher Gewässer als solche und die Erhaltung der Wasservorkommen bzw. der Wassermengen in den Gewässern.

Zu den Gewässern zählen neben den Fliessgewässern, Seen und Grundwässer auch die noch verbliebenen Feuchtgebiete wie Moore und Sümpfe.

Wir werden auch nicht darum herumkommen, einzelne, durch Verbauungen überlastete Gewässer oder Kanäle so zu restaurieren, dass sie wieder einem naturnahen Zustand gleichen. Im folgenden wollen wir auf einige Eingriffe in den Gewässerhaushalt näher eingehen und deren Notwendigkeit, deren Auswirkungen und mögliche Ausführungsvorschläge diskutieren.

Abbildung 15.2

Natürliche und naturnah verbaute Gewässer sind der Lebensraum vieler verschiedener Arten von Wassertieren und -pflanzen. Sie bieten dem Menschen viele Erholungsmöglichkeiten. Die Uferzonen müssen hin und wieder überschwemmt werden, um die Wasser- und Nährstoffversorgung der dort lebenden Pflanzen zu gewährleisten.
Nach Pedroli, 1985.

15.2 Versiegelung der Landschaft

In den letzten vierzig Jahren nahmen in der Schweiz die Siedlungsflächen um rund 200'000 ha bzw. um 250 % zu. Nur schon die Parkplätze der Pendler an ihren Arbeitsorten beanspruchen eine Fläche, welche derjenigen des Walensees entspricht (Pedroli, 1985).

Die Niederschlagsmenge, welche auf diese 200'000 ha fällt, entspricht 4 bis 5 % des schweizerischen Gesamtabflusses (etwa 60 Kubikmeter pro Sekunde). Der grösste Teil dieser Wassermenge wird, wie das bei der Entwässerung von Siedlungsgebieten und Strassenflächen üblich war, durch Kanalisationen direkt in den Vorfluter oder, noch schlimmer, in die Abwasserreinigungsanlagen geleitet. Vor den Ueberbauungen konnte das Niederschlagswasser ins Grundwasser infiltrieren, der Abfluss wurde verzögert. Durch die Ueberbauungen wurde der Wasserhaushalt, etwa die Abflussmengen der Spitzenabflüsse, um ein Vielfaches erhöht. Die bedeutende Anzahl von Korrek-

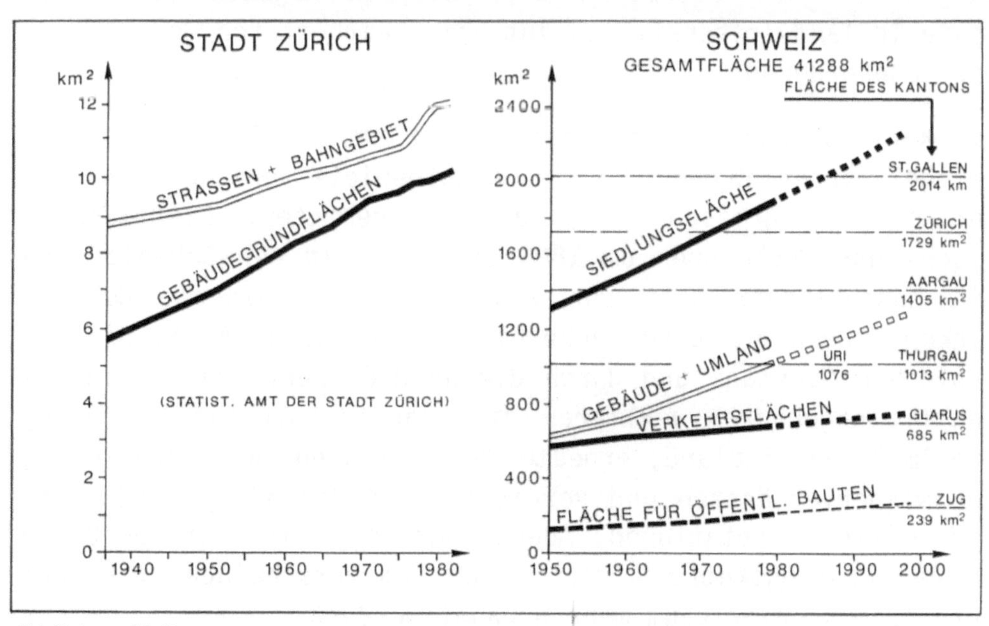

Abbildung 15.3

Beispiele für die unverminderte Zunahme der Versiegelung der Landschaft.
Nach Gujer, 1985.

tionen und Verbauungen von Gewässern mit grossem finanziellen Aufwand zeugt davon.

Mehr als 20 % der Fliessgewässer in der Schweiz sind eingedolt. Ueber 2'000 km Bäche wurden von 1955 bis 1982 kanalisiert.

Allein im Kanton Aargau wurden in den letzten 100 Jahren rund 50 % der Bäche eingedolt und 75 % der einstmals vorhandenen Quellen sind versiegt (Pedroli, 1985).

Indirekt zur Versiegelung der Landschaft trägt auch die intensive Landbewirtschaftung bei. Neben den Meliorationen, deren Nutzen für die Landwirtschaft nicht in Abrede gestellt wird, und den heute nicht mehr vorkommenden Waldrodungen, bewirkt die maschinelle Bearbeitung eine Verdichtung des Bodens. Brachliegende Felder haben gegenüber Waldgebiet einen mehr als zehnfachen Oberflächenabfluss. Trinkwasserverschmutzungen bei Schneeschmelze oder starken Regenfällen liegen heute in landwirtschaftlich intensiv bearbeiteten Gebieten an der Tagesordnung.

Die Konsequenzen für die Umwelt sind enorm: die Grundwasserspiegel werden abgesenkt, die Feuchtgebiete verschwinden. Von der ehemals grossen Fülle an Sumpfgebieten, Riedflächen, Flach- und Hochmooren um 1800 existiert in der Schweiz noch ein kümmerlicher Rest von etwa 10 %. Entwässerte Gebiete sinken jedoch ab. Durch ackerbauliche Nutzung, Abbau der organischen Substanz und durch die an die Oberfläche gelangenden Drainageröhren verlieren diese an Wirksamkeit, so dass, wie im Berner Seeland, erneute Meliorationen zur Entwässerung der wiedervernässten und verdichteten Böden nötig sind. Dass die meisten Vegetationen, Auenwälder und - als letztes Glied in der Nahrungskette - der Storch zum Verschwinden gebracht wurden, muss hier kaum mehr erwähnt werden.

Bei Regenwetter und Schneeschmelze wird durch das verminderte Rückhaltevermögen der Abfluss erhöht. Hochwasser, Ueberla-

Eingriff	Nutzen	besonders gefährdete Gewässer	Auswirkungen
Versiegelung der Landschaft Siedlungsbau Strassenbau Industrien	Komfort Wirtschaft	säntliche Gewässer	1. Veränderung der Landschaft 2. Zerstörung der Gewässer, deren Flora und Fauna 3. Veränderung des Wasserhaushaltes: - Speisung des Grundwassers reduziert - Bodenabsenkungen - Bei Niederschlägen: vermindertes Rückhaltevermögen, Hochwasser, Kläranlagenüberlastungen, Trinkwassergefährdung, Erosion, Wegschwemmen von Pflanzen und Tieren, Katastrophen.
Siedlungsentwässerungen Kanalisationen Eindolungen Meteorwasserableitungen	rasche Abwasserableitung	Feuchtgebiete Grundwasser Fliessgewässer	
Meliorationen Entwässerungen Grundwasserabsenkungen	intensive Landwirtschaft Hochwasserschutz		
Intensive Landwirtschaft Bodenverdichtung Waldrodungen	hohe landwirtschaftliche Produktion		
Waldsterben			
Wasserversorgung	Trink- und Brauchwasser		
Wasserkraftnutzung Stauseen, Talsperren Kanalisation	Energieproduktion	Fliessgewässer Grundwasser (Stauseen)	Zusätzlich: grosses Einzugsgebiet - nicht jahreszeitgemässer Wasserhaushalt - unnatürliche Seespiegelschwankungen - Wassermangel in Flüssen, Bächen und Grundwasser (Restwasserproblem)

Tabelle 15.1

Uebersicht einiger Eingriffe und deren Auswirkungen auf die Gewässer.

Vegetation	Oberflächenabfluss in % des Niederschlags	Gesamtverdunstung in % des Niederschlags
Mischwald	5 %	75 %
Wiese	30 %	60 %
Acker	20 %	60 %
Brache	60 %	25 %

Tabelle 15.2

Oberflächlicher Abfluss und Verdunstung bei verschiedener Bodennutzung. Nach Lehrerdokumentation Wasser, 1983.

---

stung der Kläranlagen, beschleunigte Erosion sind die Folgen.

Ein weiteres Problem, welches uns in Zukunft auch aus Gewässersicht schwer zu schaffen machen wird, ist das Waldsterben. Wenn wir nicht in der Lage sind, dieses, eindeutig durch anthropogene Emissionen bewirkte Phänomen zu stoppen, wird dies für die Schweiz nur schon aus der Sicht der zu erwartenden Wasserabflussmengen (Ueberschwemmungen, Bergstürze) katastrophale Folgen haben.

Notwendigkeit von Eingriffen

Mit der überbauten Fläche der Schweiz in der Grösse des Kantons Zürich und mit 70'000 km Strassennetz für 3 Millionen Personenwagen sind die oberen Grenzen für die "Verbetonierung" der Landschaft erreicht. Konsequente Raumplanungsgesetze, welche für wenig befahrene Strassen auch einmal eine Verschmälerung (!) vorsehen (ähnlich wie bei den Forstgesetzen, wo nur gerodet werden darf, wenn an einem anderen Ort mindestens gleichviel neu aufgeforstet wird), würden viele "notwendige" Projekte als nicht mehr so wichtig erscheinen lassen.

Bei Korrektionen und Verbauungen von Flüssen müssen Aufwand und Ertrag gegeneinander abgewogen werden. Sollen die Verbauungen ein 500-jähriges oder ein 5-jähriges Hochwasser auffangen können? Noch besser ist es, die Hochwasser möglichst zu verhindern, womit wir bei den Massnahmen angelangt sind:

Als wichtigste Massnahme muss die Versiegelung der Landschaft verhindert und, wo möglich, wieder rückgängig gemacht werden: Regenwasser gehört nicht in die Kanalisation!

Dazu sind viele Möglichkeiten vorhanden, wie sie etwa von Hinderling, 1985; beschrieben werden:

- Unverschmutztes Abwasser (d.h. sogenanntes "Fremdwasser" sowie Abwasser von Dächern, Plätzen und Strassen) soll man nicht ableiten, sondern breitflächig versickern lassen.

- Unverschmutzes Abwasser, welches aus zwingenden Gründen nicht zur Versickerung gebracht werden kann, soll zurückgehalten und zeitlich verzögert in einen geeigneten Vorfluter geleitet werden.

- Bei Verbauungen in und an Gewässern müssen naturnahe Methoden angewendet werden.

- Kleine Wasserkreisläufe, Ablaufverzögerungen, Retentionsräume, mäandrierende Linienführung bei Flüssen, unterschiedliches Gefälle, Unterschlupfmöglichkeiten für Fische und Insekten im Uferbereich usw. sind anzustreben.

- Eindolungen und Eindeckungen von Gewässern sind zu verhindern und wenn möglich rückgängig zu machen.

- Weiter dürfen Seespiegel und Grundwasserspiegel nicht durch irgendwelche Eingriffe gesenkt werden.

- Für die Landwirtschaft muss als Grundsatz gelten: "Die landwirtschaftlichen Aktivitäten dürfen keine nachteiligen Folgen für das Grund- und Oberflächenwasser haben." Insbesondere müssen Beschränkungen für Flächen mit Brache und Teilbrache sowie den Maschineneinsatz zur Verminderung von Bodenverdichtungen eingeführt werden.

15.3 Wasserentzug für Wassernutzung

Wasserversorgung

Für Trink- und Brauchwasser werden in der Schweiz durch die öffentliche Wasserversorgung jährlich 1,2 Milliarden Kubikmeter Wasser entzogen und aufbereitet. Dies entspricht etwa 2% des gesamten oberirdischen Abflusses. Etwa 80% des Wassers stammt aus Grund- und Quellwasser, der Rest wird oberirdischen Gewässern entnommen. Zu diesem Wasser werden jährlich zusätzlich noch schätzungsweise 2 Mia. Kubikmeter Brauchwasser für industrielle Zwecke, Bewässerungen, Kühlwasser für Kernkraftwerke etc. meist oberirdischen Gewässern entnommen.

Wasserkraftnutzung

In der Schweiz wird momentan 60% der Jahresproduktion des produzierten elektrischen Stroms in Wasserkraftwerken erzeugt. Etwa 40% davon entfallen auf (Fluss-)Laufkraftwerke, 60% auf Speicherkraftwerke. Das Rückhaltevermögen aller Stauseen zusammen entspricht $3{,}5 \cdot 10^9$ Kubikmeter, etwa 8% der mittleren jährlichen oberirdischen Wasserabflussmenge. Durch den Bau von Stauseen, Wasserfassungen und deren Nutzung wurden und werden die Gewässer sowie grosse Einzugsgebiete grundlegend verändert. So beträgt etwa das Einzugsgebiet des Stausees Grande Dixence über 350 km^2, und das Zuleitungsnetz von Wasserleitungen ist länger als 100 km.

Alpine Stauseen und Talsperren gehören zu den einschneidendsten Eingriffen in den Wasserhaushalt von Bächen und Flüssen.

Das Wasserregime wird unnatürlich verändert: die grossen sommerlichen Schmelzwassermengen werden zurückgehalten, um sie während der winterlichen Mangelzeit für die Stromproduk-

GESAMTSTROMERZEUGUNG 1987 : $58 \cdot 10^9$ kWh = 100%			
WASSERKRAFTWERKE 61 %			KERNKRAFTWERKE 37 %
HAUSHALTE	GEWERBE + DIENSTLEISTUNGEN	INDUSTRIE	BAHNVERKEHR 4% DIVERSES 3% EXPORT 16% VERLUSTE 7%
22%	23%	25%	30%

Tabelle 15.3

Produktion und Verbrauch elektrischer Energie in der Schweiz 1987. Nach Verband Schweiz. Elektrizitätswerke, 1988.

tion verwenden zu können. So führte der Vorderrhein bei Disentis (Kanton Graubünden) in den fünfziger Jahren im Juli durchschnittlich achtmal mehr Wasser als heute. Viele Bäche und Flüsse sind zu eigentlichen Rinnsalen geworden.

Die Auswirkungen der geringen Wasserführung sind natürlich nicht nur ästhetischer Natur: viele ökologische Nischen, Teiche, Moorwiesen verschwinden. Durch die kleinen Wassermengen wird die Fliessgeschwindigkeit vermindert, so dass das durch die Seitenbäche eingebrachte Geschiebe nicht mehr wegtransportiert werden kann. Ueberschwemmungen nach Gewittern können zunehmen. Im Sommer wird die Wassertemperatur erhöht, im Winter besteht Vereisungsgefahr. Eingeleitete Abwässer werden nicht mehr genügend stark verdünnt, die ganze Fliesswasservegetation, welche sich an die normalen Verhältnisse adaptiert hat (tiefe Winterabflüsse, hohe Sommermaxima), ist dadurch erst recht bedroht.

Die Grundwasservorkommen werden nicht mehr genügend gespeist, Grundwasserspiegel können abgesenkt werden. Die zusätzlich geschaffenen Stauseen sind im Schwankungsbereich der Seespiegel oft vegetationslos, weil die relativ grossen, unnatürlichen Schwankungen etwa die Laichablage gewisser Fischarten nicht gestatten.

Die Notwendigkeit der Wasserkraftnutzung ist für ein Land wie die Schweiz an sich unbestritten. Die Frage betrifft den weiteren Bau von Stauseen für die Speicherung der sommerlichen Bandenenergie von Kernkraftwerken.

Würde man alle Wasserkraft nutzen, könnte man zusätzlich noch etwa 10% elektrischen Strom produzieren. Würden alle heutigen Speicherkraftwerke die im revidierten Gewässerschutzgesetz vorgeschriebenen Restwasserauflagen einhalten, ergäbe dies eine Minderproduktion von 800 Mio. kWh pro Jahr, was etwa 4% der Jahresproduktion von 1981 in diesen Werken entspricht bzw. weniger als 2% der Gesamtstromproduktion in der Schweiz (Pedroli, 1985). Durch technische Erneuerungen bestehender Wasserkraftwerke ohne vermehrte Nutzung könnten pro Jahr zusätzlich 1,5 Mrd kWh an Elektrizität produziert werden (Bundesrat L. Schlumpf, Pressemitteilung, 14.7.87).

Das Sparpotential ist jedoch weit grösser! Bis heute wurde der Stromverbrauch gefördert, etwa durch verbilligte Abgabe an Grossindustrien, oder durch die Förderung von Elektroheizungen durch verbilligte Nachtstromtarife.

Durch eine Aenderung der Strompreispolitik könnten unseres Erachtens die Verbraucher dazu gebracht werden, den elektrischen Strom bewusster zu nutzen. Die Elektrizitätswerke könnten dazu sehr viel beitragen.

Der weitere Bau von Kernkraftwerken hingegen nützt dem Wasser nichts! Diese erzeugen nämlich Bandenenergie, welche unweigerlich Pumpspeicherwerke nach sich ziehen. Mit riesigen Verlusten werden dabei im Sommer mittels Pumpen die Stauseen gefüllt, damit im Winter, der Hauptstromverbrauchszeit, genügend Elektrizität zur Verfügung steht. Frage: Müssen wir im kältesten Winter mit dem Strom genauso sorglos umgehen, wie wir das bisher gemacht haben? Wenn wir diese Frage bejahen, dann sind unsere letzten alpinen Gewässer und Bergtäler wirklich bedroht.

Als Quellmassnahmen müssen wir dafür sorgen, dass der Stromverbrauch abnimmt. Dieser Minderverbrauch darf aber nicht auf Kosten anderer Energiequellen geschehen.

Durch Bewusstmachung der Zusammenhänge und notfalls staatlich gelenkte Massnahmen (Stromtarif), ist dies ohne wirkliche Komforteinbusse möglich. Ob ein Haus mit Elektrospeicherheizung oder mit energiesparenden Alternativ-Systemen geheizt wird, spielt für die Gewässer eine wichtigere Rolle (4% des Gesamtstromverbrauchs gehen auf Kosten elektrischer Heizung und Warmwasserproduktion!) als für den Bewohner.

Neue Wasserkraftwerke, Wasserentnahmen, Wasserrückgaben und Wasserableitungen dürfen nur erstellt werden, wenn dadurch der ökologische und landschaftliche Charakter der Gewässer keine grundlegende Veränderung erfährt.

Insbesondere in Seen mit künstlicher Wasserstandsregulierung ist dafür zu sorgen, dass der Wasserpegel im Frühjahr eine steigende Tendenz aufweist, Riedwiesen und Schilfbestände überschwemmt werden und uferlaichende Fische optimale Bedingungen für die Laichabgabe finden, sofern dadurch nicht bestehende Anlagen gefährdet werden.

Bei Fliessgewässern muss das generelle Ziel sein, den Lebensraum vor Monotonie irgendwelcher Art zu bewahren. Dabei müssen das Temperatur- und Abfluss-Regime, die Linienführung, das Längsprofil, die Flussbettgestaltung, die Wassertiefe, die Gewässersohle und der Uferbereich geschützt werden.

Die Wasserführung eines natürlichen Fliessgewässers ist beträchtlichen Schwankungen unterworfen. Mehrere Male pro Jahr werden Abflussmengen erreicht, bei denen Geschiebebetrieb einsetzt. Dadurch wird sichergestellt, dass sich keine Tier- oder Pflanzenart zu stark ausbreitet, und damit andere Arten (z.B. Pionierarten) verdrängt werden. Häufig ist die Eutrophierung von Fliessgewässern (Veralgung, Verkrautung) vorwiegend eine Folge von konstantem Abfluss ohne Geschiebebetrieb. Durch Hochwasser wird die Sohle aufgebrochen, "gereinigt" und frisch strukturiert. Dies bewirkt, dass der Interstitialraum, der als Grundwasserinfiltrationsbereich und Lebensraum vieler Junglarven eine wichtige Rolle spielt, nicht durch sedimentierende Partikel verschlossen wird.

Allzuhäufige, schlagartige Abflussveränderungen, mit Geschiebebewegungen, die infolge Wasserablasses aus Staubecken auftreten können, sind hingegen schädlich, weil sie den Lebensraum vieler Organismenarten dauernd verändern.

Wasserführungen mit Geschiebebetrieb müssen jährlich einige Male stattfinden, sind jedoch nicht zulässig, wenn sie zu häufig, d.h. mehrere Male pro Woche, auftreten.

Oekologisch bedeutsam ist nicht die mittlere Wassertiefe, sondern eine konstante, genügend wasserhaltige Verbindung zwischen den Vertiefungen (Pools).

16. Verhinderung von Verunreinigungen durch Massnahmen an der Quelle

(Den grössten Teil dieses Kapitels haben wir aus EAWAG/ Bundi U.: Gewässerschutz in der Schweiz, 1981, übernommen)

16.1 Ursachenbekämpfung

Präventive Massnahmen

Präventive Massnahmen sind angezeigt, wenn sie erlauben, Schadstoffe billiger und wirksamer von den Gewässern fernzuhalten als dies mit kurativen Massnahmen möglich ist. Sie sind unerlässlich, wenn es sich um Schadstoffe handelt, die mit kurativen Massnahmen gar nicht bekämpft werden können. Dies ist der Fall bei Schadstoffen, welche diffus - also nicht mit dem Abwasser - in die Gewässer eingetragen werden (z.B. Nitrat aus der Landwirtschaft, Blei aus dem Benzin).

Die Ursachenbekämpfung hat im Gewässerschutz noch nicht das nötige Gewicht. Ihre Stärkung ist für den künftigen Erfolg des Gewässerschutzes von wesentlicher Bedeutung.

Bis heute wurden in den folgenden Bereichen Präventivmassnahmen angewendet:

- Erstens: Raumwirksame Massnahmen. Dazu gehören die Konzentration abwassererzeugender Bauten im Siedlungsgebiet und die Ausscheidung von Schutzzonen mit Nutzungsbeschränkungen.
- Zweitens: Umgang mit wassergefährdenden Flüssigkeiten. Ausführliche Vorschriften bezwecken, den Eintrag von wassergefährdenden Flüssigkeiten, insbesondere Mineralölprodukten, in die Gewässer zu verhindern.
- Drittens: Einleitungen in die Kanalisation. Durch Beschränkung oder Verbot der Einleitung bestimmter Schmutzstoffe werden betriebsinterne Massnahmen induziert.
- Viertens: Vorschriften über Waschmittelbestandteile, welche

die Gewässer schädigen (Phosphatverbot, grenzflächenaktive Stoffe).

Auf den "Umgang mit Mineralölprodukten" und die "Raumwirksamen Massnahmen" wollen wir hier nicht näher eingehen, da diese Bereiche weitgehend geregelt sind. Im folgenden werden die Problemkreise "Umweltgefährdende Stoffe", "Industrie" und "Landwirtschaft" einzeln diskutiert; dies, obwohl sie sich sachlich nur zum Teil trennen lassen.

Umweltgefährdende Stoffe

Das Thema "Umweltgefährdende Stoffe" sprengt an sich den Rahmen des Gewässerschutzes, macht doch die Gefährdung des Wassers - das heisst der Wasserorganismen und der Wassernutzungen - nur einen Teil der Gefahren aus, die infolge der Verbreitung dieser Stoffe auftreten. Die umweltgefährdenden Stoffe bedrohen alle Bereiche der Umwelt. Sie haben sich in den letzten Jahren zu einem Problem entwickelt, das für die heutige Zivilisation von zentraler Bedeutung ist.

In den Umweltschutzgesetzen sind Bestimmungen vorhanden, mit deren Hilfe man die umweltgefährdenden Stoffe in den Griff kriegen kann. So kann in der Schweiz der Bundesrat aufgrund des Artikels 26 Vorschriften über Stoffe erlassen, welche "die Umwelt oder mittelbar den Menschen in besonderem Masse gefährden können".

Leider werden aber in der 1986 erlassenen Stoffverordnung diese Möglichkeiten noch nicht im nötigen Masse wahrgenommen.

Schon im Gewässerschutzgesetz von 1971 gibt es den Artikel 23, in welchem es heisst:
"[1] Der Bundesrat erlässt Bestimmungen über:
a) Erzeugnisse, die nach Art ihrer Verwendung ins Wasser gelangen und gemäss ihrer Zusammensetzung nachteilige Wirkungen für den Betrieb von Abwasseranlagen oder für die Gewässer haben können;

b) die Beseitigung oder Verwertung wassergefährdender Stoffe;
c) Produktionsverfahren, deren Abwasser nicht abbaubare Giftstoffe enthalten;
d) Erzeugnisse, die nach Art ihrer Verwendung als Abfall oder Kehricht anfallen und deren einwandfreie Beseitigung im Sinne dieses Gesetzes nicht möglich ist oder unverhältnismässig hohe Kosten verursacht.
[2]Nötigenfalls kann der Bundesrat Herstellung, Anwendung, Einfuhr und Inverkehrbringen von Stoffen und Erzeugnissen sowie Produktionsverfahren gemäss Absatz 1 verbieten."

Im Vergleich zur rasanten Entwicklung der industriellen Produktion chemischer Substanzen blieb dieser Artikel aber weitgehend wirkungslos. Von den ca. 60'000 im täglichen Gebrauch stehenden chemischen Substanzen werden über 10'000 im grosstechnischen Massstab produziert. Dazu kommen jene Stoffe, welche bei menschlichen Aktivitäten (z.B. Energieerzeugung, Verkehr) als unerwünschte Nebenprodukte in die Umwelt gelangen. Die Ueberprüfung der nachteiligen Wirkungen dieser Substanzen konnte mit deren zahlenmässigen Zunahme nicht Schritt halten; verständlicherweise, denn jede Prüfung erfordert einen riesigen Aufwand.

Somit stehen den verantwortlichen Behörden bezüglich vieler, möglicherweise kritischer Substanzen nur ungenügende Entscheidungsunterlagen zur Verfügung. Anderseits ist die Schädlichkeit mancher Stoffe und Erzeugnisse schon seit längerer Zeit bekannt, ohne dass ihre Verwendung ernsthaft eingeschränkt worden wäre. Von der Kompetenz gemäss Artikel 23 im Gewässerschutzgesetz wurde ohne Zweifel zu wenig konsequent Gebrauch gemacht.

Um die Gewässer (und die Umwelt im allgemeinen) vor umweltgefährdenden Stoffen zu bewahren, sind Produktionsvorschriften, Einschränkungen und Verbote unumgänglich.

Das lässt sich anhand der Beispiele von Blei und Polychlorbiphenylen illustrieren.

Der überwiegende Teil des Bleieintrages in die Gewässer stammt aus der Verbrennung von bleihaltigem Benzin. Das Blei gelangt via Atmosphäre und mit den Abschwemmungen von Strassen und Plätzen in die Gewässer. Abwassertechnische Vorkehrungen zur Reduktion des Bleieintrages mit Abschwemmungen sind wohl denkbar, sie wären aber mit extremen Kosten verbunden. Durch ein Verbot von Bleibenzin könnte die Bleibelastung der Gewässer auf etwa ein Fünftel gesenkt werden. Durch die Einführung strengerer Abgasnormen, welche den bleiunverträglichen Katalysator bedingen, wird sozusagen als Nebeneffekt (!) das verbleite Benzin in den nächsten Jahren ohne Verbot vom schweizerischen Markt verschwinden.

Polychlorbiphenyle (PCB) sind industriell hergestellte organische Chemikalien, die äusserst stabil sind, in Nahrungsketten angereichert werden und für Tiere und Menschen äusserst giftig wirken. Die PCB gelangen entweder durch ihre Anwendung (Weichmacher, Stabilisierungsmittel, Imprägnierungsmittel) oder via unsachgerechte Abfallbeseitigung (bei Anwendung in Transformatoren und Kondensatoren) in die Umwelt. In verschiedenen Ländern ist seit einiger Zeit die Verwendung von PCB in Publikums- und gewerblichen Produkten verboten. Die sich noch in Gebrauch befindenden Chemikalien müssen so schnell wie möglich entsorgt werden.

Allerdings konnte der PCB-Eintrag in die Umwelt trotz dieser guten Ansätze nicht ausreichend reduziert werden: PCB wird, trotz Einfuhrverbot, in manchen importierten Produkten verwendet, ohne dass man davon überhaupt Kenntnis hat.

Es ist dringend notwendig, dass aufgrund der Umweltschutzgesetze entscheidende Anstrengungen zur Eindämmung der umweltgefährdenden Stoffe unternommen werden! Dabei steht die Bekämpfung von industriell synthetisierten Stoffen sowie der ungewollten Nebenprodukte künstlicher chemischer Prozesse wie halogenierte (chlorierte, fluorierte) Kohlenwasserstoffe, Phenole, polyzyklische aromatische Kohlenwasserstoffe aber auch von schwermetallhaltigen Produkten, im Vordergrund.

Die nötigen Anstrengungen umfassen
- die Informationsbeschaffung über Produktion, Einfuhr und Verwendung der Stoffe,
- die Untersuchung des Verbleibes und des Verhaltens der Stoffe in der Umwelt, inklusive ihrer schädlichen Auswirkungen auf den Menschen sowie auf tierische und pflanzliche Organismen und Lebensgemeinschaften, und
- der Erlass von Vorschriften zur Eindämmung der umweltgefährdenden Stoffe in der Stoffverordnung.

Um diese Aufgaben zu bewältigen, ist ein starkes Engagement aller Beteiligten - Industrie, Behörden, Wissenschaft und Konsumenten - unumgänglich. Der Wissenschaft stellt sich die schwierige Aufgabe, zeitsparende und aussagekräftige Methoden für die Ueberprüfung der Umweltverträglichkeit von Stoffen zu entwickeln, wozu es einer Zusammenarbeit von Chemikern (Umweltanalytik), Toxikologen und Oekologen bedarf. Die Umschreibung der Umweltverträglichkeitsprüfungen und der Erlass von Beschränkungen und Verboten bedingt, dass die damit betrauten Behörden dauernd die neuen wissenschaftlichen Erkenntnisse berücksichtigen. Um dies zu ermöglichen, sind sowohl Bemühungen seitens der Wissenschaft (Erkenntnis-Umsetzung) als auch seitens der Behörden (Auseinandersetzung mit Erkenntnissen) nötig.

Die konsequente Forderung aus der Sicht der Ursachenbekämpfung lautet:

Alle Massenprodukte, welche aus Haushalt und Gewerbe oder Landwirtschaft durch ihren Gebrauch notwendigerweise ins kommunale Abwasser oder direkt in die Gewässer gelangen (Waschmittel, Reinigungsmittel, Pestizide), müssen biologisch abbaubar (zu CO_2, H_2O und Oxiden) sein. Die Industrie soll auf die Produktion von wasserbeeinträchtigenden Stoffen (Produkte und Nebenprodukte), deren Beseitigung nicht oder nur unter hohen sozialen (Umwelts-)Kosten möglich ist, verzichten.

Für die Realisierung dieser Forderungen braucht es aber die Bereitschaft und die Unterstützung der ganzen Bevölkerung. Diese muss aufgeklärt werden und dann auch willens sein, all die Unannehmlichkeiten dieses Umstellungsprozesses zu tragen. Ein taugliches, und durch die neue Stoffverordnung ermöglichtes, Mittel dazu ist die Deklarationspflicht für sämtliche Produkte. Seit 31. August 1987 muss in der Schweiz auf den Etiketten der fluorchlorkohlenstoffhaltigen Spraydosen der Gehalt an FKW in Volumenprozenten angegeben werden. Falls dieser gute Ansatz konsequent weitergeführt würde, und jedes polivinylchloridhaltige Kunststoffprodukt ein "PVC"-Signet eingeprägt hätte, oder auf jeder Alkali-Mangan-Batterie "enthält 10 bis 20 g Quecksilber pro kg Zink" stehen würde, hätten wir zumindest als Konsumenten die Möglichkeit, diesen Prozess in Richtung Ursachenbekämpfung zu unterstützen und zu beschleunigen.

Industrie

Bemerkenswerte Leistungen in verschiedenen Sektoren der Industrie können nicht darüber hinwegtäuschen, dass die Anstrengungen der Industrie für den Gewässerschutz insgesamt hinter denjenigen der öffentlichen Hand nachhinken. Heute erscheint eine Verstärkung der industrieeigenen Bemühungen im Hinblick auf die erforderliche Optimierung der Gewässerschutzmassnahmen unumgänglich.

Der Grundsatz der gemeinsamen Reinigung von industriellem und häuslichem Abwasser trug zwar viel zum Erfolg des schweizerischen Gewässerschutzes bei, aber nicht in allen Fällen werden optimale Lösungen getroffen:

- Häufig ist eine Anpassung der Qualität und Menge des Industrieabwassers an die Reinigungsverfahren der kommunalen Kläranlagen nötig. Das kann durch eine Abwasservorbehandlung in den Betrieben selbst oder durch technische Aenderungen der Produktionsprozesse erreicht werden. Oft werden nicht alle nötigen und möglichen Vorkehrungen getroffen.
- Die gemeinsame Reinigung entspricht nicht immer dem optimalen Vorgehen. Sowohl aus gesamtwirtschaftlicher als auch aus

Sicht der erzielbaren Verminderung der Gewässerbelastung sind betriebseigene Lösungen der Abwasserprobleme oft vorteilhafter.

Man wird also in Zukunft verstärkt darauf ausgehen müssen, bei jedem Industrieabwasserproblem diejenigen Massnahmen anzuwenden, welche hinsichtlich der Schadstoffreduktion und der Wirtschaftlichkeit optimal sind. Besondere Beachtung muss dabei dem Rückhalt synthetischer organischer Verbindungen geschenkt werden (z.B. chlorierte Kohlenwasserstoffe), deren Elimination in kommunalen Kläranlagen nicht gewährleistet ist.

Die industriellen Betriebe haben dafür zu sorgen, dass refraktäre Abwasser-Inhaltsstoffe nicht den öffentlichen Kläranlagen zur Reinigung überlassen werden. Durch innerbetriebliche Massnahmen und durch die Anwendung gezielter Adsorptionsverfahren können industrielle Abgänge viel besser vom Gewässer ferngehalten werden, als dies nach grösster Verdünnung mit unspezifischen Reinigungsmethoden in der öffentlichen Kläranlage geschehen kann.

Die bis anhin praktizierte Subventionierung der von Gemeinden und Industrie gemeinsam benutzten Kläranlagen bewirkte zum Teil eine Verwässerung dieser Postulate: Sie vermindert den Anreiz für industrieeigene Anstrengungen und fördert volkswirtschaftlich nicht optimale Massnahmen. Eine Aenderung der betreffenden Subventionsbestimmung muss deshalb ernsthaft in Betracht gezogen werden; sie würde zu einer Stärkung des Verursacherprinzipes beitragen.

Ebenfalls hinderlich für die vermehrte Bekämpfung der industriellen Verunreinigung an der Quelle ist der Informationsmangel über die anfallenden Schadstoffe, die zur Verfügung stehenden Reinigungstechniken und die Möglichkeiten produktionstechnischer Massnahmen, mit dem sich Behörden und Industrien selbst konfrontiert sehen.

Die systematische Beschaffung betreffender Informationen und der dauernde Erfahrungsaustausch (national und international) müssen intensiviert werden, sollen die Behörden in der Lage sein, stärkeren Einfluss auf die Wahl der Massnahmen durch die Industrie zu nehmen.

Landwirtschaft

In den letzten dreissig Jahren hat sich die landwirtschaftliche Produktion verdoppelt. Gleichzeitig wurde die Zahl der Arbeitskräfte um etwa zwei Drittel reduziert. Somit ist die Produktivität der Arbeitskräfte auf das Sechsfache gestiegen. Eine derartige Entwicklung, die unter wirtschaftlichem Druck erfolgt und auch weitgehend ökonomische Ziele anstrebt, muss an ökologische Grenzen stossen.

Beim ursprünglichen Landwirtschaftsbetrieb traten kaum Gewässerschutzprobleme auf. Die anfallenden festen und flüssigen Abfälle - zum Beispiel Ernterückstände und Abgänge der Tierhaltung (Hofdünger) - blieben entweder direkt auf dem Feld oder wurden nach einer Zwischenlagerung wieder auf der betriebseigenen Fläche als Dünger verteilt. Heute sind die landwirtschaftlichen Gewässerbelastungen nicht mehr zu übersehen. Gut zehn Prozent des in die Gewässer eingetragenen Phosphors stammen aus der Landwirtschaft; von See zu See variieren die Beiträge von wenigen bis gegen 50%. Die Nitratanreicherung des Grundwassers, eine Folge der modernen Bodenbewirtschaftung, nimmt immer grössere Ausmasse an.

Die Hauptursachen dieser Gewässerbelastungen sind die starke Zunahme der Tierhaltung bei gleichzeitiger Abnahme der Zahl der Tierhaltungsbetriebe sowie die Zunahme der brachen Flächen.

Wegen der resultierenden hohen Tierzahlen pro Fläche ist eine pflanzen- und gewässergerechte Verwertung des Hofdüngers oft nicht möglich; er wird in manchen Fällen zum lästigen, möglichst billig zu beseitigenden Abfallprodukt. Diese Entwick-

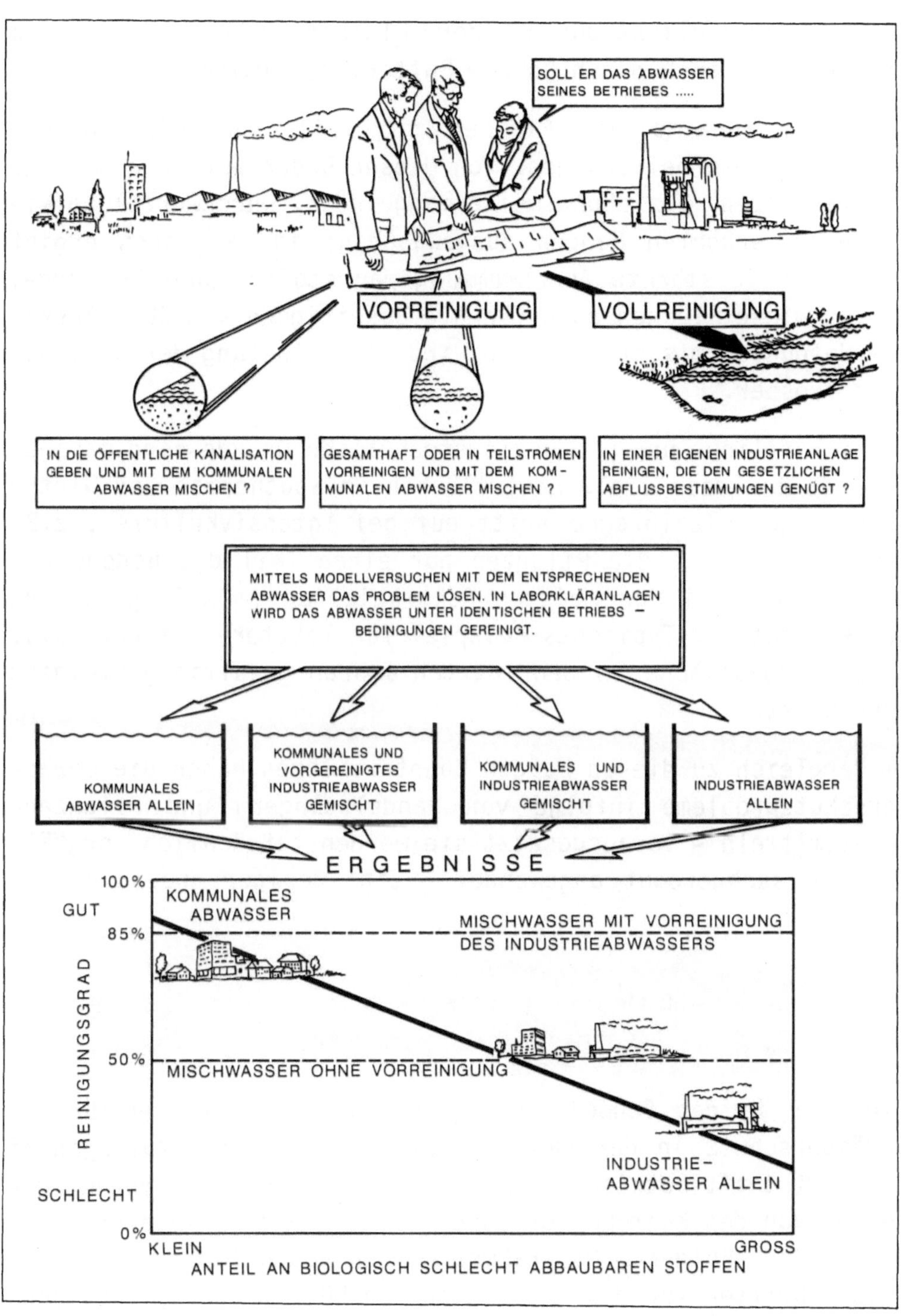

Abbildung 16.1

Das Industrieabwasser-Dilemma.

lung wird ermöglicht durch höhere Flächenerträge und zu einem grossen Teil auch durch höhere Futtermittelimporte.

Auch die Zunahme der Flächen mit Teil- und Winterbrache bringt Gewässerbelastungen. Von diesen Böden werden als Folge der fehlenden, beziehungsweise mangelnden, Durchwurzelung Nitrate in erhöhten Mengen ausgewaschen; in Hanglagen ergibt sich eine verstärkte Abschwemmung nährstoffreicher Feinerde. Werden diese Flächen noch für die Beseitigung von überflüssigem Hofdünger missbraucht, so wird die Belastung der Gewässer noch grösser.

Wirtschaftliche und produktionstechnische Gründe sind massgebend dafür, dass viele Ackerflächen im Spätherbst und Winter brachliegen. Teilbrache tritt auf bei Intensivkulturen, z.B. Reben, bei denen die Pflanzen nur einen Teil des Bodens bedecken, und bei den meisten Ackerkulturen im Anfangsstadium der Vegetation. Typisches Beispiel für letztere ist der Mais, dessen Anbaufläche in den letzten Jahren gewaltig gesteigert worden ist.

Im Vergleich zu diesen beiden Hauptproblemen haben die Gewässerschutzprobleme infolge von Handelsdüngern und Pflanzenschutzmitteln - vorausgesetzt sie werden tatsächlich sorgfältig und sachgerecht angewendet - eine weniger grosse Bedeutung.

Die landwirtschaftliche Gewässerverunreinigung lässt sich nur mit präventiven Massnahmen bekämpfen!

Die 1979 in der Schweiz veröffentlichte "Wegleitung für den Gewässerschutz in der Landwirtschaft" regelt die Auflagen an Landwirtschaftsbetriebe, die aufgrund des Gewässerschutzgesetzes von den Kantonen erlassen werden können, in einheitlicher Weise. Folgende Massnahmen werden postuliert:

- Vorschriften für das Ausbringen von Düngemitteln, insbesondere Flüssigdünger,
- Beschränkung der Tierzahl pro Fläche,
- Vorschriften für die minimale Lagerkapazität für Jauche.

Das Vermeiden der Teil- und Winterbrache wird in der Wegleitung nicht behandelt. Es wird Aufgabe der landwirtschaftlichen Forschung und Beratung sein, die Landwirte dazu anzuhalten.

Auflagen und Vorschriften nützen jedoch wenig, wenn die Landwirte aus Existenzgründen dazu gezwungen werden, immer intensiveren Landbau zu betreiben. Wenn der Markt, wenn eine fragwürdige Subventionspolitik und wenn veraltete Gesetze die Bauern dazu anhalten, ständig mehr zu produzieren bei gleichzeitiger Verminderung der Arbeitskräfte, und etwa in Grundwassergebieten sowie auf erosionsgefährdeten Böden Mais für das Mastvieh anzubauen, dann muss mit einer weiteren Zunahme der Gewässerverunreinigungen durch die Landwirtschaft gerechnet werden.

Der landwirtschaftlichen Forschung kommt bei der Eindämmung der Gewässerverunreinigung eine wichtige Rolle zu: Es gilt, negative Entwicklungen frühzeitig zu erkennen, die Ursachen der Verunreinigung besser zu erfassen, konkrete Lösungen auszuarbeiten und diese frühzeitig der landwirtschaftlichen Praxis, aber auch der Landwirtschaftspolitik, zu vermitteln. Letztere wird bei ihren Entscheiden gewässerschützerische (bzw. umweltschützerische) Belange vermehrt in Rechnung stellen müssen.

Eine Umkehr von der intensiven zur extensiven Landwirtschaft muss angestrebt werden. Dies bedingt bundesweite Anstrengungen, welche von Bodenrechtsreformen bis zu verändertem Konsumverhalten reichen.

16.2 Verursacherprinzip

Im schweizerischen Gewässerschutz wird die Verwirklichung des Verursacherprinzipes an sich für einen wesentlichen Teil der Kosten angestrebt. Stellt man aber alle in der Praxis wirksamen Faktoren in Rechnung, welche zu Abweichungen vom Verur-

Jahreskosten des Gewässerschutzes Fr. 200.- pro Einwohner = 100 %		verursachergerecht bezahlt	nach anderen Kriterien bezahlt
von der Allgemeinheit bezahlt	40 %	0 %	40 %
von privaten Verursachern bezahlt	60 %	35 %	25 %
Total	100 %	35 %	65 %

Tabelle 16.1

Aufteilung der Bezahlung der Gewässerschutzkosten in der Schweiz. Nach EAWAG/Bundi, 1981.

sacherprinzip führen, so zeigt sich, dass heute insgesamt lediglich etwa ein Drittel der Gewässerschutzkosten konsequent nach der individuellen Verursachung bezahlt wird. Die Hauptgründe dafür sind die Beiträge des Bundes und der Kantone an die Baukosten der Abwasseranlagen (inklusive derjenigen, in denen häusliches und industrielles Abwasser gereinigt wird) und die Gebührenreglemente der Gemeinden. Häufig werden die Abwasserbeseitigungskosten nach fragwürdigen, wenig verursachergerechten Kriterien an die privaten Verursacher weiterverrechnet.

Bei konsequenter Anwendung des Verursacherprinzips kommt derjenige, welcher eine Gewässerverunreinigung verursacht, voll für deren Vermeidungskosten auf. Daraus ergibt sich für den Verursacher ein starker Anreiz für umweltfreundliches und, im Hinblick auf die nötigen Abhilfemassnahmen, kostenbewusstes Verhalten.

Dieser Anreiz verliert an Kraft oder verschwindet ganz, wenn die Kosten voll oder teilweise von der Allgemeinheit - z.B. aus allgemeinen Steuermitteln - getragen werden. Dieses sogenannte Gemeinlastprinzip kann durchaus seine Berechtigung haben, etwa wenn es darum geht, günstige Voraussetzungen für die Anlaufphase eines Umweltschutzprogrammes zu schaffen.

So war es auch im Gewässerschutz nur dank der Subventionen möglich, Massnahmen auf breiter Front in die Wege zu leiten. Die Initiierung eines Programmes musste vor 20 Jahren absolut im Vordergrund stehen; verständlicherweise konnte die volkswirtschaftliche und ökologische Optimalität nur sekundäre Bedeutung haben. Heute zeigt sich die Situation in einem anderen Licht. Die Bedeutung des Gewässerschutzes ist allgemein anerkannt, und die institutionellen Voraussetzungen für die Durchsetzung der Abwassersanierung sind gegeben. Die Stärkung des Verursacherprinzipes hat nun bei der Weiterentwicklung des Gewässerschutzes eine wichtige Funktion. Man kann damit erreichen, dass die beschränkt zur Verfügung stehenden Geldmittel bestmöglich eingesetzt werden und dass ein starker Anreiz für Massnahmen zur Ursachenbekämpfung entsteht.

Als mögliche Ansätze für die Zukunft schlagen wir eine Verbesserung des existierenden Finanzierungskonzeptes vor.

Das heutige "Auflagen/Subventionen/Gebühren-Konzept" kann im Hinblick auf eine verursachergerechtere Kostenverteilung und im Hinblick auf die Förderung der heute als dringlich erkannten Aufgaben verbessert werden. Die folgenden Elemente bilden dazu die Ansätze:

1. Die von den Gemeinden erhobenen Gebühren müssen überall konsequent nach verursachergerechten Kriterien erhoben werden. Das gilt sowohl für die jährlichen Gebühren (Beiträge an Betrieb und Unterhalt) als auch für die einmaligen Gebühren (Beiträge an Baukosten). Letztere könnten in jährliche Gebühren umgewandelt werden.

2. Die Gebühren sollten überall auch von denjenigen bezahlt werden müssen, welche ihr Abwasser noch nicht in öffentliche Abwasseranlagen leiten, beziehungsweise welche ihr Abwasser noch nicht ordnungsgemäss selber behandeln.

3. Einführung der Grenzkostentarifierung: Steigende Abwasser- und Schmutzstoffmengen bewirken, dass Erweiterungen oder Neubauten von Abwasseranlagen nötig werden. Die spezifischen Kosten dieser zusätzlichen Massnahmen (ausgedrückt z.B. in

Franken pro m^3 Abwasser) bezeichnet man als Grenzkosten. Grenzkostentarifierung heisst nun, dass derjenige Abwasserproduzent, welcher seine Abwasser- oder Schmutzstoffmengen erhöht, für die Mehrmengen mit Gebühren belastet wird, welche den Grenzkosten entsprechen. Damit kann verhindert werden, dass die Gebühren generell steigen und somit die Allgemeinheit für das Verhalten einzelner büssen muss (Grenzkosten liegen im allgemeinen wesentlich höher als die Gebühren für schon bestehende Einrichtungen). Die Wasserversorgung der Stadt Zürich arbeitet seit einigen Jahren mit Erfolg nach solchen Prizipien.

4. Die Ausrichtung von öffentlichen Kostenbeiträgen soll neuen Bedürfnissen im Gewässerschutz angepasst werden. Die Funktion der Subventionen als Beschleuniger der Abwassersanierung hat heute an Bedeutung verloren.

Subventionen widersprechen dem Verursacherpinzip, werden sie doch aus allgemeinen Mitteln finanziert.

Oeffentliche Kostenbeiträge können aber auch künftig positive Auswirkungen haben, wenn sie weiterhin konsequent dort eingesetzt werden, wo sie den grössten Nutzen für den Gewässerschutz bringen, beziehungsweise wo Fortschritte dringlich sind.

Als wichtigste förderungswürdige Aufgaben stehen heute die folgenden im Vordergrund:
Sanierung der stark belasteten Gewässer mittels weitergehender Abwasserreinigung und gewässerinterner Massnahmen (bei Seen), Erfolgs- und Leistungskontrollen, Forschung und Entwicklung, Ausbildung von Fachleuten aller Stufen und Durchführung von Konzeptstudien durch Bund und Kantone.

Demgegenüber kann ein stufenweiser Abbau der generellen Subventionierung der Abwasseranlagen in Betracht gezogen werden. Als Zwischenstufe kommt bei Anlagen, welche häuslichem und industriellem Abwasser dienen, die schon im Abschnitt "Industrie" postulierte Beschränkung der Subventionen auf den häuslichen Kostenteil in Frage. Denkbar als Zwischenstufe wäre auch eine Beschränkung auf Beiträge an Anlagen in wirtschaftlichen Randgebieten.

Von einer solchen Finanzierungspolitik kann längerfristig erwartet werden, dass
- eine dämpfende Wirkung auf den Abwasser- und Schmutzstoffanfall sowie den Wasserverbrauch entsteht, was sich tendenziell positiv auf die Entwicklung des Gewässerzustandes auswirkt;
- der Gewässerschutz vermehrt entsprechend den föderalistischen Prinzipien auf dezentrale Ebenen verlagert wird. Die Rolle des Bundes wird stärker auf Koordination, Zielfestsetzung und Vereinheitlichung von Methoden (nicht aber von individuellen Lösungen) konzentriert.

Die vorgeschlagenen Revisionen der Gebührenreglemente sind Sache der Gemeinden, müssen sich aber nach kantonalem Recht richten. Neue Subventionierungsgrundsätze bedingen eine Aenderung der entsprechenden Bestimmungen im Gewässerschutzgesetz und in den kantonalen Erlassen.

Als weiteren Ansatz für die Zukunft schlagen wir die Einführung eines Abgaben/Auflagen-Konzeptes vor.

Grundsätzlich bestünde die Möglichkeit, das Verursacherprinzip mittels eines Konzeptes zu verwirklichen, in dessen Zentrum sogenannte Abgaben stünden (bei gleichzeitig weniger strengen Auflagen). Ziele und Begründung solcher Abgaben, die durch den Inhaber der Gewässerhoheit (Kantone, Länder) nach Massgabe des Schmutzstoffeintrages in die Gewässer erhoben würden, wären:
- Jene, welche Abwasser in die Gewässer einleiten - das sind vor allem Gemeinden und Abwasserverbände sowie eine beschränkte Zahl von Industriebetrieben - sollen veranlasst werden, Vorkehrungen zur Reduktion der Emissionen zu treffen.
- Abgaben können ganz oder teilweise zur Finanzierung von Vermeidungsmassnahmen eingesetzt werden.

Die Abwassereinleiter sehen sich mit zwei Arten von Kosten konfrontiert: einerseits mit Abgaben (z.B. in Franken pro kg eingeleiteten Phosphors), die um so geringer ausfallen, je mehr Schmutzstoffe dank Abwasserreinigung oder innerbetrieblichen Massnahmen zurückgehalten werden, und anderseits mit den Kosten dieser Massnahmen, die sich umgekehrt verhalten. Den Einleitern stellt sich somit ein unternehmerisches Optimierungsproblem. Sie werden bestrebt sein, das Kostenminimum zwischen Abgaben und Vermeidungskosten zu finden. Das führt dazu, dass Einleiter mit tiefen spezifischen Vermeidungskosten (z.B. grosse Gemeinden) weitergehende Massnahmen ergreifen als jene mit höheren (z.B. kleine Gemeinden). Im Idealfall werden die Vermeidungsmassnahmen so weit getrieben, bis die Kosten für die Reduktion einer zusätzlichen Menge an Schmutzstoffen (= Grenzkosten) gerade der Höhe der Abgabe entsprechen. Die Folge davon ist eine schrittweise Minimierung der volkswirtschaftlichen Gewässerschutzkosten.

In der Bundesrepublik Deutschland wurde eine Abgabenlösung, kombiniert mit bestimmten Minimalanforderungen an die Abwasserreinigung, gewählt. Das betreffende Abwasserabgabengesetz trat 1978 in Kraft, mit Beginn der Abgabenpflicht auf 1981.

Als Einzelmassnahmen oder als Ergänzung zu den Abgaben auf Stufe der Abwassereinleitungen in die Gewässer müssten auch Abgaben auf Stufe der Produktion und des Konsums in Betracht gezogen werden. Diese sind von Vorteil, weil damit ein Anreiz für präventive Massnahmen geschaffen wird: Einzelne als schädlich bekannte Ausgangsstoffe, Produkte und Produktebestandteile (z.B. Blei im Benzin, Phosphor in Reinigungsmitteln) könnten selektiv mit Abgaben belegt, somit verteuert und in ihrer Wettbewerbsfähigkeit eingeschränkt werden.

Mit Abgaben allein lassen sich allerdings nicht alle Probleme des Gewässerschutzes steuern: Einerseits dürften Minimalanforderungen an die Abwasserreinigung unumgänglich sein, anderseits können bestimmte Bereiche nur via Vorschriften geregelt werden (z.B. Fernhaltung spezifischer Giftstoffe, Unfallschutz). Für die Einführung eines neuen Abgaben/Auflagen-

Konzeptes gibt es nun sicher keine Patentlösungen. Ein solches Konzept müsste auf die spezifischen Randbedingungen abgestimmt werden. Zu diesem Zweck wären eingehende Studien über mögliche Lösungen und deren positive und negative Aspekte nötig. Angesichts der möglichen Vorteile eines Abgaben/-Auflagen-Konzeptes für die volkswirtschaftliche Optimierung des Gewässerschutzes und für die Realisierung des Verursacherprinzipes sollten die nötigen Abklärungen in die Wege geleitet werden.

Literaturverzeichnis

ABWASSERTECHNISCHE VEREINIGUNG, BONN Lehr- und Handbuch der Abwassertechnik; 3. Aufl., Band 1. Verlag Wilhelm Ernst und Sohn (1982).

AMBUEHL H. Limnologie, Vorlesungsunterlagen, ETH Zürich (1975).

AMBUEHL H. Der See als ökologisches System. Unterlagen für einen Fortbildungskurs für Mittelschullehrer. EAWAG (1979).

AMBUEHL H. Eutrophierungskontrollmassnahmen an Schweizer Mittellandseen. Z. Wasser Abwasser Forschung 15, Nr. 3, 113-120 (1982).

BACCINI P. Jahresbericht EAWAG (1983).

BACCINI P. Circulation of metals in the environment, in Metal Ions in Biological Systems, Vol. 18, (H. Sigel ed.), Marcel Deckker New York (1984).

BAERLOCHER F. Eine Lanze für ökologische Ungleichgewichte. Beilage "Forschung und Technik", Neue Zürcher Zeitung, 27.4.1981.

BAUR W. Gewässergüte bestimmen und beurteilen. Paul Parey, Hamburg, 144 Seiten (1980).

BIOZID-REPORT SCHWEIZ Schadstoffe in unserer Umwelt, Situation und Lösungsansätze, Hrsg. WWF Schweiz, SBN und SGU, 641 Seiten (1984).

BLACKBURN T.R. Persönliche Mitteilung.

BOLLER M. Flockung und Filtration. Chemiekurs an der EAWAG (1976).

BOLLER M. Grundlagen der Wassertechnologie. Vorlesungsunterlagen ETH Zürich (1982).

BRAUN H. Der Einfluss der Nährstoff-Konzentration auf die Reaktionskinetik des Belebtschlammverfahrens. Karlsruher Berichte zur Ingenieurbiologie, Heft 1. Otto Berenz Verlag (1966).

BRETSCHER H.; EIGENMANN G. Der Beitrag der chemischen Industrie zum modernen Gewässerschutz. In: Pro Rheno, Abwasserreinigung in der Region Basel, S. 35-38, Pro Rheno AG, Basel (1983).

BRUNNER P.H.; BACCINI P. Die Schwermetalle, Sorgenkinder der Entsorgung? Beilage "Forschung und Technik", Neue Zürcher Zeitung Nr. 70 (25.3.1981).

BUNDESAMT FUER UMWELTSCHUTZ Waschmittelphosphate. Schriftenreihe Umweltschutz 14,; 39 Seiten (1983/1).

BUNDESAMT FUER UMWELTSCHUTZ Schwermetalle im Abwasser. Bundesamt für Umweltschutz, Bern (1983/2).

BUNDESAMT FUER UMWELTSCHUTZ Der Zustand der Schweiz. Fliessgewässer. Schriftenreihe Umweltschutz Nr. 19 (1983/3),

BUNDESAMT FUER UMWELTSCHUTZ Gewässerschutzstatistik. Schriftenreihe Umweltschutz Nr. 46 (1985).

CARSON R.L. Der stumme Frühling (Silent Spring); 354 Seiten. Biederstein Verlag, München (1962).

CHIOU C.T.; FREED V.H.; SCHMEDDING D.W.; KOHNERT R.L. Envir. Sci. Technol. 475 (1977).

CHRISTEN H.R. Thermodynamik und Kinetik chemischer Reaktionen; 96 Seiten. Studienbücher Chemie, Verlag Sauerländer (1974).

CONRAD TH. Pro Aqua - Pro Vita. Verlag Brunner AG, Zürich (1977).

DAUBER L.; NOVAK B.; ZOBRIST J.; ZUERCHER F. Schmutzstoffe im Regenwasserkanal einer Autobahn. Stuttgarter Ber. Inst. Siedlungswasserbau, Wassergüte und Abfallwirtschaft (1979).

DAUBER L.; NOVAK B. Quellen und Mengen der Schmutzstoffe in Regenabflüssen einer städtischen Mischkanalisation (1983).

DAVIS JOAN Jahreszeitlich bedingte Aenderungen in der chemischen Zusammensetzung von Fliessgewässern. Gas-Wasser-Abwasser 60, 391-399 (1980).

DAVIS JOAN; FAHRNI H.P.; LIECHTI P.; SPREAFICO M.; STADLER K.; ZOBRIST J. Das nationale Programm für die analytische Daueruntersuchung der schweizerischen Fliessgewässer - eine Standortbestimmung. Gas - Wasser - Abwasser 65, 123-135 (1985).

DENBIGH K.G. The Principles of Chemical Equilibrium; 494 Seiten. Cambridge University Press, Cambridge (1971).

EAWAG/BUNDI U. Gewässerschutz in der Schweiz: Sind die Ziele erreichbar? Verlag Paul Haupt, Bern, 91 Seiten (1981).

EAWAG Wasser - Eine Dokumentation über Wasser und Gewässerschutz; 164 Seiten, Dübendorf (1983).

EAWAG Stellungnahme zum Entwurf zur Revision des Gewässerschutzgesetzes von November 1984.

EAWAG ARBEITSGRUPPE Oekologische Aspekte des mengenmässigen Gewässerschutzes. EAWAG-NEWS 18, 20-23 (1984).

EAWAG; BUS; LANDESHYDROLOGIE Das nationale Programm für analytische Daueruntersuchung der schweiz. Fliessgewässer (NADUF). Gas-Wasser-Abwasser 65, 123-135 (1985).

EICHENBERGER E.; SCHLATTER A.; WEILENMANN H.; WUHRMANN K. Toxic and eutrophic effects of Co, Cu and Zn on algal benthic communities in rivers. Verh. Int. Verein. Limnol. 21, 1137-1140 (1981).

FLEGAL A.R.; PATTERSON C.C. Earth and Planetary Sci. 64, 19 (1983).

FRICKER H.J. OECD Eutrophication Programme Regional Project Alpine Lakes. Bundesamt für Umweltschutz, Bern (1980).

FRICKER H.J. Critical Evaluation of the Application of Statistical Phosphorus Loading Models to Alpine Lakes. Diss. ETH Zürich Nr. 6883 (1981).

FRUTIGER A. Jahresbericht EAWAG (1984).

GAECHTER R.; IMBODEN D.; BUEHRER H.; STADELMANN P. Mögliche Massnahmen zur Restaurierung des Sempachersees. Schweiz. Z. Hydrol. 45, 1, 247-266 (1983).

GARRELS R.M.; MACKENZIE F.T.; HUNT C. Chemical Cycles in the Environment - Assessing Human Influences. W. Kaufmann Inc., Los Altos (1976).

GEORGESCU-ROEGEN N. The Entropy Law and the Economic Process; 457 Seiten. Harvard University Press, Cambridge (1971). (Auch in deutscher Uebersetzung erhältlich.)

GEWAESSERBIOLOGIE UND GEWAESSERSCHUTZ Herausgeber: Eidg. Departement des Innern. Leitfaden für Lehrer, 86 S. (1970).

GEWAESSERSCHUTZ 2000 - GEWAESSERSCHUTZ IN DER SCHWEIZ. Bericht über eine Studie. Mit einem Geleitwort von R. Pedroli, Direktor des Eidg. Amtes für Umweltschutz. Gas - Wasser - Abwasser 57, 745-798 (1977).

GIGER W.; MOLNAR-KUBICA E.; WAKEHAM ST. Volatile Chlorinated Hydrocarbons in Ground and Lake Waters. Proc. 2nd Internat. Sympos. on Aquatic Pollutants, Noordwijkerhout/Netherlands (26. - 28.9.77).

GIGER W.; SCHWARZENBACH R.; HOEHN E.; SCHELLENBERG D.; SCHNEIDER J.K.; WASMER H.R.; WESTALL J.; ZOBRIST R. Das Verhalten organischer Wasserinhaltsstoffe bei der Grundwasserbildung und im Grundwasser. Gas - Wasser - Abwasser 63, 517-531 (1983).

GIGER W. Unterlagen zum Informationstag EAWAG (1984).

GROB K.; GROB G. Die Verunreinigungen der Zürcher Luft durch organische Stoffe, insbesondere Autobenzin. Neue Zürcher Zeitung (7.8.1972).

GROB K. Making and Manipulating Capillary Columns for Gas Chromatography, 232 Seiten. Dr. Alfred Hüthig, Heidelberg, Basel, New York (1986).

GUJER W.; KREJI V.; SCHWARZENBACH R.; ZOBRIST J. Von der Kanalisation ins Grundwasser - Charakterisierung eines Regenereignisses im Glattal. Gas - Wasser - Abwasser 62, 298-311 (1982).

GUJER W. Wasserhaushalt in Siedlungen, EAWAG Jahresbericht (1985).

HEGI H.R.; GEIGER W. Schwermetalle (Hg, Cd, Cu, Pb, Zn) in Lebern und Muskulatur des Flussbarsches (Perca fluviatilis) aus Bieler- und Walensee. Schweiz. Z. Hydrol. 41, 94-107 (1979).

HINDERLING M.; KAUFMANN P. Muss alles Regenwasser kanalisiert werden? Gas - Wasser - Abwasser 3, 136-141 (1985).

HOEHN E.; BUNDI U. Gefährdung und Schutz des Grundwassers in der Schweiz. Schweiz. Ing. & Architekt 101, 4, 33-41 (1983).

HOEHN E.; ZOBRIST J.; SCHWARZENBACH R. Infiltration von Flusswasser ins Grundwasser - hydrogeologische und hydrochemische Untersuchungen im Glattal. Gas - Wasser - Abwasser 63, 401-410 (1983).

HOIGNE J. Jahresbericht EAWAG (1980).

HYNES H.B.N. The Biology of Polluted Waters; 220 Seiten. Liverpool University Press, Liverpool (1960).

ILLIES I. Studien zum Gewässerschutz 5, Karlsruhe (1980).

IMBODEN D.M.; STUMM W. Der Einfluss des Menschen auf die geochemischen Kreisläufe in der Atmosphäre. Chimia 27, 3 (1973).

IMBODEN D.M.; GAECHTER R. A dynamic model for trophic state prediction. Ecol. Modelling 4, 77-98 (1978).

IMBODEN D.M.; TSCHOPP J.; STUMM W. Die Rekonstruktion früher Stoffrachten in einem See mittels Sedimentuntersuchungen. Schweiz. Z. Hydrol. 42, 1-14 (1980).

IMBODEN D.M. Modellvorstellungen über den Phosphor-Kreislauf in stehenden Gewässern. Z. Wasser Abwasser Forschung 15, Nr. 3, 89-95 (1982).

IMBODEN D.M. Interne Massnahmen am Baldeggersee - Beitrag zur Sanierung eines eutrophen Gewässers. Neue Zürcher Zeitung Nr. 85 (13.4.1983).

IMHOFF K. Taschenbuch der Stadtentwässerung; 384 Seiten. Ouldenbourg Verlag, München/Wien (1969).

KELLER R. Gewässer und Wasserhaushalt des Festlandes; 520 Seiten. Teubner,

Leipzig (1962).
KLOETZLI F. Unsere Umwelt und wir. Eine Einführung in die Oekologie; 320 Seiten. Hallwag AG, Bern (1980).
KOBLET R.; MATTER-MUELLER Ch.; NOVAK B.; STUMM W. Gewässerbelastung als Folge der Entwicklung anthropogener Aktivitäten und Konsumgewohnheiten, ein internationaler Vergleich. Mitteilungen der EAWAG 18, 16-18 (1984).
KOLKWITZ R. Oekologie der Saprobien. Ueber die Beziehung der Wasserorganismen mit der Umwelt. Schriftenreihe Verein für Wasserhygiene 4, 64 Seiten (1950).
KORTE F. Oekologische Chemie; 212 Seiten. Georg Thieme Verlag, Stuttgart (1980).
KUHN E.; COLBERG P.; SCHNOOR J.; SCHWARZENBACH R.; WANNER O. Elimination von organischen Spurenverunreinigungen bei der Infiltration von Flusswasser ins Grundwasser. EAWAG Jahresbericht (1983).
LEHNINGER A.L. Biochemie. Verlag Chemie, Weinheim (1975).
LEHRERDOKUMENTATION WASSER Schweiz. Vereinigung für Gewässerschutz und Lufthygiene (VGL), Hrsg., Zürich, 396 Seiten (1981).
LI Y.H.; ERNI P. Erosionsgeschwindigkeit im Einzugsgebiet des Rheins. Vom Wasser 43, 15-42 (1974).
LIETH H.; WHITTAKER R.H. Primary Productivity in the Biosphere; 329 Seiten. Springer-Verlag, Berlin (1975).
LÜHR H.P. EG-Gewässerschutz mit internationalem und supranationalem Wasserrecht; Loseblattsammlung. Bertelsmann Fachzeitschriften GmbH, Gütersloh (1985).
MATTER-MUELLER CH. Sorptions- und Stoffaustauschprozesse refraktärer organischer Leitsubstanzen in einer Belebtschlammanlage. Diss. ETH Zürich Nr. 6403 (1979).
MATTHESS G. Die Beschaffenheit des Grundwassers; 324 Seiten. Gebr. Bornträger, Berlin (1973).
MAY R.M. Theoretische Oekologie. Verlag Chemie, Weinheim (1980).
MELIMEX An Experimental Heavy Metal Pollution Study. Schweiz. Z. Hydrol. 41, 165-314 (1979).
MONOD J. Recherches sur la croissance des cultures bacteriennes. Herman et Cie., Paris (1942).
MYERS N., Hrsg. Gaia, der Öko-Atlas unserer Erde; 272 Seiten. Fischer Taschenbuch Verlag, Frankfurt (1985).
ODUM E.P. Grundlagen der Oekologie in 2 Bänden; 836 Seiten. Georg Thieme Verlag, Stuttgart (1980). (Titel der Originalausgabe: Fundamentals of Ecology, 3rd. ed., W.D. Saunders Comp., Philadelphia (1973)).
PATRICK R.M.; HOHN H.; WALLACE J.H. Proc. Natl. Acad. Sci. USA 259, 1 (1954)
PEDROLI R. Das Bundesgesetz über den Schutz der Gewässer - Schwerpunkte der Revision. Gas - Wasser - Abwasser 3, 113-122 (1985).
PIELOU E.C. Ecological Diversity. Wiley-Interscience, New York (1975).
POEPEL F. Lehrbuch für Abwassertechnik und Gewässerschutz; 2. Ergänzung. Deutscher Fachschriftenverlag, Wiesbaden (1979).
REDFIELD A.C. The Biological Control of Chemical Factors in the Environment. Amer. Sci. 46, 205-221 (1958).

REICHELT G. Der Bodensee, Reihe CVK-Biologie-Kolleg; 63 Seiten. Cornelsen-Velhaben und Klasing, Berlin (1974).

REICHELT G.; SCHWOERBEL J. Oekologie, Reihe CVK-Biologie-Kolleg; 64 Seiten. Cornelsen-Velhaben und Klasing, Berlin (1979).

RIFKIN J.H.T. Entropy. A New World View; 305 Seiten. New York (1980). (Auch in deutscher Uebersetzung erhältlich.)

ROBERTS P.V.; DAUBER L.; NOVAK B.; ZOBRIST J. Schmutzstoffe im Regenwasser einer städtischen Trennkanalisation. Gas - Wasser - Abwasser 56, 672-679 (1976).

SCHOLZ A.T.; HORRALL R.M.; COOPER J.C.; HASLER A.D. Science 192, Nr. 4245, S. 1247 (1976).

SCHWARZENBACH R.; GIGER W.; HOEHN E.; SCHELLENBERG K.H.; SCHNEIDER J. Das Verhalten halogenierter Verbindungen im Grundwasser und bei der Grundwasserbildung. DVGW-Schriftenreihe (Eschborn): Wasser 34, 179-196 (1983).

SCHWARZENBACH R. Chemiekursunterlagen (1986).

SCHWERDTFEGER F. Oekologie der Tiere, ein Lehr- und Handbuch in drei Teilen. Verlag Paul Parey, Hamburg. Band I: Autökologie, 461 Seiten (1963); Band II: Demökologie, 448 Seiten (1968); Band III: Synökologie, 451 Seiten (1975).

SCHWOERBEL J. Einführung in die Limnologie. Uni-Taschenbücher 31, 4. Aufl.; 196 Seiten. Gustav Fischer Verlag, Stuttgart (1980).

SIEVER R. The Steady State of the Earth's Crust, Atmosphere and Oceans. Amer. Sci. 230/6, 72-79 (1974).

SIGG L.; STURM M.; STUMM W.; MART L.; NUERNBERG H.W. Schwermetalle im Bodensee. Naturwissenschaften 69, 546-548 (1982).

SIGG L. Metal Transfer Mechanisms in Lakes; the Role of Settling Particles. In: Stumm W. (ed.): Chemical Processes in Lakes. Wiley-Interscience, New York (1985).

SONTHEIMER H.; SPINDER P.; ROHMANN U. Wasserchemie für Ingenieure; 492 Seiten. Universität Karlsruhe (1980).

STUMM W. Chemische und biologische Modelle als Grundlage zur Beurteilung der Wasserqualität. Schweiz. Z. Hydrol. 37 (1975).

STUMM W.; MORGAN J.J. Aquatic Chemistry, 2nd ed.; 780 Seiten. Wiley- Interscience, New York (1981).

STUMM W.; RIGHETTI G. Tessiner Bergseen: saurer Regen, saure Traufe. Beilage "Forschung und Technik", Nr. 231, Neue Zürcher Zeitung (6.10.1982).

STUMM W.; MORGAN J.J.; SCHNOOR J.L. Saurer Regen, eine Folge der Störung hydrogeochemischer Kreisläufe. Naturwissenschaften (1983/1).

STUMM W.; SCHWARZENBACH R.; SIGG LAURA Von der Umweltanalytik zur Oekotoxikologie - ein Plädoyer für mehr Konzepte und weniger Routinemessungen. Angew. Chemie 95, 345-355 (1983/2).

STUMM W.; KELLER L. Chemische Prozesse in der Umwelt - Die Bedeutung der Speziierung für die chemische Dynamik der Metalle in Gewässern, Böden und Atmosphäre. In: E. Merian et. al. (Hg).): Metalle in der Umwelt. Verlag Weinheim, 21-33 (1984).

STUMM W.; SIGG L.; ZOBRIST J.; JOHNSON A. Der Nebel als Träger konzentrierter Schadstoffe. Beilage "Forschung und Technik", Neue

Zürcher Zeitung Nr. 12 (16.1.1985).
THIENEMANN A. Der Sauerstoff im eutrophen und oligotrophen See. Die Binnengewässer 4. Verlag Schweizerbart, Stuttgart (1928).
TSCHOPP J. Die Verunreinigung der Seen mit Schwermetallen. Diss. ETH Zürich, Nr. 6362 (1979).
TSCHUMI P.A. Umweltbiologie - Oekologie und Umweltkrise; 269 Seiten. Studienbücher Biologie, Diesterweg, Salle Sauerländer (1981).
TYLER MILLER G., Jr. Energetics, Kinetics and Life: an Ecological Approach; 360 Seiten. Wadsworth Publishing Co. Inc., Belmont, California (1971).
UHLMANN E. Die Abwasserreinigung im Raume Basel am Beispiel der chemischen Industrie, Swiss Chem 1 (10), S. 25 (1979).
US-AUSSENMINISTERIUM Global 2000, der Bericht des Präsidenten (deutsche Uebersetzung); 1508 Seiten. Zweitausendeins, Frankfurt/Main (1980).
VERBAND SCHWEIZ. ELEKTRIZITAETSWERKE Broschüre "Stromtatsachen" (1988).
VOLLENWEIDER R.A. Scientific fundamentals of the eutrophication of lakes. OECD-Report; 159 Seiten. Paris (1968).
VOLLENWEIDER R.A. Input - Output-Models. Schweiz. Zeitschrift für Hydrologie 37, 53-84 (1975).
VOLLEINWEIDER R.A. Vortrag, gehalten an der EAWAG (1983).
WASSER - EINE DOKUMENTATION UEBER WASSER UND GEWAESSERSCHUTZ EAWAG, Hg., 164 Seiten, Dübendorf (1983).
WUHRMANN K. La charge des eaux par les polluants réfractaires. Informationsblatt FEG 19, 13-21 (1972).
WUHRMANN K. Some problems and perspectives in applied limnology. Mitt. Internat. Vereinigung Limnol. 20, 324-402 (1974).
WURHMANN K. Unterlagen zum Chemiekurs an der EAWAG (1975).
WUHRMANN K. Chemische und biologische Beeinflussung der Grundwasserqualität. Gas - Wasser - Abwasser 57, 633-639 (1977).
ZEHNDER A.J.B. The Carbon Cycle. In: The Handbook of Environmental Chemistry, Vol. I. Hutzinger, ed., Springer-Verlag, Berlin (1982).
ZEJER J. Oekotoxikologie. Jahresbericht EAWAG (1985).
ZOBRIST J.; DAVIS J.; HEGI H.R. Charakterisierung des chemischen Zustandes von Fliessgewässern. GWA 57, 402-415 (1977).
ZOBRIST J.; STUMM W. Wie sauber ist das Schweizer Regenwasser? Beilage "Forschung und Technik", Neue Zürcher Zeitung (27.6.1979).
ZOBRIST J. Die Belastung der Gewässer mit Schadstoffen aus Abwässern und Niederschlägen. Gas - Wasser - Abwasser 63, 3, 123-131 (1983).

Empfehlenswerte Literatur, nach Kapiteln geordnet

Kapitel 1	Kloetzli, 1980	
	Tschumi, 1981	US-Aussenminist., 1980
Kapitel 2	Odum, 1980	
	Kloetzli, 1980	Tschumi, 1981
	Reichelt, 1979	Schwoerbel, 1980
	Reichelt, 1974	Lehrerdok. Wasser, 1981
Kapitel 3	Tyler Miller, 1971	Lehninger, 1975
	Rifkin, 1980	Christen, 1974
	Georgescu-Roegen, 1971	Denbigh, 1971
Kapitel 4	Schwerdtfeger, 1963/68/75	May, 1980
	Lieth, 1975	Pielou, 1975
	Redfield, 1958	Lehrerdok. Wasser, 1981
	Zehnder, 1982	Baerlocher, 1981
Kapitel 5	Garrels, 1976	Lehrerdok. Wasser, 1981
	Korte, 1980	Wuhrmann, 1972
	Sontheimer, 1980	Zobrist, 1977
	Schwoerbel, 1980	Matthess, 1973
	Stumm, 1981	Siever, 1974
	Davis, 1980	Zobrist, 1977
	Imboden, 1973	EAWAG, 1985
Kapitel 6	Matthess, 1973	
	Lehrerdok. Wasser, 1981	Korte, 1980
Kapitel 7	US-Aussenminist., 1980	
	Myers, 1985	Tschumi, 1981
Kapitel 8	Vollenweider, 1975	
	Imboden, 1982	BUS, 1983/1
	Imboden, 1978	EAWAG, Bundi, 1981
	Ambühl, 1982	Stumm, 1983/2
Kapitel 9	Pöpel, 1979	
	Gujer, 1982	Höhn, 1983
	Roberts, 1976	Bretscher, 1983
	Dauber, 1979	Imboden, 1983
	Dauber, 1983	Gächter, 1983
	Gewässerschutz 2000, 1977	Zobrist, 1983
	BUS, 1983/2	Stumm, 1985
	Imhoff, 1969	Brunner, 1981

	Abwassertech. Ver., 1982	Sigg, 1985
	Zobrist, 1979	Stumm, 1984
	Stumm, 1982	Imboden, 1980
	Stumm, 1983/1	Biozid-Report, 1984
Kapitel 10	Wasser - Eine Dok., 1983	
	Giger, 1983	Schwarzenbach, 1983
	Wuhrmann, 1977	Hoehn, 1983
Kapitel 11	Kolkwitz, 1950	Stumm, 1983/2
	Wuhrmann, 1974	Grob, 1972
	Illies, 1980	Stumm, 1975
Kapitel 12	EAWAG/Bundi, 1981	Lehrerdok. Wasser, 1981
Kapitel 13	EAWAG/Bundi, 1981	
	BUS, 1983	Lehrerdok. Wasser, 1981
	BUS, 1985	Davis, 1985
Kapitel 14	Pro Rheno, 1983	Gewässerschutz 2000, 1977
	(s. Bretscher, 1983)	Pöpel, 1979
	Wasser - Eine Dok., 1983	Imhoff, 1969
	Braun, 1966	Abwassertech. Ver., 1982
Kapitel 15	Hinderling, 1985	
	Pedroli, 1985	EAWAG, 1984
Kapitel 16	EAWAG/Bundi, 1981	Lehrerdok. Wasser, 1981

Sachregister

A

F

G

J

K

L

M

N

O

P

Q

R

S

U

V

W

Z